U0329669

面向“十三五”高职高专规划教材

计算机应用基础习题与实训
——Windows 7+Office 2010

主编　李慧静　马淑清　马春香

清华大学出版社
北京交通大学出版社
·北京·

内容简介

本书在编写中，力求全面贯彻、实现教学大纲提出的教学目标和教学要求，体现高职、高专职业教育以能力为本位的教学指导思想。本书的编排顺序与《计算机应用基础》教材的章节顺序对应，主要内容包括：计算机基础知识、Windows 7 操作系统和常用办公软件文字处理软件 Word 2010、电子表格制作软件 Excel 2010、演示文稿制作软件 PowerPoint 2010，以及计算机网络基础知识和综合训练共 7 章。每章都包含理论题、参考答案与疑难解析、操作题三部分内容。

图书在版编目（CIP）数据

计算机应用基础习题与实训/李慧静，马淑清，马春香主编．—北京：北京交通大学出版社：清华大学出版社，2019.9（2020.11 重印）
ISBN 978-7-5121-4033-2

Ⅰ.①计…　Ⅱ.①李…　②马…　③马…　Ⅲ.①电子计算机-高等学校-教学参考资料　Ⅳ.①TP3

中国版本图书馆 CIP 数据核字（2019）第 178282 号

计算机应用基础习题与实训——Windows 7+Office 2010
JISUANJI YINGYONG JICHU XITI YU SHIXUN——Windows 7+Office 2010

责任编辑：谭文芳
出版发行：清 华 大 学 出 版 社　邮编：100084　电话：010-62776969　http://www.tup.com.cn
　　　　　北京交通大学出版社　邮编：100044　电话：010-51686414　http://www.bjtup.com.cn
印 刷 者：北京时代华都印刷有限公司
经　　销：全国新华书店
开　　本：185 mm×260 mm　印张：14.5　字数：366 千字
版　　次：2019 年 9 月第 1 版　2020 年 11 月第 2 次印刷
书　　号：ISBN 978-7-5121-4033-2/TP・878
印　　数：2 001～4 000 册　定价：42.00 元

本书如有质量问题，请向北京交通大学出版社质监组反映。对您的意见和批评，我们表示欢迎和感谢。
投诉电话：010-51686043，51686008；传真：010-62225406；E-mail：press@bjtu.edu.cn。

前　言

本书是长期工作在计算机教学第一线的教师们根据《计算机应用基础》教材教学内容和教学大纲要求而编写的，主要目的是巩固学生课堂所学知识和加强学生上机实际操作能力。本书内容在全面总结教材内容基础上，按教学大纲要求以章节形式编排，学生只要按照书中顺序，遵照循序渐进规律，就能较系统地掌握基本概念、理论和操作。

本书每章内容分为理论题和操作题两部分。理论题部分力求知识点全面，突出重点，题型分为填空题、单项选择题、判断题，有的章节还有简答题和计算题等。在每章理论题后给出了参考答案及疑难解析，可让读者全面掌握计算机应用基础的理论知识，能充分应对各种考试。操作题部分力求以细化实验的形式引导读者，从实践出发，由浅入深地学习和掌握计算机基本操作。根据多年的教学实践经验，作者精心设计了各章实训内容。本书最后一部分安排了综合模拟试题，有利于学生综合复习，提高学生的综合实践操作能力。

本书由内蒙古大学李慧静老师、马淑清老师和马春香老师主编。其中第 1、4、6 章由李慧静老师编写；第 2、7 章由马淑清老师编写；第 3、5 章由马春香老师编写。

虽认真审校，但由于时间仓促，疏漏之处在所难免，不足之处敬请广大读者和同行们提出宝贵意见和建议。

编　者

2019 年 3 月

目　　录

第 1 章　计算机基础知识

第 1 部分　理　论　题

一、单项选择题

1. 世界上第一台计算机 ENIAC 于 1946 年诞生，它采用的主要电子元器件是（　　）。
   A. 电子管　　B. 晶体管　　C. 中小规模集成电路　　D. 大规模集成电路
2. 世界上公认的第一台电子计算机诞生的年代是（　　）。
   A. 20 世纪 30 年代　　B. 20 世纪 40 年代
   C. 20 世纪 80 年代　　D. 20 世纪 90 年代
3. 1946 年诞生的世界上公认的第一台电子计算机是（　　）。
   A. UNIVAC-1　　B. EDVAC　　C. ENIAC　　D. IBM560
4. 计算机最早的应用领域是（　　）。
   A. 数值计算　　B. 辅助工程　　C. 过程控制　　D. 数据处理
5. “计算机辅助设计”的英文缩写是（　　）。
   A. CAI　　B. CAD　　C. CAM　　D. CAT
6. 计算机采用二进制数制是因为二进制数（　　）。
   A. 运算规则简单，物理上容易实现，适合逻辑运算
   B. 代码表示简短，易读
   C. 容易阅读，不易出错
   D. 只有 0、1 两个符号，容易书写
7. 计算机内部的数据都是以（　　）形式存储的。
   A. 条形码　　B. 二进制数　　C. 点阵码　　D. 区位码
8. 早期的计算机应用主要局限在（　　）。
   A. 信息处理　　B. 科学计算　　C. 过程控制　　D. 计算机辅助设计
9. 按电子计算机传统分代方法，第一代至第四代计算机依次是（　　）。
   A. 机械计算机，电子管计算机，晶体管计算机，集成电路计算机
   B. 晶体管计算机，集成电路计算机，大规模集成电路计算机，光器件计算机
   C. 电子管计算机，晶体管计算机，小、中规模集成电路计算机，大规模和超大规模集成电路计算机
   D. 手摇机械计算机，电动机械计算机，电子管计算机，晶体管计算机
10. 下列的英文缩写和中文名称中，正确的是（　　）。
    A. CAD——计算机辅助设计　　B. CAM——计算机辅助教育
    C. CIMS——计算机集成管理系统　　D. CAI——计算机辅助制造

11. 在冯·诺依曼型体系结构的计算机中引进了两个重要的概念，一个是二进制，另外一个是（　　）。

A. 内存储器　　B. 存储程序　　C. 机器语言　　D. ASCII 编码

12. 美籍匈牙利科学家（　　）提出了存储程序控制原理。

A. 比尔·盖茨　　B. 钱学森　　C. 爱因斯坦　　D. 冯·诺依曼

13. 计算机的发展阶段通常是按计算机所采用（　　）来划分的。

A. 操作系统　　B. 程序设计语言　　C. 物理器件　　D. 内存容量

14. ASCII 码是（　　）的英文简称。

A. 英文字符和数字　　B. 国际通用信息代码

C. 国家标准信息交换代码　　D. 美国国家信息交换标准代码

15. 下列关于 ASCII 编码的叙述中，正确的是（　　）。

A. 一个字符的标准 ASCII 码占一个字节，其最高二进制位总是 1

B. 所有大写英文字母的 ASCII 码值都小于小写英文字母'a'的 ASCII 码值

C. 所有大写英文字母的 ASCII 码值都大于小写英文字母'a'的 ASCII 码值

D. 标准 ASCII 码表有 256 个不同的字符编码

16. 在微机中，西文字符所采用的编码是（　　）。

A. EBCDIC 码　　B. ASCII 码　　C. 国标码　　D. BCD 码

17. 在 ASCII 码表中，根据码值由小到大的排列顺序是（　　）。

A. 空格字符、数字符、大写英文字母、小写英文字母

B. 数字符、空格字符、大写英文字母、小写英文字母

C. 空格字符、数字符、小写英文字母、大写英文字母

D. 数字符、大写英文字母、小写英文字母、空格字符

18. 已知英文字母 m 的 ASCII 码值是 109，那么英文字母 j 的 ASCII 码值是（　　）。

A. 111　　B. 105　　C. 106　　D. 112

19. 下列字符中，ASCII 码值最小的是（　　）。

A. b　　B. A　　C. f　　D. Y

20. 基本 ASCII 码用 7 位二进制表示一个字符，能表示（　　）种符号。

A. 128　　B. 255　　C. 127　　D. 256

21. 字母 A 对应的 ASCII 码值是（　　）。

A. 66　　B. 1　　C. 97　　D. 65

22. 字符 a 对应的 ASCII 码值是 97，字符 d 对应的 ASCII 码值是（　　）。

A. 95　　B. 97　　C. 100　　D. 94

23. 在计算机中，组成一个字节的二进制位位数是（　　）。

A. 1　　B. 2　　C. 4　　D. 8

24. 下列不能用作存储容量单位的是（　　）。

A. B　　B. GB　　C. MIPS　　D. KB

25. 20 GB 的硬盘表示容量约为（　　）。

A. 20 亿个字节　　B. 20 亿个二进制位

C. 200 亿个字节　　D. 200 亿个二进制位

26. 1 GB 的准确值是（　　）。

A. 1024×1024 B　B. 1024 MB　C. 1024 KB　D. 1000×1000 KB

27. 假设某台式计算机的内存储器容量为 256 MB，硬盘容量为 40 GB，硬盘的容量是内存容量的（　　）倍。

A. 200　B. 160　C. 120　D. 100

28. 下列各进制的整数中，值最小的是（　　）。

A. 十进制数 11　B. 八进制数 11　C. 十六进制数 11　D. 二进制数 11

29. 用 8 位二进制数能表示的最大的无符号整数等于十进制整数（　　）。

A. 255　B. 256　C. 128　D. 127

30. 一个字长为 8 位的无符号二进制整数能表示的十进制数值范围是（　　）。

A. 1~255　B. 1~256　C. 0~255　D. 0~256

31. “溢出”一般是指计算机运算过程中产生的（　　）。

A. 文件个数超过了磁盘目录规定的范围

B. 数据量超过了内存容量

C. 数超过了机器所能表示的范围

D. 数超过了变量的表示范围

32. 存储一个国标（GB 2312）汉字内码所需要的字节是（　　）。

A. 8 个　B. 4 个　C. 2 个　D. 1 个

33. 存储 1 个 96×96 点阵字形的汉字所需的存储容量是（　　）个字节。

A. 4096　B. 9216　C. 1152　D. 1024

34. 汉字的国标码与其内码存在的关系是：汉字的内码 = 汉字的国标码+（　　）。

A. 1010H　B. 8080H　C. 8081H　D. 8180H

35. 已知汉字“家”的区位码是 2850，则其国标码是（　　）。

A. A8D0H　B. 3C52H　C. 9CB2H　D. 4870H

36. 计算机对汉字进行处理和存储时使用汉字的（　　）。

A. 字形码　B. 输入码　C. 国标码　D. 机内码

37. 使用一架具有 32 MB 存储容量的数码相机拍摄照片，若每张照片均需 100 KB 存储空间，则一次可拍摄大约（　　）张照片。

A. 32　B. 320　C. 160　D. 1600

38. 用 MIPS 为单位来衡量计算机的（　　）性能。

A. ROM 容量　B. 字长　C. CPU 频率　D. 运算速度

39. 一个字节由（　　）位二进制位组成。

A. 8　B. 16　C. 32　D. 64

40. 1 KB =（　　）B。

A. 1024　B. 1000　C. 100　D. 10

41. 计算机存储容量的基本单位是（　　）。

A. 二进制位　B. 扇区　C. 字　D. 字节

42. 在计算机中，bit 的中文含义是（　　）。

A. 字　B. 二进制位　C. 字节　D. 双字

43. 为避免混淆，十六进制数书写时常在后面加上字母（　　）。
A. O　B. B　C. D　D. H

44. 下列可表示二进制数的是（　　）。
A. 367　B. ABC　C. 1234　D. 1011

45. 下列不能表示十六进制数的是（　　）。
A. 7CE　B. 8PAE　C. 946　D. 1010

46. 二进制数 11001 转换成十进制数后是（　　）。
A. 24　B. 25　C. 26　D. 27

47. 八进制数 31 转换成十进制数后是（　　）。
A. 24　B. 25　C. 26　D. 32

48. 十六进制数 A50 转换成十进制数后是（　　）。
A. 2806　B. 48　C. 2608　D. 30

49. 十进制数 42 转换成二进制数后是（　　）。
A. 101010　B. 101011　C. 110101　D. 110111

50. 十进制数 344 转换成八进制数后是（　　）。
A. 626　B. 528　C. 526　D. 530

51. 十进制数 434 转换成十六进制数后是（　　）。
A. 1B2　B. 1B1　C. 1A1　D. 12C

52. 二进制数 10011110 转换成八进制数后是（　　）。
A. 216　B. 215　C. 236　D. 325

53. 八进制数 705 转换成二进制数后是（　　）。
A. 11111101　B. 111000101　C. 11000001　D. 11100101

54. 二进制数 11011001 转换成十六进制数后是（　　）。
A. D9　B. D8　C. B9　D. D7

55. 十六进制数 FB5 转换成二进制数后是（　　）。
A. 101000000101　B. 111110110101　C. 101010110101　D. 101010100001

56. 下列数值中最大的是（　　）。
A. 二进制 1011101　B. 八进制 135　C. 十进制 93　D. 十六进制 5F

57. 当前社会计算机应用广泛，种类繁多，常见的 PC 机属于（　　）。
A. 巨型机　B. 大型机　C. 小型机　D. 微型机

58. 计算机能自动完成用户提交的任务，其工作原理的基础是（　　）。
A. 具有中央处理器　B. 由硬件和软件组成
C. 使用电能　D. 使用存储程序控制原理

59. 计算机是一个完整的系统，它是由（　　）和软件系统两大部分构成的。
A. 操作系统　B. 语言处理程序
C. 硬件系统　D. 数据库管理系统

60. 计算机软件的确切含义是（　　）。
A. 计算机程序、数据与相应文档的总称　B. 系统软件和应用软件总称
C. 各类应用软件的总称

D. 数据库管理软件、操作系统和应用软件的总和

61. 计算机软件系统按功能来划分，可分为系统软件和（　　）两大类。

A. 操作系统　B. 工具软件　C. 应用软件　D. 数据库管理系统

62. 计算机系统软件中，最基本、最核心的软件是（　　）。

A. 操作系统　B. 程序语言处理系统

C. 系统维护工具　D. 数据库管理系统

63. 以下各组软件中，全部属于系统软件的是（　　）。

A. 语言处理程序、操作系统、数据库管理系统

B. 文字处理软件、编辑程序、操作系统

C. 财务处理软件、Office 2010、工具软件

D. Word 2010、Excel 2010、Windows 7

64. 用于计算机内部管理、维护、控制、运行的软件属于（　　）。

A. 应用软件　B. 办公软件　C. 系统软件　D. 教学管理软件

65. 以下不是操作系统软件的是（　　）。

A. Windows 7　B. DOS　C. Photoshop　D. Linux

66. 以下不是高级语言的是（　　）。

A. C 语言　B. C++语言　C. Java 语言　D. 汇编语言

67. 以下属于应用软件的是（　　）。

A. Flash　B. DOS　C. Windows 7　D. 安卓

68. 计算机操作系统的主要功能是（　　）。

A. 管理计算机系统的软硬件资源，以充分发挥计算机资源的效率，并为其他软件提供良好的运行环境

B. 把高级程序设计语言和汇编语言编写的程序翻译到计算机硬件可以直接执行的目标程序，为用户提供良好的软件开发环境

C. 对各类计算机文件进行有效的管理，并提交计算机硬件高效处理

D. 为用户提供方便地操作和使用计算机的方法

69. 从用户的观点看，操作系统是（　　）。

A. 用户与计算机之间的接口

B. 控制和管理计算机资源的软件

C. 合理地组织计算机工作流程的软件

D. 由若干层次的程序按照一定的结构组成的有机体

70. 计算机软件是（　　）的集合。

A. 数据和文档　B. 程序

C. 算法和数据　D. 程序、数据和文档

71. 学校广泛使用的教务管理、财务管理等软件，按计算机应用分类，应属于（　　）。

A. 信息处理　B. 科学计算　C. 人工智能　D. 计算机辅助设计

72. 计算机硬件基本组成有输入设备、输出设备、存储器、（　　）。

A. 控制器、CPU　B. 运算器、CPU　C. 运算器、控制器　D. CPU、主机

73. 能直接与 CPU 打交道的存储器是（　　）。

A. 内存储器 B. 外存储器 C. 磁盘 D. U 盘

74. Cache 是指计算机的（ ）。

A. 高速缓冲存储器 B. 主存储器 C. 外存储器 D. 堆栈存储器

75. 用 MIPS 为单位来衡量计算机的性能，它指的是计算机的（ ）。

A. 传输速率 B. 运算速度 C. 字长 D. 存储器容量

76. 计算机硬件系统中负责指挥和控制整个计算机系统工作的部件是（ ）。

A. 输入设备 B. 输出设备 C. 中央控制器 D. 存储器

77. 微型计算机中央处理器的英文缩写是（ ）。

A. PC B. RAM C. CPU D. DB

78. （ ）是微机的核心部件，它的性能在很大程度上决定了微机的性能。

A. 键盘 B. 微处理器 C. 存储器 D. 显示器

79. 微型计算机的主要技术指标有（ ）。

A. 计算机配置的操作系统及外部设备 B. 硬盘的容量和内存的容量

B. 字长、运算速度、内存容量和主频 D. 显示器的分辨率及大小

80. 以下指 CPU 时钟频率的是（ ）。

A. 字长 B. 运算速度 C. 主频 D. 存储容量

81. 中央处理器由（ ）及其内部的寄存器等组成。

A. 运算器和控制器 B. 内存、控制器和运算器

C. 高速缓存和运算器 D. 内存和控制器

82. CPU 的主要技术性能指标有（ ）。

A. 可靠性和精度 C. 耗电量和效率

B. 字长、运算速度和主频 D. 冷却效率

83. 字长是 CPU 的主要性能指标之一，它表示（ ）。

A. CPU 一次能处理二进制数据的位数 B. CPU 最长的十进制整数的位数

C. CPU 最大的有效数字位数 D. CPU 计算结果的有效数字长度

84. 度量计算机运算速度常用的单位是（ ）。

A. MIPS B. MHz C. MB/s D. Mbit/s

85. 下列叙述中，正确的是（ ）。

A. CPU 能直接读取硬盘上的数据 B. CPU 能直接存取内存储器上的数据

C. CPU 由存储器、运算器和控制器组成 D. CPU 主要用来存储程序和数据

86. 有关计算机性能指标的时钟主频，下面的描述中错误的是（ ）。

A. 时钟主频是指 CPU 的时钟频率

B. 时钟主频的高低一定程度上决定了计算机速度的高低

C. 主频以 MHz 为单位

D. 一般来说，主频越高，速度越快

87. 计算机的系统总线是计算机各部件间传递信息的公共通道，它分（ ）。

A. 数据总线和控制总线 B. 数据总线和地址总线

C. 数据总线、控制总线和地址总线 D. 地址总线和控制总线

88. 计算机字长取决于（ ）的总线宽度。

A. 控制总线　B. 数据总线　C. 地址总线　D. 通信总线

89. （　）是完成二进制的算术和逻辑运算，对信息进行加工处理的重要部件。

A. 高速缓存　B. 运算器　C. 内存　D. 控制器

90. （　）是计算机的指挥中心，用以控制和协调计算机各部件自动、连续地执行各条指令。

A. 控制器　B. 内存　C. 运算器　D. 高速缓存

91. 在计算机中，每个存储单元都有一个连续的编号，此编号称为（　）。

A. 序号　B. 住址　C. 位置　D. 地址

92. 计算机的内存储器一般由（　）组成。

A. RAM 和硬盘　B. ROM 和 RAM

C. CPU 和 ROM　D. DVD-ROM 与 ROM

93. 用来存储当前正在运行的应用程序和其相应数据的存储器是（　）。

A. RAM　B. ROM　C. 硬盘　D. CD-ROM

94. 只读存储器（ROM）与随机存储器（RAM）的主要区别是（　）。

A. ROM 掉电后信息会丢失，RAM 则不会

B. ROM 可以永久保存信息，RAM 掉电后信息会丢失

C. ROM 是内存储器，RAM 是外存储器

D. RAM 是内存储器，ROM 是外存储器

95. DRAM 的中文含义是（　）。

A. 静态随机存储器　B. 动态只读存储器

C. 静态只读存储器　D. 动态随机存储器

96. SRAM 的中文含义是（　）。

A. 静态随机存储器　B. 动态只读存储器

C. 静态只读存储器　D. 动态随机存储器

97. 断电后会使原存储信息丢失的存储器是（　）。

A. RAM　B. 硬盘　C. ROM　D. U 盘

98. 以下不属于外存储器特点的是（　）。

A. 存储容量大　B. 价格较低

C. 在断电的情况下可以永久地保存信息　D. 存取速度比内存储器快

99. 下列存储器中，访问速度最快的是（　）。

A. RAM　B. 硬盘　C. Cache　D. U 盘

100. 当电源关闭后，下列关于存储器的说法中，正确的是（　）。

A. 存储在 RAM 中的数据不会丢失　B. 存储在 ROM 中的数据不会丢失

C. 存储在 U 盘中的数据会全部丢失　D. 存储在硬盘中的数据会丢失

101. 计算机一旦断电，（　）中的信息就会丢失。

A. 硬盘　B. U 盘　C. RAM　D. ROM

102. 在下列存储器中，存取速度最快的是（　）。

A. 硬盘　B. U 盘　C. 光盘　D. 内存

103. 微机系统中，读取速度由快到慢的是（　）。

A. 内存>CPU>U 盘>硬盘　　B. CPU>内存>硬盘>U 盘
C. CPU>U 盘>内存>硬盘　　D. CPU>内存>U 盘>硬盘

104. 微机系统中，存储容量由大到小的是（　　）。
A. 硬盘>RAM>ROM　　B. 光盘>ROM>RAM
C. 光盘>硬盘>RAM　　D. ROM>RAM>光盘

105. 下列关于磁道的说法中，正确的是（　　）。
A. 盘面上的磁道是一组同心圆
B. 由于每一磁道的周长不同，所以每一磁道的存储容量也不同
C. 盘面上的磁道是一条阿基米德螺线
D. 磁道的编号是最内圈为 0，并次序由内向外逐渐增大，最外圈的编号最大

106. 硬盘工作时应特别注意避免（　　）。
A. 噪声　　B. 潮湿　　C. 震动　　D. 日光

107. 下面关于 U 盘的描述中，错误的是（　　）。
A. 断电后，U 盘还能保持存储的数据不丢失
B. U 盘的特点是重量轻、体积小
C. U 盘由基本型、增强型和加密型三种
D. U 盘多固定在机箱内，不便携带

108. 下列设备中，（　　）不能作为计算机的输出设备。
A. 显示器　　B. 绘图仪　　C. 键盘　　D. 打印机

109. 下列设备中，完全属于计算机输入设备的是（　　）。
A. 键盘、鼠标器、扫描仪
B. 绘图仪、键盘、鼠标器
C. 打印机、键盘、显示器
D. 打印机、显示器、绘图仪

110. 下列设备中，完全属于计算机输出设备的是（　　）。
A. 打印机、显示器、扫描仪
B. 绘图仪、键盘、鼠标器
C. 打印机、键盘、显示器
D. 打印机、显示器、绘图仪

111. 在计算机中，条形码阅读器属于（　　）。
A. 输入设备　　B. 存储设备
C. 输出设备　　D. 计算设备

112. 显示器是（　　）。
A. 存储器　　B. 输出设备　　C. 微处理器　　D. 输入设备

113. 以下既是输入设备又是输出设备的是（　　）。
A. 硬盘　　B. 打印机　　C. 绘图仪　　D. 键盘

114. 衡量显示器的主要指标不包括（　　）。
A. 点距　　B. 重量　　C. 分辨率　　D. 尺寸

115. 通常所说的计算机主机是指（　　）。

A. CPU 和内存　B. CPU 和硬盘
C. CPU、内存和硬盘　D. CPU、内存和 CD-ROM

116. 在 CD 光盘上标记有“CD-RW”字样，“RW”标记表明该光盘是（　　）。
A. 只能写入一次，可以反复读出的一次性写入光盘
B. 可多次擦除型光盘
C. 只能读出，不能写入的只读光盘
D. 其启动器单倍速为 1350 KB/s 的高密度可读写光盘

117. 光盘是一种已广泛使用的外存储器，英文缩写 CD-ROM 指的是（　　）。
A. 只读型光盘　B. 一次写入光盘　C. 追记型读写光盘　D. 可抹型光盘

118. PC 的机箱外常有很多接口用来与外部设备进行连接，下面的（　　）接口不在机箱外面。
A. PS/2　B. RS-232E　C. IDE　D. USB

119. PC 中的系统配置信息，如硬盘的参数、当前时间、日期等，均保存在主板上使用电池供电的（　　）存储器中。
A. CMOS　B. Flash　C. ROM　D. Cache

120. 主板是 PC 的核心部件，自己组装 PC 时可以单独选购。下列关于 PC 主板的叙述中，错误的是（　　）。
A. 主板上通常包含 PCI 插槽
B. 主板上通常包含 CPU 插座（或插槽）和芯片组
C. 主板上通常包含 IDE 插座和与之相连的光驱
D. 主板上通常包含 CPU 插座（或插槽）

121. 下列关于 PC 主板上的 CMOS 芯片，说法正确的是（　　）。
A. CMOS 芯片用于存储 BIOS，是易失性的
B. CMOS 芯片用于存储计算机系统的配置参数，它是只读存储器
C. 芯片需要一个电池给它供电，否则其中的数据在主机断电时会丢失
D. CMOS 芯片用于存储加电自检程序

122. 键盘上 Shift 键的作用是（　　）。
A. 上下档切换键　B. 回退键　C. 回车键　D. 控制键

123. 关于键盘上 Caps Lock 键，下列叙述正确的是（　　）。
A. 当 Caps Lock 灯亮时，按字母键可输入大写字母
B. 按下 Caps Lock 键时会向应用程序输入一个特殊的字符
C. 它与 Alt+Del 键组合可以实现计算机热启动
D. 当 Caps Lock 灯亮时，按主键盘上的数字键可输入其上部的特殊字符

124. PC 机使用的键盘中 Ctrl 键称为（　　）
A. 换档键　B. 退出键　C. 回车键　D. 控制键

125. 目前，打印质量最好的打印机是（　　）。
A. 激光打印机　B. 喷墨打印机　C. 点阵打印机　D. 针式打印机

126. 下面关于 USB 的叙述中，错误的是（　　）。
A. 在 Windows 下，使用 USB 接口连接的外部设备（如移动硬盘、U 盘等）不需

要驱动程序

B. USB 接口的尺寸比并行接口大得多

C. USB 具有热插拔与即插即用的功能

D. USB 2.0 的数据传输率大大高于 USB 1.1

127. 计算机病毒是指（　　）。

A. 生物病毒　　B. 细菌

C. 被损坏的程序　　D. 具有传染性和破坏性的小程序

128. 计算机病毒是一种（　　）。

A. 特殊的计算机部件　　B. 游戏软件

C. 人为编制的特殊程序　　D. 能传染的生物病毒

129. 计算机病毒是指一种人为蓄意编制的具有破坏性的程序，它的重要特征是(　　)。

A. 破坏性　　B. 传染性　　C. 潜伏性　　D. 以上都是

130. 以下关于计算机病毒传播途径的说法，不正确的是（　　）。

A. 使用来路不明的软件　　B. 使用他人的 U 盘

C. 网络下载文件　　D. 把多张光盘叠放在一起

131. 为了预防计算机病毒的感染，应当（　　）。

A. 经常让计算机晒太阳　　B. 定期用高温对硬盘消毒

C. 对计算机操作者定期体检　　D. 用反病毒软件检查外来的软件

132. 下列关于计算机病毒的叙述中，正确的是（　　）。

A. 反病毒软件可以查杀任何种类的病毒

B. 计算机病毒是一种被破坏了的程序

C. 反病毒软件必须随着新病毒的出现而升级，提高查、杀病毒的功能

D. 感染过计算机病毒的计算机具有对该病毒的免疫性

133. 下列关于计算机病毒的叙述中，错误的是（　　）。

A. 计算机病毒具有潜伏性

B. 计算机病毒具有传染性

C. 计算机病毒是一个特殊的寄生程序

D. 感染过计算机病毒的计算机具有对该病毒的免疫性

134. 下列叙述中，正确的是（　　）。

A. 计算机病毒只在可执行文件中传染，不执行的文件不会传染

B. 计算机病毒主要通过读写 U 盘或 Internet 进行传播

C. 只要删除所有感染了病毒的文件就可以彻底消除病毒

D. 计算机杀毒软件可以查出和清除任意已知的和未知的计算机病毒

135. 下列叙述中，正确的是（　　）。

A. Word 文档不会带计算机病毒

B. 计算机病毒具有自我复制能力，能迅速扩散到其他程序上

C. 清除计算机病毒的最简单办法是删除所有感染了病毒的文件

D. 计算机杀毒软件可以查出和清除任意已知的和未知的计算机病毒

136. 计算机染上病毒后可能出现的现象是（　　）。

A. 系统出现异常启动或经常“死机”　　B. 程序或数据突然丢失
C. 磁盘空间突然变小　　D. 以上都是

137. 下列关于计算机病毒的叙述中，正确的是（　　）。
A. 计算机病毒只感染 . exe 或 . com 文件
B. 计算机病毒可通过读写软件、光盘或 Internet 网络进行传播
C. 计算机病毒是通过电力网进行传播的
D. 计算机病毒是由于软件片表面不清洁而造成的

138. 下列选项属于“计算机安全设置”的是（　　）。
A. 定期备份重要数据　　B. 不下载来路不明的软件及程序
C. 停掉 Guest 账号　　D. 安装杀毒软件

139. 在计算机工作时不能覆盖、阻挡计算机的显示器和主机箱上的孔，是为了（　　）。
A. 减少机箱内的静电积累　　B. 有利于机器的通风散热
C. 有利于清除机箱内的灰尘　　D. 减少噪声

140. 下列选项中，错误的一项是（　　）。
A. 计算机系统应该具有可扩充性
B. 计算机系统应该具有系统故障可修复性
C. 计算机系统应该具有运行可靠性
D. 描述计算机执行速度的单位是 MB

二、填空题

1. 1946 年世界上第一台电子计算机在________国问世，全称叫________，采用的主要逻辑（电子）元件是________。

2. 计算机硬件系统主要由运算器、控制器________、________、________ 五大基本部件组成。

3. 计算机系统由________和________两大部分组成。

4. 内存用于存放计算机当前正在执行的程序和相关数据，它直接和中央处理器交换信息。内存由________和________构成。

5. 计算机采用存储程序控制原理的提出者是________。

6. CPU 的中文含义是________，由________和________组成。

7. Cache 的中文含义是________。

8. 随机存储器简称________，既可以读取数据，也可以写入数据。只读存储器简称________，只能从它读出数据，不能向它写入数据。________中的内容即使关机断电，原有内容也不会消失。

9. 在计算机中，目前国际上通用的字符编码是________，是由美国国家标准委员会制定的，它的中文含义是________。

10. 存储 1 个 ASCII 码需占用________个字节，字符“b”对应的 ASCII 码值是________。

11. 某学校的学籍管理软件属于________软件。

12. 计算机硬件系统是由________和________组成的。

13. 世界上最主要的生产微处理器公司是________。

14. ________是指运算器一次能处理的二进制数据位数。

15. CPU 中运算器的功能是进行________ 运算，________是计算机用来存放程序和数据的设备。

16. 向存储单元保存信息的操作称为__________操作，向存储单元获取信息的操作称为________操作。

17. 用于把原始数据通过输入接口输入到计算机中的设备称为________ 。常见的有________ 、________、________等。

18. 用于把计算机处理后的结果信息，转换成外界能够识别的字符、声音、图形、图像等信息的设备称为________。常见的有 ________、________、________等。

19. 计算机病毒具有________ 、________、________、________和触发性等主要特点。

20. 打印机是重要的输出设备之一，其主要类型有________ 、________、________三种。

21. 不论什么类型的数据，在计算机中都是以________进制方式存储的。

22. 微型计算机中存储数据的最小单位是________。

23. 1 TB＝________GB＝________MB＝________KB＝________B。

24. $(25)_{10}$＝(______________)$_2$＝(__________)$_8$＝(__________)$_{16}$。

25. $(1001101)_2$＝(______________)$_{10}$＝(__________)$_8$＝(__________)$_{16}$。

26. $(1A.4)_{16}$＝(______________)$_2$＝(__________)$_8$＝(__________)$_{10}$。

27. $(257)_8$＝(______________)$_2$＝(__________)$_{16}$＝(__________)$_{10}$。

28. 计算机中，bit 的中文含义是______________，Byte 的中文含义是______________。

29. 计算机的开机顺序是______________，关机顺序是______________。

30. 常用的外部存储器有________ 、__________、__________、________等。

31. 采用 64×64 点阵的字形码，存储 1024 个汉字的字形码至少需要__________KB 的存储容量。

三、判断题

1. 世界上第一台电子计算机的主要逻辑元件是晶体管。(   )

2. 第一台电子计算机于 1946 年诞生在英国。(   )

3. 第二代电子计算机的主要逻辑元件是中小规模集成电路。(   )

4. 计算机的发展经历了 4 代，“代”的划分是根据计算机的运算速度来划分的。(   )

5. 计算机最早的应用方面是信息处理。(   )

6. 计算机目前最主要的应用还是数值计算。(   )

7. 计算机辅助教学的英文缩写是 CAI，计算机辅助设计的英文缩写是 CAD。(   )

8. 计算机硬件系统应由运算器、控制器、存储器三大基本部件组成。(   )

9. 计算机系统由硬件系统和软件系统两大部分构成。(   )

10. 计算机软件系统按功能来划分，可分为系统软件和应用软件两大类。(   )

11. 语言处理程序属于系统软件。(   )

12. Windows 7 是一种应用软件。(　　)

13. 计算机工作时，CPU 所执行的程序和处理的数据都是直接从磁盘或 U 盘中取出的，结果也直接存入磁盘中的。(　　)

14. 输出设备是计算机硬件系统组成之一。(　　)

15. 世界上第一块微处理器芯片 40004 是由英国 Intel 公司首先研制成功的。(　　)

16. 微型计算机的主要技术指标有 CPU 的核心数、主频、字长，内存容量、存取周期、运算速度等。(　　)

17. 主频是衡量微型计算机运行速度的主要参数，主频越低，执行一条指令的时间越短，速度就越快。(　　)

18. 字长是指计算机 CPU 能一次直接处理的十进制数据的位数。(　　)

19. 存储容量以字节（Byte）为单位，它是最小的存储单位。(　　)

20. 1 GB = 1000 MB。(　　)

21. 运算速度一般以每秒百万条指令数（MIPS）为单位。(　　)

22. 中央处理器是计算机运算和控制的核心部件，它只可以进行算术运算。(　　)

23. 运算器是完成二进制编码的算术和逻辑运算的重要部件。(　　)

24. 内存分为随机存储器和只读存储器两种。(　　)

25. 随机存储器在计算机工作时，只能做读出操作而不能做写入操作。(　　)

26. 只读存储器在计算机工作时，既可随机地从中读出信息，也可写入信息。(　　)

27. 只读存储器英文缩写是 ROM，随机存储器英文缩写是 RAM。(　　)

28. 一旦关机断电后，RAM 中的信息将不再保存，而且无法恢复。(　　)

29. 根据元器件的结构不同，随机存储器又可分为静态随机存储器 SRAM 和动态随机存储器 DRAM 两种。(　　)

30. Cache 是指工作速度比一般内存快得多的存储器。(　　)

31. 生活中经常说的内存大小其实是指 ROM 的大小。(　　)

32. 内存条是一种随机存储器。(　　)

33. 外存储器存储容量小，价格较低，在断电的情况下可以永久的保存信息，它的存取速度比内存储器快。(　　)

34. 常见的外存储器有磁盘、光盘和 U 盘等。(　　)

35. 硬盘是微机系统最重要的外部存储器，它又是重要的输入和输出设备。(　　)

36. 磁盘存储器由驱动器、控制器和盘片三部分组成。(　　)

37. 硬盘的存储容量 = 扇区数 × 柱面数 × 磁头数。(　　)

38. 硬盘的特点是存储容量大、读写速度快、便于携带、工作时不怕震动。(　　)

39. U 盘的特点是体积小、重量轻、功耗低、抗震好、支持热插拔。(　　)

40. 移动硬盘具有为方便携带而做的特殊抗震防尘设计。(　　)

41. 常用的输入设备有键盘、鼠标器、扫描仪、显示器、麦克风等。(　　)

42. 大数据技术，或称巨量资料，指数据非常大，计算机已无法容纳下。(　　)

43. 硬盘 SATA 接口是一种串行接口，支持热插拔。(　　)

44. 常用的输出设备有显示器、打印机、扫描仪等。(　　)

45. 一般 DVD 光盘的容量是 8.5 TB。(　　)

46. 常用的显示器有阴极射线管显示器和液晶显示器两种。( )
47. 衡量显示器的指标主要有点距、分辨率、尺寸等。 ( )
48. 显示器的分辨率越低，显示的图像和文字越清晰。( )
49. 显示器的尺寸一般是指显示器对角线的长度。( )
50. 打印机主要有针式打印机、激光打印机和喷墨打印机三种。( )
51. 微机配有 4 核 CPU 是指配有 4 个 CPU。( )
52. 根据总线上传送的信息不同，分为地址总线、数据总线和控制总线。( )
53. PC 的所有外设必须通过在主板扩展槽中插入扩充卡才能与主机相连。( )
54. USB 接口支持即插即用，不需要关机或重新启动计算机，就可以带电插拔设备。( )
55. 计算机也可以从光盘启动。( )
56. 计算机软件和硬件一样，都是物理实体，因为它可以保存在磁盘上。( )
57. 二进制计数制由 0、1 和 2 共 3 个数码组成。( )
58. 相同容量大小的 DDR3 内存条和 DDR4 内存条的运行速度是一样的。( )
59. 将二进制数 10011 转换成十进制数为 18。( )
60. 将八进制数 75 转换成十进制数为 75。( )
61. 将十六进制数 3C 转换成十进制数为 60。( )
62. 十进制数 57 转换成二进制数为 111001。( )
63. 十进制数 577 转换成八进制数为 1101。( )
64. 十进制数 854 转换成十六进制数为 63E。( )
65. 二进制数 11101.011 转换成八进制数为 35.3。( )
66. 八进制数 54 转换成二进制数为 101100。( )
67. 二进制数 1000111 转换成十六进制数为 47。( )
68. 十六进制数 D43 转换成二进制数为 110101000011。( )
69. 存储一个 ASCII 码字符用一个字节，存储一个汉字用两个字节。( )
70. 若已知“H”的 ASCII 码值为 48H，则可推断出“J”的 ASCII 码值为 50H。( )
71. 为了与 ASCII 字符相区别及处理汉字的方便，在计算机内，以最高位均为 1 的两个字节表示 GB 2312 汉字。( )
72. 计算机中，正数的二进制其原码、反码和补码各不相同。( )
73. 存储一个 32×32 点阵的汉字须占 1024 字节。( )
74. 文字、图形、图像、声音等信息，在计算机中都被转换成二进制数进行处理。( )
75. 计算机工作环境过分干燥容易产生静电。( )
76. 计算机病毒主要是通过 U 盘、光盘和网络进行传播。( )
77. 计算机病毒，是能自我复制和传染的一组指令或程序代码。( )
78. 现在通过网络传播是计算机病毒传播的最重要途径。( )

四、简答题

1. 计算机的发展经历了哪几个阶段？各阶段的主要特征是什么？

2. 简述计算机系统的组成。
3. 简述在计算机中，存储器的分类及其各自的作用。
4. 存储器容量单位有哪些，它们之间的关系是什么？
5. 简述计算机工作原理。
6. 计算机软件的分类是什么？
7. CPU 的主要性能指标是什么？
8. 微型计算机常见的基本输入输出设备有哪些？
9. 微型计算机的主要技术指标有哪些？它们的单位是什么？
10. 目前常用的打印机有哪几类？各自的特点是什么？
11. 什么是计算机病毒？计算机病毒的主要特点是什么？
12. 计算机硬件系统由哪几部分组成？简述各组成部分的基本功能。

五、计算题（要求有计算步骤）

1. 将十进制数 123 转换成对应的二进制、八进制和十六进制。
2. 将二进制数 10110. 101 转换成对应的十进制、八进制和十六进制。
3. 将八进制数 56 转换成对应的二进制、十进制和十六进制。
4. 将十六进制 5C. A 转换成对应的二进制、八进制和十进制。

第 2 部分 参考答案及疑难解析

一、单项选择题

1. A
2. B 解析：1946 年第一台公认的电子计算机诞生。
3. C 4. A
5. B 解析：CAI——计算机辅助教学，CAD——计算机辅助设计，CAM——计算机辅助制造，CAT——计算机辅助翻译。
6. A 7. B 8. B 9. C 10. A 11. B 12. D 13. C 14. D
15. B 16. B 17. A 18. C 19. B 20. A 21. D 22. C 23. D
24. C 解析：MIPS 是指每秒执行的百万指令数，是衡量 CPU 速度的一个指标。
25. C 26. A 27. B 28. D 29. A
30. C 解析：一个字长为 8 为的无符号二进制整数能表示的范围是 00000000～11111111，转换为十进制数，即 0～255。
31. C 32. C
33. C 解析：一个汉字字形码需要的字节数是 96×96/8＝1152 B
34. B
35. B 解析：区位码与国标码的转换关系为：（区位码的十六进制表示）+2020H＝国标码，将区号 28、位号 50 分别转换为十六进制表示为 1C32H，1C32H+2020H＝3C52H，得到国标码 3C52H。

36. D

37. B 解析：32×1024 KB/100 KB ≈320 张

38. D 39. A 40. A 41. D 42. B

43. D 解析：在计算机进制转换中，用 B 表示二进制，O 表示八进制，D 表示十进制，H 表示十六进制。

44. D 45. B 46. B 47. B 48. C 49. A 50. D 51. A 52. C 53. B
54. A 55. B 56. D 57. D 58. D 59. C 60. B 61. C 62. A 63. A
64. C 65. C 66. D 67. A 68. A 69. A 70. D 71. A 72. C 73. A
74. A 75. B 76. C 77. C 78. B 79. B 80. C 81. A 82. B 83. A
84. A 85. B 86. C 87. C 88. B 89. B 90. A 91. D 92. B 93. A
94. B 95. D 96. A 97. A 98. D 99. C 100. B 101. C 102. D 103. B
104. A 105. A 106. C 107. D 108. C 109. A 110. D 111. A 112. B 113. A
114. B 115. A 116. B 117. A

118. C 解析：IDE 是硬盘和光驱的接口，在机箱内。PS/2 是鼠标接口，RS-232E 和 USB 都是串行接口。

119. A 120. C

121. C 解析：BIOS 是存储在主板的 ROM 芯片上的，而 CMOS 是存储在 RAM 芯片上的，CMOS 是可读写的 RAM 芯片，不是 ROM；加电自检程序是由 BIOS 完成的。

122. A 123. A 124. D 125. A 126. B 127. D 128. C 129. D 130. D
131. D 132. C 133. D 134. B 135. B 136. D 137. B 138. C 139. B
140. D

二、填空题

1. 美，ENIAC，电子管
2. 输入设备，输出设备，存储器
3. 硬件系统，软件系统
4. 随机存储器（RAM），只读存储器（ROM）
5. 冯·诺依曼
6. 中央处理器，运算器，控制器
7. 高速缓冲存储器
8. RAM，ROM，ROM
9. ASCII 码，美国标准信息交换代码
10. 1，62H
11. 应用
12. 主机，外设
13. Intel
14. 字长
15. 算术和逻辑，存储器
16. 写，读
17. 输入设备，键盘，鼠标，扫描仪
18. 输出设备，显示器，打印机，绘图仪
19. 传染性，破坏性，潜伏性，寄生性
20. 针式打印机，喷墨打印机，激光打印机
21. 二
22. 字节
23. 2^{10}（1024），2^{20}（1024*1024），2^{30}，2^{40}
24. 11001，31，19
25. 77，115，4D
26. 11010.01，32.2，26.25
27. 10101111，AF，191
28. 位，字节
29. 先外设后主机，先主机后外设
30. 硬盘，光盘，U 盘，软盘
31. 512

三、判断题

1. × 解析：世界上第一台电子计算机的主要逻辑元件是电子管。
2. × 解析：第一台电子计算机于 1946 年诞生在美国。
3. √
4. × 解析：“代”是根据计算机采用的电子元件来划分的。

5. × 6. × 7. √ 8. × 9. √ 10. √

11. √ 12. × 13. × 14. √ 15. × 16. √

17. × 解析：主频越高，执行一条指令的时间越短，速度就越快。

18. × 解析：字长是指计算机 CPU 能一次直接处理的二进制数据的位数。

19. √ 20. × 21. √ 22. × 23. √ 24. √ 25. × 26. × 27. √ 28. √

29. √ 30. √ 31. × 32. √ 33. × 34. √ 35. × 36. √

37. × 解析：硬盘的存储容量=扇区数×柱面数×磁头数×每扇区字节数。

38. × 39. √ 40. √ 41. ×

42. × 解析：大数据技术或称巨量资料，指的是所涉及的资料量规模巨大到无法通过目前主流软件工具，在合理时间内达到撷取、管理、处理、并整理成为帮助企业经营决策更积极目的的信息。

43. √ 44. ×

45. × 解析：DVD 分单面和双面，一般 DVD 单面 4.7 GB，双面 8.5 GB。

46. √ 47. √ 48. × 49. √ 50. √

51. × 解析：CPU 上的双核多核是指，一个 CPU 里面包含着两个 CPU 核心或者多个核心。当 CPU 只处理一件事的时候，也只能是一个 CPU 核心来执行，不能多个核心同时做一件事。多核心 CPU 在多线程的时候才能发挥他的优势，所以不是 4 个 CPU。

52. √

53. × 解析：PC 的外设还可以通过 USB 接口与主机相连。

54. √ 55. √ 56. √ 57. × 58. × 59. × 60. × 61. √

62. √ 63. √ 64. × 65. √ 66. √ 67. √ 68. √ 69. √ 70. √ 71. √

72. × 解析：正数的二进制其原码、反码和补码都相同，负数的二进制其原码、反码和补码各不相同。

73. × 解析：存储一个汉字需要 32×32/8=128 个字节。

74. √ 75. √ 76. √ 77. √ 78. √

四、简答题

1. 四个发展阶段：
第一个发展阶段，1946—1956 年电子管计算机的时代；
第二个发展阶段，1956—1964 年晶体管的计算机时代；
第三个发展阶段，1964—1970 年集成电路与大规模集成电路的计算机时代；
第四个发展阶段，1970—现在，超大规模集成电路的计算机时代。

2. 计算机系统分为硬件系统和软件系统。
硬件系统分：运算器、控制器、存储器（内存储器和外存储器）、输入设备（键盘、鼠标、绘图仪等)、输出设备（显示器、打印机等)。

软件系统分：系统软件、应用软件。

3. 计算机存储器可分为内存和外存两大类。内存是直接受 CPU 控制与管理的，并只能暂存数据信息的存储器，外存可以永久性保存信息的存储器。存于外存中的程序必须调入内存才能运行。

内存可分为 RAM 与 ROM。RAM 的特点是可读可写，但断电信息丢失。ROM 用于存储 BIOS。外存有磁盘（软盘和硬盘)、光盘、U 盘等。

内存与外存的区别是：内存只能暂存数据信息，外存可以永久性保存数据信息；外存不受 CPU 控制，但外存必须借助内存才能与 CPU 交换数据信息；内存的访问速度快，外存的访问速度慢。

4. 存储容量是指该存储设备上可以存储数据的最大数量，容量的单位从小到大依次是：字节（B)、KB、MB、GB、TB。

1 个二进制位是一个比特（b)，8 个二进制位称为一个字节（B)；字节是计量存储容量的基本单位；

1 B = 8 b，1 KB = 1024 B，1 MB = 1024 KB = 1024×1024 B

1 GB = 1024 MB，1 MB = 1024×1024 KB，1 TB = 1024 GB = 1024×1024 MB

5. 计算机的基本原理是存储程序和程序控制。计算机在运行时，先从内存中取出第一条指令，通过控制器的译码，按指令的要求，从存储器中取出数据进行指定的运算和逻辑操作等加工，然后再按地址把结果送到内存中去；接下来，再取出第二条指令，在控制器的指挥下完成规定操作；依此进行下去，直至遇到停止指令。

6. 计算机软件是指计算机系统中的程序及其文档集合，分为系统软件和应用软件。

7. CPU 主要的性能指标是主频，也叫时钟频率，单位是 MHz（每秒百万次)，用来表示 CPU 的运算速度。主频越高，表明 CPU 的运算速度越快。

8. 输入设备：是向计算机输入数据和信息的设备。输入设备主要包括：键盘，鼠标，摄像头，扫描仪，光笔等。

输出设备：是用于接收计算机数据的输出显示、打印、声音、控制外部设备操作等，也用于把各种计算结果数据或信息以数字、字符、图像、声音等形式表现出来。输出设备主要包括：显示器、打印机、绘图仪、音响等。

9. 微型计算机的主要技术指标如下。

(1) 字长：CPU 一次能同时处理二进制数据的位数，有 16、32、64 位。

(2) 时钟主频：指 CPU 的时钟频率，单位 GHz。

(3) 运算速度：指每秒所能执行加法指令数，常用 MIPS 表示。

(4) 存储容量：主要指内存的存储容量。

(5) 存取周期：指 CPU 从内存储器中存取数据所需要的时间。

10. 打印机主要有针式打印机、喷墨打印机和激光打印机三种。

(1) 针式打印机的原理是有一个打印针头不断撞击色带，将色带上的颜色打在纸上，此打印机多用于票据打印上。色带多为黑色，成本较低。

(2) 喷墨打印机利用特殊技术将墨水喷射到打印纸上而实现字符或图形的输出，属于非击打式印机。喷墨打印机的优点是打印速度较快、噪声低、印字质量高，并可以输出彩色文档。其缺点是墨水消耗比较大，日常费用较高。

（3）激光打印机是激光技术和电子照相技术相结合的产物。激光打印机主要由图像发生器、扫描多面转镜、感光鼓、显像管、定影器及输纸系统等组成，其核心部分是激光器。激光打印机的打印效果质量好，打印速度快，但是价格高。

11. 计算机病毒是具有对计算机资源进行破坏作用的一组程序或指令集合。计算机病毒的特点有传染性、破坏性、隐蔽性、潜伏性、触发性和非法性等。

12. 计算机的硬件系统由运算器、控制器、存储器、输入设备和输出设备五部分组成。

（1）运算器：完成对数据的加工和处理。它能够提供算术运算（加、减、乘、除）和逻辑运算（与、或、非）。

（2）控制器：控制器是计算机的控制中心，统一指挥各部件有条不紊地协调动作。运算器和控制器通常称为中央处理器，或微处理器，简称 CPU。

（3）存储器：计算机的存储器分为内存储器和外存储器。

（4）输入设备：常用的输入设备有键盘、鼠标、扫描仪等。

（5）输出设备：常用的输出设备有显示器、音箱、打印机、绘图仪等。

五、计算题

1. 十进制转换成二（八/十六）进制方法是：整数部分除以二（八/十六）取余数（除到商为 0），小数部分乘以二（八/十六）取整数

$123 \div 2 = 61$　取余数 1　最低位

$61 \div 2 = 30$　取余数 1

$30 \div 2 = 15$　取余数 0

$15 \div 2 = 7$　取余数 1

$7 \div 2 = 3$　取余数 1

$3 \div 2 = 1$　取余数 1

$1 \div 2 = 0$　取余数 1　最高位

$(123)_D = (1111011)_B = (173)_O = (7B)_H$

转换成八/十六进制方法同上，也可通过二进制结果直接转换出八/十六的结果。具体步骤略。

2.（1）二进制转换成十进制的方法是，按位展开：

$10110.101 = 1\times2^4 + 1\times2 + 1\times2^0 + 1\times2^{-1} + 1\times2^{-3} = 16+2+1+0.5+0.125 = 19.625$

二进制数 10110.101 转换成十进制数为 19.625。

（2）二进制转八进制方法：从小数点开始，分别向左右两边 3 位为一组进行转换。

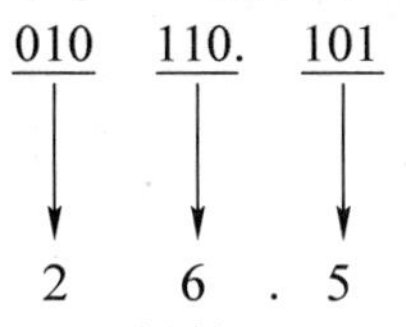

二进制数 10110.101 转换成八进制数为 26.5。

（3）二进制转十六进制方法：从小数点开始，分别向左右两边 4 位为一组进行转换。

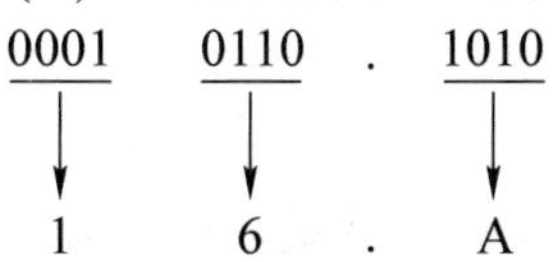

二进制数 10110.101 转换成十六进制数为 16.A。

3.（1）八—二：按 1 位转换为 3 位二进制数的原则进行。

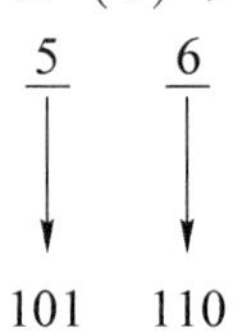

八进制数 56 转换成对应的二进制数为 101110。

（2）八—十：按位展开。

$56=5\times8^1+6\times8^0=46$

八进制数 56 转换成对应的十进制数为 46。

（3）八—十六：用（1）中的结果按 4 位一组转换为十六进制数的原则进行。

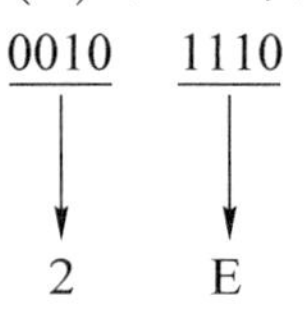

八进制数 56 转换成对应的十六进制数为 2E。

4. 将十六进制 5C.A 转换成对应的二进制、八进制和十进制。

（1）十六—二：按 1 位转换为 4 位二进制数的原则进行。

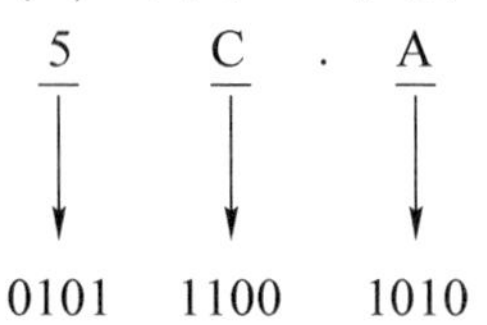

十六进制 5C.A 转换成对应的二进制数为 1011100.101。

（2）十六—八：用（1）中的二进制数从小数点开始分别向左右两边按 3 位一组转换。

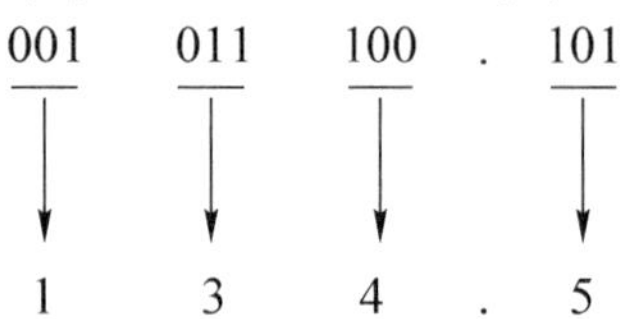

十六进制 5C.A 转换成对应的八进制数为 134.5。

（3）十六—十：按位展开。

$5C.A=5\times16^1+12\times16^0+10\times16^{-1}=80+12+0.625=92.625$

十六进制 5C.A 转换成对应的十进制数为 92.625。

第 3 部分　操　作　题

实验 1　键盘指法练习

一、实验目的

1. 熟悉实验环境，认识计算机，培养良好使用计算机习惯，掌握正确键盘输入方法。

2. 实现盲打，英文打字达到一定的速度。

二、实验内容

利用机房的“金山打字通”软件进行指法练习后，输入以下英文内容，练习英文输入。上机 2 小时，其他训练在课外根据自己情况自由安排，最终实现盲打。

练习 1：There are many theories about the beginning of drama in ancient Greece. The one most widely accepted today is based on the assumption that drama evolved from ritual. In the beginning, hum beings viewed the natural forces of the world as unpredictable, and they sought though various means to control these unknown powers. Those measures which appeared to bring the desired result were then retained and repeated until they hardened into fixed rituals. Eventually stories arose which explained or exiled the mysteries of the rites.

Those who believe that drama evolved out of ritual also argue that those rites contained the seed of theater because music, dance, masks, and costumes were almost always used. Furthermore, a suitable site had to be provided for performances and when the entire community did not participate, a clear division was usually made between the “acting area” and the “auditorium.” In addition, there were performers, and, since considerable importance was attached to avoiding mistakes in the enactment of rites, religious leaders usually assumed that task. Wearing masks and costumes, they often impersonated other people, animals, or supernatural beings, and mimed the desired effect.

Another theory traces the theater's origin from the interest in storytelling. According to this view tales are gradually elaborated, at first through the use of impersonation, action and dialogue by a narrator and then through the assumption of each of the roles by a different person. A closely related theory traces theater to those dances that are primarily rhythmical and gymnastic or that are imitation of animal movements and sounds.

练习 2：If you look around at the men and women whom you can call happy, you will see that they all have certain things in common. The most important of these things is an activity which at most gradually builds up something that you are glad to see coming into existence. Women who take an instinctive pleasure in their children can get this kind of satisfaction out of bringing up a family. Artists and authors and authors and men of science get happiness in this way if their own work seems good to them. But there are many humbler forms of the same kind of please. Many men who spend their working life in the city devote their weekends to voluntary and unremunerated toil in their gardens, and when the spring comes, they experience all the joys of having created beauty.

The whole subject of happiness has, in my opinion, been treated too solemnly. It had been thought than man cannot be happy without a theory of life or a religion. Perhaps those who have been rendered unhappy by a bad theory may need a better theory to help them to recovery, just as you may need a tonic when you have been ill. But when things are normal a man should be healthy without a tonic and happy without a theory. It is the simple things that really matter. If a man delights in spring and autumn, he will be happy whatever his philosophy may be. If, on the other hand, he finds his wife fateful his children's noise unendurable, and the office a nightmare, if in the daytime he longs for night, and at night sighs for the light of day, then what he needs is not a new philosophy but a new regimen——a different diet, or more exercise, or what not.

练习 3: The moon festival is the second most festival in the traditional. Chinese calendar and occurs on the fifteenth day of eighth month.

The moon on that night is thought to be brighter. And it is time for the Chinese people to mark their Moon festival, or the Mid-Autumn Festival.

The round shape symbolizes family reunion. Therefore the day is a holiday for family members to get together and enjoy the full moon-n an auspicious token of abundance, harmony and luck.

Myths and legends abound in Chinese culture about the moon, hence the popularity of this festival. Perhaps the bet known myth is of Chang'er flying to the moon.

In this story, it is said that a long time ago, there were 10 suns in the sky, causing great misery to the inhabitants of earth, with the seas boiling, mountains falling and the earth cracking. An expert archer Hou Yi decided to help and took his bow and shot down nine of the ten suns.

Because of this the people of the earth made him king. However, his pride soon lead him to become a tyrant, drinking, womanizing and killing people as he liked. He became much disliked by the people, and seeing that his days were numbered went to see Wang Mu the Fairy Queen in search of the elixir of immortality.

Although he obtained the elixir, his wife Chang're drank it before he could to save the people from his tyranny. Chang're was transported to the moon where she still live.

Round 'moon cakes', made of fruit, ice cream, yogurt, pork, mushrooms, green tea, flowers, jelly etc. are a traditional food eaten during the festival. People also enjoy pomelos on this days, yu, the Chinese word for pomelo, sounds the same as another Chinese word to beseech the moon god.

练习 4: most people often at night . why are dreams so strange and unfamiliar where do dreama from?

No one has produced a more satisfying answer than a man called Sigmund Freud . he said that dreams come from a part of one's mind which one can neither recognize nor control. He named this the "unconscious mind. "

Sigmund Freud was born about a hundred yeas ago. He lived most of his life in Vienna Austria, but ended his days in London, soon after the beginning of the Second world war.

The new worlds Feud explored were inside man himself. For the unconscious mind is like a deep well, full of our birth. Our conscious mind has forgotten them. We do not suspect that they are there until some unhappy or unusual experience causes us to remember, or to dream dreams. Then suddenly we see the same thing and feel the same way we felt when we were little children.

This discovery of Freud's is very important if we wish to understand why people act as they do.

For the unconscious forces inside us are at lest as powerful as the conscious forces we know unconscious minds.

When was a child he cared about the sufferings of others, so it isn't surprising that he became a doctor when he grew up. He learned all about the way in which the human body works. But he became more and more curious about human mind. e went to Pairs to study with a famous French doctor, Charcot. Not all of Freud's ideas are accepted today. but others have followed where he led and have helped us to understand ourselves better.

三、认识键盘

键盘是广泛使用的字符和数字输入设备，用户可以直接从键盘上输入程序或数据，使人和计算机直接进行联系，起着人与计算机之间进行信息交流的桥梁作用。

计算机键盘键位布局及个数，因机型不同而有所差异。常见的键盘有 101 键和 104 键等若干种，而常用的台式计算机均是 101 键。这里着重讲述 101 键位键盘。

101 键位键盘分为主键盘区、功能键区、控制键区、数字键区、状态指示区 5 个区。

（一）主键盘区

本区是键盘的主体，字符包括字母键（A~Z）、数字键及符号键（如逗号、加号等）、功能键等。

1. 字母键

是指法练习的主要部分，键盘上只有大写字母，但一般情况下打出的均是小写字母，大小写字母的转换可通过 Shift 键或 Caps Lock 键来实现。

2. 数字键及符号键

在这部分键上，每一个键均可输入两个字符，分为上下两档，单独按该键时输入的是下档字符，按住 Shift 键后再按该键时输入的是上档字符。

3. 控制键

（1）Tab 键——制表定位键，编辑程序时常用于控制格式。

（2）Caps Lock 键——字母大小写锁定键，它用于开关键盘右上角的 Caps Lock 指示灯，当指示灯亮时，字母键处于大写状态，此时输入的字母为大写字母，但可以通过 Shift 键来转换。

（3）Shift 键——换档键，左右各一个。功能有二：其一是用于进行大小写字母转换，如在 Caps Lock 灯没亮时，直接按字母键输入小写字母，而按住 Shift 键后再按字母键则输入对应的大写字母；其二是在双字符键中用于输入上档字符，如直接按“1”键输入字符“1”，而按住 Shift 键后再按“1”键，则输入“!”。要注意的是，当同时需要按两个键时，应用两只手协同完成。如“!”，应该先用右手小指按住右边的 Shift 键，再用左手小指击“1”键。

（4）Ctrl 键——控制键，本身无任何功能，必须与其他键配合使用。左右各一个。

（5）Alt 键——控制键，本身一般无用，常与其他键配合使用。左右各一个。

（6）Backspace——退格键，每按一次该键，光标向左移动一个位置，且删除光标原来位置上的字符。

（7）Enter 键——回车键，在命令方式下，用于命令输入完成后开始让计算机执行命令的作用，在编辑软件中，可以起到换行的作用。在数字键区还有一个，功能相同。

（二）功能键区

（1）Esc 键——在某些软件中用于退出系统。

（2）F1~F12 键——在不同的软件中功能各不相同，也可以由用户自己定义其功能。

（3）Print Screen 键——屏幕硬拷贝，在 Windows 中，可以用于屏幕抓图。

（4）Scroll Lock 键——控制屏幕的滚动方式。

（5）Pause/Break 键——单独使用可以暂停某些程序的运行，与 Ctrl 配合使用可以中断某些程序的运行，如在 Basic 中，就可以用 Ctrl+Break 键来中断程序运行。

（三）控制键区

（1）Insert 键——插入/改写切换键。

（2）Delete 键——删除光标后的一个字符，在 Windows 中，可以删除选中的文件或文件夹。

（3）Home（End）键——在编辑软件中，可以将光标快速移动到一行行首（尾）。

（4）Page Up（Page Down）键——在编辑软件中，可将光标移动到上（下）一页。

（四）数字键区

数字键区又称“小键盘区”。

Num Lock 键——数字锁定/键，当此键按下，Num Lock 灯亮时，数字键区才能输入数字，否则，数字键区相当于编辑键。

（五）状态指示区

位于数字键区上方，包括三个状态指示灯，用于提示键盘的工作状态，如图 1-1 所示。

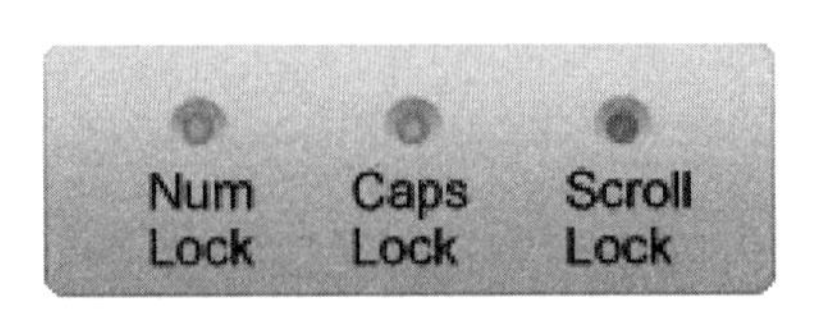

图 1-1　状态指示灯

四、英文指法练习指南

英文指法练习属于基本功练习，目的在于使学生养成正确使用键盘的习惯。

（一）指法练习的基本要求

1. 正确的姿势

要坐端正，腰背挺直，座椅要调整到便于手指操作的高度，两脚自然平放于地上，眼睛平视屏幕保持 30~40 厘米的距离，每隔十分钟从屏幕上移开一次；

肩部放松，两臂自然下垂，前臂与手腕略向上抬，手腕平放，手指自然弯曲成弧形；

手指轻放于键盘的左右基本键位上，肘关节靠近体侧。

打字姿势归纳为“直腰、弓手、立指、弹键”。

2. 正确的指法

键盘录入的正确指法就是指左右手合理地分管键盘上所有的字符键。相互间不可混乱或顶替，按指法分工去掌握全部字符键。手指在键盘上的分工情况如图 1-2 所示。

在键盘中，中间一排的字符键“A”“S”“D”“F”是左手的固定位置。即左手食指在“F”键，中指在“D”键，无名指在“S”键，小指在“A”键。与此相对应，右手也有自己的固定位置。即食指在“J”键，中指在“K”键，无名指在“L”键，小指在“;”键。这八个键被称为**基准键**，以后按所有其他键均要从这八个键出发，按完后又回到这八个键上。特别是，一般键盘上的“F”“J”两键上都各有一个“凸点”或“凸线”，用手能摸

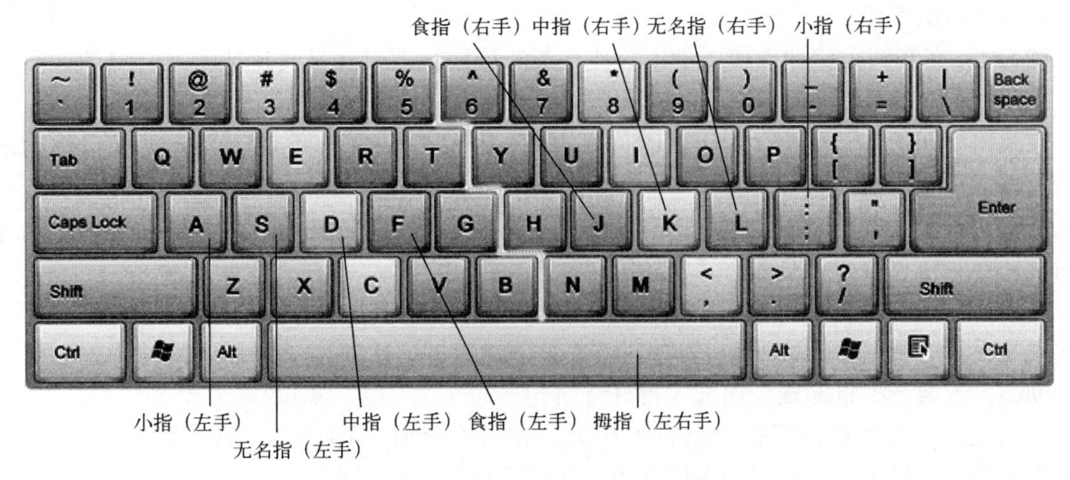

图 1-2　手指在键盘上的分工情况

到，这两个键成为八个基准键的“参照物”。所以当按完某个键要回到原位时，首先要用食指去摸到这两个键，其他指头自然会各就各位了。

对于 Enter 键，在有的键盘上比较大，而小指力量又相对较小，则可用其他指头代替；对于 Backspace 键，由于其位置特殊，也可以用其他手指代替。但无论如何，当要按下一个键时，应让所有手指回到基准键上。

3. 正确的按键方法

初学者要领会按键的“按”，是短促且具有弹性的“一击”。按键时要果断，要用力恰当，频率均匀。用手指动作带动手腕、小臂部位动作，并使之协调。

（二）提高录入质量的要点

录入质量有两方面的要求，即准确率和速度，其中，准确率最为重要，离开准确率谈速度是没有意义的。指法训练从一开始就要遵循以下几点。

① 手指分工明确，千万不要哪个指头方便就用哪个指头，这样的习惯以后很难纠正。

② 在练习中熟记键盘，特别是基准键及其他键与基准键的关系，即他们的相对位置。初学者要完全不看键盘是不可能的，如果在练习过程中有些键找不着时，可以将手拿开找一找，找到以后将手放好后再击。

③ 集中精力，力求做到不受周围声音的干扰，力求保持镇定，如果心不在焉地录入，就很容易击错键。初学者击错键在所难免，切不可烦躁，要有信心，认真、专注地练习。

实验 2　中 文 打 字

一、实验目的

1. 培养使用键盘的良好习惯，掌握拼音输入法录入中文的方法。
2. 在实现盲打基础上，中文打字达到一定的速度。

二、实验内容

选用自己熟悉的中文输入法进行如下内容的输入训练，上机 2 小时，其他训练在课外根据自己情况自由安排。

练习 1： 在我国古代和现代文学中，涉及茶的诗词、歌赋和散文比比皆是，可谓数量巨大、质量上乘。这些作品已成为我国文学宝库中的珍贵财富。

在我国早期的诗、赋中，赞美茶的首推的应是晋代诗人杜育的《荈赋》。诗人以饱满的热情歌颂了祖国山区孕育的奇产——茶叶。诗中云，茶树受着丰壤甘霖的滋润，满山遍野，生长茂盛，农民成群结队辛勤采制。晋代左思还有一首著名的《娇女诗》，非常生动地描写了两个幼女的娇憨姿态和烹煮香茗的娇姿。

唐代为我国古代诗歌的极盛时期，科举以诗取士，作诗成为谋取利禄的道路，因此唐代的文人几乎无一不是诗人。此时适逢陆羽《茶经》问世，饮茶之风更炽，茶与诗词，两相推波助澜，咏茶诗大批涌现，出现大批好诗名句。

唐代杰出诗人杜甫，写有“落日平台上，春风啜茗时”的诗句。当时杜甫年过四十，而蹉跎不遇，微禄难沾，有归山买田之念。此诗虽写得潇洒闲适，仍表达了他心中隐伏的不平。诗仙李白豪放不羁，一生不得志，只能在诗中借浪漫而丰富的想象表达自己的理想，而现实中的他又异常苦闷，成天沉湎在醉乡。正如他在诗中所云“三百六十日，日日醉如泥”。当他听说荆州玉泉真公因常采饮“仙人掌茶”，虽年愈八十，仍然颜面如桃花时，也不禁对茶唱出了赞歌：“常闻玉泉山，山洞多乳窟。仙鼠如白鸦，倒悬深溪月。茗生此中石，玉泉流不歇。根柯俪芳津，采眼润肌骨。丛老卷绿叶，枝枝相连接。曝成仙人掌，似拍洪崖肩。举世未见之，其名定谁传……”

中唐时期最有影响的诗人白居易，对茶怀有浓厚的兴味，一生写下了不少咏茶的诗篇。他的《食后》云：“食罢一觉睡，起来两碗茶：举头看日影，已复西南斜。乐人惜日促，忧人厌年赊；无忧无乐者，长短任生涯。”诗中写出了他食后睡起，手持茶碗，无忧无虑，自得其乐的情趣。

以饮茶而闻名的卢仝，自号玉川子，隐居洛阳城中。他作诗豪放怪奇，独树一帜。他在名作《饮茶歌》中，描写了他饮七碗茶的不同感觉，步步深入，诗中还从个人的穷苦想到亿万苍生的辛苦。

练习 2： 中国画在观察认识、形象塑造和表现手法上，体现了中华民族传统的哲学观念和审美观，在对客观事物的观察认识中，采取以大观小，小中见大的方法，并在活动中去观察和认识客观事物，甚至可以直接参与到事物中去，它渗透人们的社会意识，从而使绘画具有“千载寂寥，披图可见”的认识作用，又起到“恶以试世，善以示后”的教育作用。即使山水，花鸟等纯自然的客观事物，在观察、认识和表现中也自觉地与人的社会意识和审美情趣相联系，借景抒情，托物言志，体现了中国人“天人合一”的观念。

中国画在创造上重视构思，讲求意在笔法和形象思维，注重艺术形象的主客观统一。造型上，不拘于表面的肖似，而讲求“妙在似与不似之间”和“不似之似”。某形象的塑造以能传达出物象的神态情韵和画家的主观情感为要旨。因而可以舍弃非本质的部分，对那些能体现出神情特征的部分，则可以采取夸张甚至变形的手法加以刻画。在构图上，中国画讲求精艺，它不是立足于某个固定的空间和时间，而是以灵活的方式，打破时空的限制，把处于不同时空中的物象，依照画家的主观感受和艺术创作的法则，重新布置，构造出一种画家心目中的时空境界。于是，风晴雨雪，四时朝暮，古今人物可以出现在同一幅画中。因此，在透视上，它也不拘于焦点透视，而是采取多点或散点透视法。以上下或左右，前后移动的方式观物取景，经营构图，具有极大的自由度和灵活性，同时在一幅画中构图中注重虚实对比，讲求“疏可走马”“密不透风”虚中求实，实中有虚。中国画以其特有的笔墨技巧作为状物及传情达意的表现手段，以点、线、面的形式描绘对象的形貌，骨法，质地，光暗及情态神韵。这里的笔墨既是状物、传情的技巧，又是对象的载体，同时本身又是有意味的形式，其痕迹体现了中国书法的意趣，具有独立的审美价值，由于并不十分追求物象表面的肖似，因此中国画既可用全黑的水墨，也可用色彩结合来描绘对象。后来，水墨所占比重愈大，现在有人甚至称中国画为水墨画。

练习 3：台湾是中国一个由岛屿组成的海上省份，位于中国大陆架的东南缘。全省由台湾岛、周围属岛及澎湖列岛两大岛群共 80 余个岛屿所组成。陆地总面积约 3. 6 万平方公里。

台湾北临东海，东北接琉球群岛；东临太平洋；南接巴士海峡，与菲律宾相邻；西隔台湾海峡与福建省相望，最近处仅约 130 公里。全省扼西太平洋航道的中心，战略位置非常重要。

台湾海峡，南北长约 380 公里，东西平均宽约 190 公里，最狭窄处是从台湾新竹到福建平潭，约 130 公里。每当风和日丽，天清气爽之日，在福建沿海登高远眺，台湾高山上的云雾隐约可见，甚至可以望见高耸于台湾北部的鸡笼山。

台湾岛面积约占全省面积的 97%以上，是中国第一大岛，岛上多山，高山和丘陵面积占 2/3，平原不到 1/3。中央山脉、玉山山脉、雪山山脉、阿里山脉和台东山脉是岛上的五大山脉。台湾岛的地形特征是中间高，两侧低，以纵贯南北的中央山脉为分水岭，分别渐次地向东西海岸跌落。玉山山脉的主峰玉山，海拔 3952 米，为台湾第一高峰。

台湾全省位置跨温带与热带之间，属于热带和亚热带气候。由于它四面环海，受海洋性季风调节，冬无严寒，夏无酷暑，年平均温度除高山外约在 22℃左右，终年气候宜人。一般地区终年不见霜雪，雪线位于海拔 3000 米以上地带。台湾多雨，且受台风影响较多。

台湾森林覆盖面积占全省土地总面积的一半以上，比欧洲著名的“山林之国”瑞士的森林面积还大 1 倍，木材的储蓄量达 3 亿立方米以上。因受气候垂直变化的影响，台湾林木总类繁多，包括热带、亚热带、温带和寒带品系近 4000 种，是亚洲有名的天然植物园。全省经济林面积约占林地面积的 4/5。台湾的樟树居世界之冠。从樟树提炼出来的樟脑和樟油，是台湾一大特产，产量约占世界总产量 70%。

台湾四面环海，又处暖流与寒流的交汇地，海产十分丰富。鱼类多达 500 多种。高雄、基隆、苏澳、花莲、新港、澎湖等地都是著名的渔场。此外，台湾出产的海盐也久负盛名。

练习 4：

荷 塘 月 色

朱自清

沿着荷塘，是一条曲折的小煤屑路；这是一条幽僻的路；白天也少人走，夜晚更加寂寞。荷塘四面，长着许多树，蓊蓊郁郁的，路的一旁，是些杨柳，和一些不知道名字的树。没有月光的晚上，这路上阴森森的，有些怕人。今晚却很好，虽然月光也还是淡淡的。

路上只我一个人，背着手踱着。这一片天地好像是我的；我也像超出了平常的自己，到了另一个世界里。我爱热闹，也爱冷静；爱群居，也爱独处。像今晚上，一个人在这苍茫的月下，什么都可以想，什么都可以不想，便觉是个自由的人。白天里一定要做的事，一定要说的话，现在都可不理。这是独处的妙处，我且受用这无边的荷香的月色好了。

曲曲折折的荷塘上面，弥望的是田田的叶子。叶子出水很高，像亭亭的舞女的裙。层层的叶子中间，零星地点缀着些白花，有袅娜地开着，有羞涩地打着朵儿的；正如一粒粒的明珠，又如碧天里的星星，又如刚出浴的美人。微风过处，送来缕缕清香，仿佛远处高楼上渺茫的歌声似的。这时候叶子与花也有一些的颤动，像闪电般，霎时传到荷塘的那边去了。叶子本是肩并肩密密地挨着，这便宛然有了一道凝碧的波痕。叶子底下是脉脉的流水，遮住了，不能见一些颜色；而叶子却更见风致了。

月光如流水一般，静静地泻在这一片叶子和花儿上。薄薄的青雾浮起在荷塘里。叶子和花仿佛在牛乳中洗过一样；又像笼着轻纱的梦。虽然是满月，天上却有一层淡淡的云，所以不能朗照；但我以为这恰是到了好处——酣眠固不可少，小睡也别有风味的。月光是隔了树照过来的，高处丛生的灌木，落下参差的斑驳的黑影，峭楞楞如鬼一般；弯弯的杨柳的稀疏的倩影，却又像是画在荷叶上。塘中的夜色并不均匀，但光与影有着和谐的旋律，如梵婀岭上奏着的名曲。

荷塘的四周，远远近近，高高低低都是树，而杨柳最多。这些树将一片荷塘重重围住；只在小路一旁，漏着几段空隙，像是特为月光留下的。树色一例是阴阴的，乍看像一团烟雾；但杨柳的风姿，便在烟雾里也辨得出。树梢上隐隐约约的是一带远山，只有些大意罢了。

三、中文打字练习指南

提高中文的录入质量和速度有以下要点。

① **尝试盲打。**首先要熟悉键盘，熟悉每一个字母所在的位置，最好背一下键盘的字母顺序，记在心里从而实现盲打。

② **要学习好汉字的拼音及发音。**发音不对或者念错了字，会严重影响正常的打字速度。

③ **选择一个合适的输入法。**每一种输入法都有不一样的风格，选择合适的输入法能更快地适应拼音打字。

④ **注意掌握打字的正确指法。**很多使用者打字都是用的“一指禅”，这样拼音打字的速度和效率都会很低。

⑤ **多做练习。**

⑥ **掌握一些打字的小技巧。**打字的时候不要一个字一个字地输入，可以输入一句话，也可以输入一组词的拼音首字母，等等。

第 2 章　Windows 7 操作系统

第 1 部分　理　论　题

一、单项选择题

1. 计算机系统中必不可少的软件是（　　）。
   A. 操作系统　　B. 语言处理程序
   C. 工具软件　　D. 数据库管理系统
2. 关于 Windows 操作系统，下列说法中正确的是（　　）。
   A. 操作系统是用户和控制对象的接口
   B. 操作系统是用户和计算机的接口
   C. 操作系统是计算机和控制对象的接口
   D. 操作系统是控制对象、计算机和用户的接口
3. Windows 操作系统的主要功能是（　　）。
   A. 实现软、硬件转换
   B. 管理计算机系统所有软、硬件资源
   C. 把源程序转换为目标程序
   D. 进行数据处理
4. Windows 7 系统提供的用户界面是（　　）。
   A. 交互式的问答界面　　B. 显示器界面
   C. 交互式的字符界面　　D. 交互式的图形界面
5. Windows 7 操作系统的特点不包括（　　）。
   A. 图形界面　　B. 多任务
   C. 即插即用（Plug-And-Play，缩写 PnP）　　D. 卫星通信
6. Windows 7 目前有（　　）个版本。
   A. 3　　B. 4　　C. 5　　D. 6
7. 在 Windows 7 的各个版本中，支持的功能最少的是（　　）。
   A. 家庭普通版　　B. 家庭高级版
   C. 专业版　　D. 旗舰版
8. Windows 7 是一种（　　）。
   A. 数据库软件　　B. 应用软件
   C. 系统软件　　D. 中文字处理软件
9. 微机上广泛使用的 Windows 7 是（　　）。
   A. 多用户多任务操作系统

B. 单用户多任务操作系统
C. 实时操作系统
D. 多用户分时操作系统

10. 关于 Windows 7 的运行环境，以下说法正确的是（　　）。
A. 对处理器配置没有要求　　B. 对内存容量没有要求
C. 对硬件配置有一定要求　　D. 对硬盘配置没有要求

11. 在安装 Windows 7 的最低配置中，硬盘的基本要求是（　　）GB 以上可用空间。
A. 8　　B. 16
C. 30　　D. 60

12. Windows 7 有四个默认库，分别是视频、图片、（　　）和音乐。
A. 文档　　B. 汉字
C. 属性　　D. 图标

13. 安装 Windows 7 操作系统时，系统磁盘分区必须为（　　）格式才能安装。
A. FAT　　B. FAT16
C. FAT32　　D. NTFS

14. 为了保证 Windows 7 安装后能正常使用，采用的安装方法是（　　）。
A. 升级安装　　B. 卸载安装
C. 覆盖安装　　D. 全新安装

15. 在下列软件中，属于计算机操作系统的是（　　）。
A. Windows 7　　B. Power Point 2010
C. Word 2010　　D. Excel 2010

16. Windows 7 是（　　）公司推出的视窗操作系统。
A. IBM　　B. Microsoft
C. Lenovo　　D. TOSHIBA

17. 下列（　　）不是微软公司开发的操作系统。
A. Windows Server 7　　B. Win 7
C. Linux　　D. Vista

18. Windows 7 安装后自带（　　）管理员账户。
A. Home　　B. Administrator
C. Guest　　D. Master

19. 安装 Windows 7 之后，桌面上不能直接删除的图标是（　　）。
A. 计算机　　B. 回收站
C. IE 浏览器　　D. 网络

20. 在 Windows 7 操作系统中，将打开的窗口拖动到屏幕顶端，窗口会（　　）。
A. 关闭　　B. 消失
C. 最大化　　D. 最小化

21. 在 Windows 7 环境中，鼠标是重要的输入工具，而键盘（　　）。
A. 无法起作用
B. 仅能配合鼠标，在输入中起辅助作用（如输入字符）

C. 仅能在菜单操作中运用，不能在窗口的其他地方操作
D. 也能完成几乎所有操作

22. Windows 7 中，单击是指（　　）。
A. 快速按下并释放鼠标左键　　B. 快速按下并释放鼠标右键
C. 快速按下并释放鼠标中间键　　D. 按住鼠标器左键并移动鼠标

23. Windows 环境下，能运行的应用程序文件必须具有的扩展名是（　　）。
A. .EXE，.PRG，.COM　　B. .EXE，.COM，.BAT
C. .TXT，.DBF，.COM　　D. .COM，.SYS，.BAT

24. Windows 7 中，不能在“任务栏”内进行的操作是（　　）。
A. 设置系统日期和时间　　B. 排列桌面图标
C. 排列和切换窗口　　D. 启动“开始”菜单

25. Windows 7 中的菜单分为窗口菜单和（　　）菜单两种。
A. 对话　　B. 查询
C. 检查　　D. 快捷

26. 当一个应用程序窗口被最小化后，该应用程序将（　　）。
A. 被终止执行　　B. 继续在前台执行
C. 被暂停执行　　D. 转入后台执行

27. Windows 7 的桌面是指（　　）。
A. 某一个窗口　　B. 当前打开的窗口
C. 整个屏幕界面　　D. 全部窗口

28. 在“启动”菜单下的子菜单项的作用是（　　）。
A. 开机后即自动运行　　B. 关机前自动运行
C. 单击它后才运行　　D. 双击它后才运行

29. 当一个窗口已经最大化后，下列叙述中错误的是（　　）。
A. 该窗口可以被关闭　　B. 该窗口可以移动
C. 该窗口可以最小化　　D. 该窗口可以还原

30. 在 Windows 中，下列对窗口滚动条的叙述中，正确的选项是（　　）
A. 每个窗口都有水平滚动条和垂直滚动条
B. 每个窗口都有水平滚动条
C. 每个窗口都有垂直滚动条
D. 每个窗口都可能出现必要的滚动条

31. Windows 应用环境中，鼠标的拖动操作不能完成的是（　　）。
A. 当窗口不是最大时，可以移动窗口的位置
B. 当窗口最大时，可以将窗口缩小成图标
C. 当窗口有滚动条时，可以实现窗口内容的滚动
D. 可以将一个文件移动（复制）到另一个文件夹

32. 下列关于“运行”对话框叙述正确的是（　　）。
A. 在其中选择图标后运行
B. 在其中输入命令后运行

C. 在其中既可选择图标，也可输入命令运行
D. 以上都不对

33. 在 Windows 7 中，（　　）桌面上的程序图标即可启动一个程序。
A. 选定　　B. 右击
C. 双击　　D. 拖动

34. 一般用户在改变某个对象位置、调整窗口大小时，使用（　　）这一鼠标操作。
A. 单击　　B. 双击　　C. 右击　　D. 拖动

35. 默认情况下，桌面上没有（　　）图标。
A. QQ　　B. 网络　　C. 计算机　　D. 回收站

36. （　　）是用户文档默认保存的地方，有利于用户快速打开和保存经常操作的文件。
A. QQ　　B. 网络　　C. D：盘　　D. “我的文档”

37. 在 Windows 环境中，下列（　　）不能运行应用程序。
A. 用鼠标左键双击应用程序的快捷方式
B. 用鼠标左键双击应用程序的图标
C. 用标右键单击应用程序的图标，在弹出的快键菜单中选择“打开”命令
D. 用鼠标右键单击应用程序的图标，然后按 Enter 键

38. 当屏幕的指针为沙漏加箭头时，表示 Windows 7（　　）。
A. 正在执行答应任务　　B. 没有执行任何任务
C. 正在执行一项任务，不可以执行其他任务
D. 正在执行一项任务但仍可以执行其他任务

39. 关于 Windows 窗口，以下叙述正确的是（　　）。
A. 屏幕上只能出现一个窗口，这个就是活动窗口
B. 屏幕上可以出现多个窗口，但只有一个是活动窗口
C. 屏幕上可以出现多个窗口，但不止一个是活动窗口
D. 屏幕上可以出现多个活动窗口

40. 在 Windows 7 中，活动窗口表示为（　　）。
A. 最小化窗口　　B. 最大化窗口
C. 对应任务按钮在任务栏上在外凸
D. 对应任务按钮在任务栏上往里凹

41. 使用鼠标右键单击任何对象将弹出（　　），可用于该对象的常规操作。
A. 图标　　B. 快捷菜单
C. 按钮　　D. 菜单

42. 在 Windows 7 操作系统中，显示桌面的快捷键是（　　）。
A. Win+D　　B. Win+P
C. Win+Tab　　D. Alt+Tab

43. Windows 支持 PnP 指的是（　　）。
A. 硬件设备的即插即用　　B. 软件系统的自动安装和卸载
C. 多媒体软硬件的应用　　D. 硬件的热插拔功能

44. 在同一时刻，Windows 的活动窗口可以有（　　）。

A. 只能有一个　　B. 最多可以有 255 个
C. 可以有任意多个，只要内存足够　　D. 取决于计算机的硬件配置

45. 在 Windows 7 操作系统中，活动窗口和非活动窗口是根据（　　）。
A. 工具栏上的颜色变化来区分的
B. 状态栏上的颜色变化来区分的
C. 菜单栏上的颜色变化来区分的
D. 标题栏上的颜色变化来区分的

46. 在 Windows 中，桌面上可以同时打开多个窗口，其中（　　）。
A. 只能有一个窗口为活动窗口，它的标题栏颜色与众不同
B. 只能有一个在工作，其余都关闭不能工作
C. 它们都不能工作，只有其余都关闭，留下一个才能工作
D. 它们都不能工作，只有其余都最小化以后，留下一个窗口才能工作

47. 以下不是菜单的类型的是（　　）。
A. 窗口菜单　　B. 快捷菜单
C. 文件菜单　　D. 控制菜单

48. 右键移动文件夹到桌面可以执行（　　）命令。
A. 剪贴　　B. 复制
C. 弹出快捷菜单　　D. 没有作用

49. 下列不属于控制面板查看方式的是（　　）。
A. 小图标　　B. 中等图标
C. 大图标　　D. 类别

50. 以下关于对话框的叙述中，错误的是（　　）。
A. 对话框是一种特殊的窗口
B. 对话框中可能出现单选框和复选框
C. 对话框可以移动　　D. 对话框不能关闭

51. 以下关于对话框的叙述中，错误的是（　　）。
A. 对话框没有最大化按钮
B. 对话框没有最小化按钮
C. 对话框形状大小不能改变
D. 对话框不能移动

52. 在 Windows 中，窗口和对话框的区别是（　　）。
A. 窗口有标题栏而对话框没有
B. 窗口有标签而对话框没有
C. 窗口有命令按钮而对话框没有
D. 窗口有菜单栏而对话框没有

53. 把窗口拖到屏幕左、右边缘，窗口会自动按屏幕的（　　）显示。
A. 100%宽度　　B. 50%宽度
C. 没变化　　D. 关闭窗口

54. 当前窗口处于最大化状态的，双击该窗口标题栏，则相当于单击（　　）。

A. 最小化　　B. 关闭按钮
C. 还原按钮　　D. 系统控制按钮

55. 关闭窗口方法不对的是（　　）。
A. 单击标题栏上的“关闭”按钮　　B. 双击窗口左上角的控制菜单图标
C. 按 Alt+F4 快捷键　　D. 单击工具栏上的“关闭”按钮

56. 最小化所有窗口的正确操作是（　　）。
A. 右击桌面空白处，选择“最小化所有窗口”命令
B. 右击任务栏空白处，选择“最小化所有窗口”命令
C. 右击桌面空白处，选择“显示桌面”命令
D. 右击任务栏空白处，选择“显示桌面”命令

57. 控制菜单图标包含在窗口的（　　）内。
A. 工具栏　　B. 标题栏
C. 菜单栏　　D. 任务栏

58. 当窗口已是最大状态时，标题栏上才会出现（　　）按钮。
A. 最大化　　B. 最小化
C. 向下还原　　D. 关闭

59. 最大化窗口方法不对的是（　　）。
A. 单击标标题栏上“最大化”按钮
B. 双击窗口左上角的控制菜单图标
C. 双击标题栏
D. 窗口拖放到屏幕最上方

60. 在 Windows 7 中，当窗口是还原状态时，可以移动窗口的操作是（　　）。
A. 将鼠标指针放在窗口边框，当鼠标指针变成水平或垂直双向箭头形状时，按住左键并拖动到适当位置
B. 将鼠标指针放在窗口四角，当鼠标指针变成倾斜的双向箭头形状时，按住左键并拖动到适当位置
C. 将鼠标指针放在窗口标题栏空白处，按住左键并拖动到适当位置
D. 将鼠标指针放在窗口菜单栏空白处，按住左键并拖动到适当位置

61. 任务栏中没有（　　）区域。
A. “开始”按钮　　B. 属性区
C. 快速启动区　　D. 任务按钮区

62. Windows 7 中任务栏上显示（　　）。
A. 系统中保存的所有程序　　B. 系统正在运行的所有程序
C. 系统前台运行的程序　　D. 系统后台运行的程序

63. 下列关于任务栏的叙述，错误的是（　　）。
A. 可以调整任务栏的大小
B. 任务栏不可以隐藏
C. 任务栏上显示的是已打开的文档或运行的应用程序图标
D. 可以调整任务栏的位置

64. 下列关于任务栏的叙述，正确的是（　　）。
A. 只能改变位置，不能改变大小
B. 只能改变大小，不能改变位置
C. 既不能改变位置也不能改变大小
D. 既能改变位置也能改变大小
65. 任务栏最右边是（　　）。
A. 输入法图标　　B. “开始” 按钮
C. “显示桌面” 按钮　　D. 日期和时间图标
66. 如果锁定了任务栏，则不能对（　　）进行修改。
A. 开始菜单　　B. 工具栏
C. 不能拖动任务栏调整位置　　D. 桌面背景
67. 在 Windows 7 桌面底部的任务栏中，可能出现的图标有（　　）。
A. “开始” 按钮、打开应用程序窗口的最小化图标按钮、“计算机” 图标
B. “开始” 按钮、锁定在任务栏上的 “资源管理器” 图标按钮，“计算机” 图标
C. “开始” 按钮、锁定在任务栏上的 “资源管理器” 图标按钮、打开应用程序窗口的最小化图标按钮、位于通知区的系统时钟、音量等图标按钮
D. 以上说法都错
68. 在 Windows 7 中，“任务栏” 的其中一个作用是（　　）。
A. 显示系统的所有功能　　B. 实现被打开的窗口之间的切换
C. 只显示当前活动窗口名　　D. 只显示正在后台工作的窗口名
69. 按（　　）快捷键，可以在多个窗口中切换。
A. Alt+Tab　　B. Shift+Tab　　C. Shift+Alt　　D. Shift+Ctrl
70. Windows 7 操作系统中，当打开多个窗口时，可以有（　　）个是当前窗口。
A. 1　　B. 2　　C. 3　　D. 4
71. 窗口标题栏右边不可能同时出现的两个按钮是（　　）。
A. “最大化” 和 “最小化”　　B. “最小化” 和 “向下还原
C. “最大化” 和 “向下还原”　　D. “最小化” 和 “关闭”
72. Windows 7 中，不能对窗口进行的操作是（　　）。
A. 粘贴　　B. 移动　　C. 大小调整　　D. 关闭
73. 对话框右上角 “?” 按钮的功能是（　　）。
A. 关闭对话框　　B. 获取帮助信息
C. 便于用户提问　　D. 最小化对话框
74. 对话框没有（　　）。
A. 标题栏　　B. 取消按钮
C. 关闭按钮　　D. 最大化和最小化按钮
75. 在对话框中，复选框是指列出的多项选择中（　　）。
A. 可以选一项或多项　　B. 必须选多项
C. 仅选一项　　D. 选取全部项
76. 对话框中 “取消” 按钮的功能是（　　）。

A. 保存设置，退出对话框　B. 不保存设置，关闭对话框
C. 保存设置，不关闭对话框　D. 不保存设置，不关闭对话框

77. 菜单项后面有“…”标记，表示选择该菜单项后会调出一个（　　）。
A. 对话框　B. 窗口　C. 子菜单　D. 属性

78. 菜单项后面有“▶”标记，表示选择该菜单项后还会出现一个（　　）。
A. 对话框　B. 窗口　C. 子菜单　D. 属性

79. 当菜单项呈灰色，表示该菜单项（　　）。
A. 错误　B. 不可选择　C. 含有子菜单　D. 首选项

80. “开始”菜单中的（　　）菜单项中包含着最近一段时间内曾使用的文件清单。
A. 附件　B. 运行　C. 搜索　D. 最近使用的项目

81. 在（　　）对话框中，可以直接输入命令。
A. 运行　B. 搜索　C. 控制面板　D. 我的文档

82. 对话框中的（　　）用于输入一些具体文本信息。
A. 文本框　B. 列表框　C. 复选框　D. 选项卡

83. 对话框中的（　　）用于多项选择。
A. 文本框　B. 列表框　C. 复选框　D. 选项卡

84. 在 Windows 7 的对话框中，出现的复选按钮的形状为（　　）。
A. 方形，若被选中，中间加对勾
B. 圆形，若被选中，中间加对勾
C. 圆形，若被选中，中间加圆点
D. 方形，若被选中，中间加圆点

85. 在 Windows 7 中，按（　　）键可在中文输入法和英文间切换。
A. Ctrl+Shift　B. Ctrl+Alt　C. Ctrl+空格　D. Ctrl+Tab

86. 选用中文输入法后，可以实现全角半角切换的快捷键是（　　）。
A. Capslock　B. Ctrl+.　C. Shift+space　D. Ctrl+space

87. 计算机启动后，操作系统常驻（　　）。
A. 硬盘　B. U 盘　C. 外存　D. 内存

88. 在已开机情况下，按下主机箱上的 Power 按钮几秒钟不松手，则（　　）。
A. 重新启动计算机　B. 注销当前用户
C. 计算机进入休眠状态　D. 强制关闭计算机

89. 关闭 Windows 7 相当于（　　）。
A. 切换到 DOS 环境　B. 关闭一个应用程序
C. 关闭计算机　D. 切换到另一个程序

90. 正常退出 Windows 7，正确的操作是（　　）。
A. 在任何时刻关掉计算机的电源
B. 选择“开始”菜单中的“关闭计算机”并进行人机对话
C. 在计算机没有任何操作的状态下关掉计算机的电源
D. 任何时刻按 Ctrl+Alt+Del 键

91. 按（　　）快捷键，可出现“关闭计算机”对话框。

A. Ctrl+F4 B. Shift+F4 C. Alt+F4 D. Enter+F4

92. 下列关于 Windows 7 的"关闭选项"说法错误的是（ ）。

A. 选择"锁定"选项，若再次使用计算机一般来说必须输入密码

B. 计算机进入"睡眠"状态时将关闭正在运行的应用程序

C. 若需要退出当前用户而转入另一用户环境，可通过"注销"选项来实现

D. 通过"切换用户"选项也能快速地退出当前用户，并回到"用户登录界面"

93. 在关闭计算机时选择"注销"选项，则（ ）。

A. 注销当前用户 B. 注销当前计算机系统

C. 切换操作系统 D. 切换用户

94. 在 Windows 7 的"关机"子菜单中，不能选择的是（ ）。

A. 待机 B. 重新启动 C. 切换用户 D. 注销

95. 在 Windows 7 中，"我的文档"含有三个特殊的系统自动建立的个人文件夹，以下不属于这三个文件夹的是（ ）。

A. "我的图片" B. "我的视频" C. "我的音乐" D. "打开的文档"

96. 在 Windows 7 中，有一个便于浏览图片的文件夹，用户可以在不必打开任何编辑或查看图片程序的情况下，即可浏览和管理图片，该文件夹是（ ）。

A. 任务栏中的 Windows Media Player

B. 资源管理器中的库

C. 计算机硬盘的某个分区

D. 第三方的 ACDsee

97. 在 Windows 7 中，用鼠标左键单击"开始"按钮，可以打开（ ）。

A. 快捷菜单 B. 开始菜单 C. 下拉菜单 D. 对话框

98. 不可以对 Windows 7 的"开始"菜单（ ）。

A. 添加项目 B. 删除项目 C. 隐藏开始菜单 D. 显示小图标

99. 关于"开始"菜单，说法正确的是（ ）。

A. "开始"菜单的内容是固定不变的

B. "开始"菜单的"常用程序"列表是固定不变的

C. 在"开始"菜单的"所有程序"菜单项中用户可以查到系统中安装的所有应用程序

D. "开始"菜单可以删除

100. 在计算机中，文件是存储在（ ）。

A. 磁盘上的一组相关信息的集合

B. 内存中的信息集合

C. 存储介质上一组相关信息的集合

D. 打印纸上的一组相关数据

101. 所有的文档、数据、程序、图像、声音等信息在在计算机中都被保存为（ ）形式。

A. 文件 B. 文件夹 C. 路径 D. 项目

102. 大多数操作系统，如 DOS、Windows、UNIX 等，都采用（ ）的文件夹结构。

A. 网状结构　　B. 树状结构　　C. 环状结构　　D. 星状结构

103. 下面是关于 Windows 7 文件名的叙述，错误的是（　　）。

A. 文件名中允许使用汉字

B. 文件名中允许使用多个圆点分隔符

C. 文件名中允许使用空格

D. 文件名中允许使用西文字符“|”

104. 每个磁盘分区最多只能有（　　）个根目录。

A. 1　　B. 2　　C. 3　　D. 4

105. 下面可以做磁盘的盘符的是（　　）。

A. E　　B. CD:　　C . &　　D. D:

106. 在 Windows 中表示文件时，（　　）代表任意一组字符。

A. ?　　B. *　　C. &　　D. #

107. 在 Windows 中表示文件时，（　　）代表任意一个字符。

A. ?　　B. *　　C. &　　D. #

108. 文件夹中不能存放（　　）。

A. 文件　　B. 同名文件

C. 子文件夹　　D. 相同内容的两个文件中

109. 在 Windows 7 中，一个文件夹可以包含（　　）。

A. 文件　　B. 文件夹　　C. 快捷方式　　D. 以上都正确

110. 在 D 盘或 E 盘查找资料文件时，由于存放的文件过多不容易找到，这时往往通过改变文件的视图方式来快速查找，下面显示的信息最多的是（　　）视图。

A. 大图标　　B. 列表　　C. 平铺　　D. 详细信息

111. Windows 不可以按文件的（　　）进行排序。

A. 名称　　B. 类型　　C. 内容　　D. 大小

112. 在 Windows 7 中，下列文件名正确的是（　　）。

A. My filel. txt　　B. file1/　　C. A<B. C　　D. A>B. DOC

113. 在 Windows 7 中，文件的类型可以根据（　　）来识别。

A. 文件的大小　　B. 文件的用途　　C. 文件的扩展名　　D. 文件的存放位置

114. 记事本的默认扩展名为（　　）。

A. DOC　　B. COM　　C. TXT　　D. XLS

115. 在 Windows 7 中可以进行文件和文件夹管理的是（　　）。

A. 资源管理器　　B. 控制面板　　C. 磁盘清理　　D. 回收站

116. “资源管理器”窗口中间的窗口分隔条（　　）。

A. 可以有限移动　B. 可以任意移动　　C. 可以加粗　　D. 可以增加

117. 在 Windows 7 系统下，以下（　　）方法可以进入资源管理器。

A. 右击“开始”按钮→“打开 Windows 资源管理器”

B. 右击任意文件夹→“资源管理器”

C. 右击任务栏→“资源管理器”

D. 右击“网络”图标→“Windows 资源管理器”

118. 在 Windows 7 中，资源管理器窗口被分为两部分，其中左边那部分显示的内容是（　　）。

A. 当前打开的文件夹的内容

B. 系统的树状文件夹结构

C. 当前打开的文件夹名称及其内容

D. 当前打开的文件夹名称

119. 在 Windows 7 中，“资源管理器”图标（　　）。

A. 一定锁定在任务栏中

B. 可以锁定在任务栏中，默认情况下是锁定在任务栏中的

C. 不可以从任务栏中解锁

D. 以上说法都不正确

120. 在 Windows 7 中，打开 Windows 资源管理器窗口，在该窗口的右上角有一个搜索框，如果要搜索第一个字符是 a，扩展名是 txt 的所有文本文档，则可在搜索框输入（　　）。

A. ? a. txt　　B. a*. *　　C. *. *　　D. a*. txt

121. 对 Windows 7 中的操作说法错误的是（　　）。

A. 能够同时复制多个文件

B. 能够同时删除多个文件

C. 能够同时为多个文件创建快捷方式

D. 能够同时新建多个文件

122. 在 Windows 7 中用户建立的文件默认的属性是（　　）。

A. 隐藏　　B. 只读　　C. 系统　　D. 存档

123. 在 Windows 7 中，为保护文件不被修改，可将它的属性设置为（　　）。

A. 存档　　B. 只读　　C. 隐藏　　D. 系统

124. 在 Windows 7 中，文件名 MM. txt 和 mm. txt（　　）。

A. 是同一个文件　　B. 文件相同但内容不同

C. 不确定　　D. 是两个文件

125. 在 Windows 7 中，对文件的存取方式是（　　）。

A. 按文件夹目录存取　　B. 按文件夹的内容存取

C. 按文件名进行存取　　D. 按文件大小进行存取

126. 被物理删除的文件或文件夹（　　）。

A. 可以恢复　　B. 可以部分恢复

C. 不可恢复　　D. 可以恢复到回收站

127. 在 Windows 7 中，回收站的内容（　　）

A. 能恢复　　B. 不能恢复　　C. 不占磁盘空间　　D. 永远不必消除

128. 在 Windows 7 中，下列对“剪切”操作的叙述中，正确的是（　　）。

A. “剪切”操作的结果是将选定的信息移动到“剪贴板”中

B. “剪切”操作的结果是将选定的信息复制到“剪贴板”中

C. 可以对选定的同一信息进行多次“剪切”操作

D. “剪切”操作后必须进行“粘贴”操作

129. 在 Windows 7 中使用删除命令删除硬盘中的文件后，（　　）。

A. 文件确实被删除，无法恢复

B. 在没有存盘操作的情况下，还可恢复，否则不可以恢复

C. 文件被放入回收站，可以通过“查看”菜单的“刷新”命令恢复

D. 文件被放入回收站，可以通过回收站操作恢复

130. 在 Windows 7 中，要把选定的文件剪切到剪贴板中，可以按（　　）快捷键。

A. Ctrl+X　　B. Ctrl+Z　　C. Ctrl+V　　D. Ctrl+C

131. 在 Windows 7 中，下列关于“粘贴”的操作中正确的是（　　）。

A. 将“剪贴板”中的内容复制到指定的位置上

B. 将“剪贴板”中的内容移动到指定的位置上

C. 将选择的内容复制到“剪贴板”中

D. 将选择的内容移动到“剪贴板”中

132. 在 Windows 操作系统中，“Ctrl+C”是（　　）命令的快捷键。

A. 复制　　B. 粘贴　　C. 剪切　　D. 打印

133. 在桌面上新建文件夹，应（　　）桌面空白处，选择“新建”命令。

A. 双击　　B. 右击　　C. 拖动　　D. 单击

134. 下面关于选择文件叙述错误的是（　　）。

A. 可以选择不相邻的文件

B. 可以选择相邻的文件

C. 可以反向选择文件

D. 可以用快捷菜单选择文件

135. 同时选择多个相邻文件的方法是（　　）。

A. 拖动鼠标　　B. Ctrl+F　　C. Shift+F　　D. Alt+F

136. 在 Windows 7 资源管理器中，利用“编辑”菜单的“全部选定”命令一次选择所有的文件后，如果要删除其中的几个文件，应进行的操作是（　　）。

A. 依次单击各个要删除的文件

B. 按住 Shif 键，依次单击各个要删除的文件

C. 按住 Ctrl 键，依次单击各个要删除的文件

D. 依次右击各个要删除的文件

137. 在同一磁盘内拖动文件的是（　　）操作。

A. 复制　　B. 移动　　C. 粘贴　　D. 删除

138. 在不同一磁盘间拖动文件的是（　　）操作。

A. 复制　　B. 移动　　C. 粘贴　　D. 删除

139. Windows 7 中，选定多个连续的文件或文件夹，应首先选定第一个文件或文件夹，然后按（　　）键，单击最后一个文件或文件夹。

A. Tab　　B. Alt　　C. Shift　　D. Ctrl

140. 在 Windows 7 中已经选定了若干文件和文件夹，用鼠标操作来添加或取消某一个选定，需配合的键为（　　）。

A. Alt　　B. Esc　　C. Ctrl　　D. Shift

141. 当选定文件或文件夹后，按 Shift+ Delete 键的结果是（ ）。

A. 删除选定对象并放入回收站

B. 对选定的对象不产生任何影响

C. 选定对象不放入回收站而直接删除

D. 恢复被选定对象的副本

142. 在 Windows 7 中，要删除一个应用程序，正确的操作应该是（ ）。

A. 在资源管理器窗口中对该程序进行“剪切”操作

B. 在资源管理器窗口中对该程序进行“删除”操作

C. 在资源管理器口中，按住 Shift 键再对该程序进行“删除”操作

D. 在控制面板窗口中，使用“卸载程序”命令

143. 利用窗口左上角的控制菜单图标不能实现的是（ ）。

A. 最大化窗口 B. 打开窗口 C. 移动窗口 D. 最小化窗口

144. 在 Windows 7 中，用于在应用程序内部或不同程序之间共享信息的工具是（ ）。

A. 计算机 B. 剪贴板 C. 公文包 D. 我的文档

145. 在 Windows 默认环境下，下列操作中与剪贴板无关的是（ ）。

A. 剪切 B. 复制 C. 粘贴 D. 删除

146. 在 Windows 中，若在某一文档中连续进行了多次剪切操作，当关闭该文档后，“剪贴板”中存放的是（ ）。

A. 空白 B. 所有剪切过的内容

C. 最后一次剪切的内容 D. 第一次剪切的内容

147. Windows 中将信息传送到到剪贴板不正确的方法是（ ）。

A. 用“剪切”命令把选定的对象拷贝到剪贴板

B. 用 Alt+PrintScreen 键把当前窗口拷贝到剪贴板

C. 用“复制”命令把选定的对象拷贝到剪贴板

D. 用 Ctrl+V 键把选定的对象拷贝到剪贴板

148. 在 Windows 7 的文件夹中，如果按键盘上的 Backspace 键则（ ）。

A. 重复上一次操作 B. 删除选中的文件夹

C. 返回上一级文件夹 D. 返回上一个操作

149. 若有一文件夹里已有文本文档 ABC，若在该文件夹中新建 ABC 文件夹，则（ ）。

A. 弹出无法操作对话框 B. 提示是否替换

C. 弹出是否替换对话框 D. 自动命名 ABC

150. Windows 7 中若在某文件夹内已有文件夹“123”和“456”，若将“456”重新命名为“123”，则（ ）。

A. 弹出无法操作对话框 B. 无法命名

C. 弹出是否替换对话框 D. 自动命名 123（1）

151. 若在地址栏输入 C:\123\123. txt，则（ ）。

A. 打开 123 文件夹 B. 打开 123 文本文档

C. 弹出错误对话框 D. 没有这种文件结构

152. 选中文件后，（ ）操作不能删除文件。

A. 按 Delete 键　　B. 选择“文件”→“删除”命令
C. 将文件拖动到回收站　　D. 按 Backspace 键

153. Windows 不可以根据文件的（　　）搜索文件。
A. 属性　　B. 大小　　C. 类型　　D. 修改日期

154. Windows 任务管理器不可用于（　　）。
A. 启动应用程序　　B. 切换当前应用程序窗口
C. 删除应用程序　　D. 结束应用程序

155. 以下（　　）是非法的 Windows 文件名。
A. 文件.doc　　B. File　　C. Stu_1.html　　D. Hell?.xls

156. 关于隐藏文件叙述正确的是（　　）。
A. 隐藏的文件是肯定看不见的
B. 隐藏的文件是找不到的
C. 隐藏的文件可以被删除
D. 隐藏的文件只有系统管理员级用户看见

157. 如果把一个文件属性设置为“隐藏”，在“资源管理器”或“计算机”窗口中，该文件一般不显示。若想要该文件在不改变隐藏属性的前提下显示出来，则其操作是（　　）。
A. 通过单击“组织”→“文件夹和搜索”选项→“查看”，可找到设置项
B. 执行“工具”菜单下的“文件夹”选项命令
C. 执行“打开”命令
D. 以上说法都不正确

158. 在 Windows 7 中，可以通过设置使文件和文件夹不显示出来（例如设置为隐藏属性），可以避免（　　）。
A. 将文件和文件夹移动　　B. 将文件和文件夹误删
C. 将文件和文件夹复制　　D. 将文件和文件夹剪切

159. 以下关于删除文件叙述错误的是（　　）。
A. “回收站”中存放着被删除的文件和文件夹
B. 删除文件夹，该文件夹中的文件和子文件夹均一并被删除
C. 删除的文件都会先进入回收站中存放
D. 删除的文件可能被恢复

160. （　　）里暂时存放着被删除的文件和文件夹。
A. 磁盘清理　　B. 回收站　　C. 垃圾箱　　D. “我的文档”

161. 以下关于删除文件叙述错误的是（　　）。
A. 用 DOS 命令删除的文件不能被恢复
B. 用“添加或删除程序”命令删除的文件不能被恢复
C. U 盘中删除的文件不能被恢复
D. “回收站”中的文件不手动清除会一直存在

162. 以下关于“回收站”的叙述，错误的是（　　）。
A. “回收站”中的文件可以被彻底清除

B. “回收站”中不能存放被删除的文件夹
C. “回收站”是硬盘中的一块区域
D. “回收站”中的文件能被还原

163. 还原被删除的文件，不正确的方法是（　　）。
A. 在“回收站”窗口中选择“文件”→“还原”命令
B. 选择“回收站”窗口左侧的“还原此项目”命令
C. 在“回收站”窗口中，右击文件，再选“还原”命令
D. 选择“回收站”窗口左侧的“清空回收站”命令

164. 清空回收站的功能是（　　）。
A. 将“回收站”中内容全部永久地一次性清除掉
B. 将“回收站”中内容全部还原
C. 将“回收站”中的内容放入 Windows 临时文件夹中
D. 将“回收站”中的内容压缩成一个文件

165. 关于格式化叙述错误的是（　　）。
A. U 盘也可以格式化
B. 格式化是对磁盘重新分区
C. 格式化后，磁盘中数据全部被删除
D. 格式化后，磁盘被删除的数据还有可能恢复

166. 关于格式化的叙述，以下正确的是（　　）。
A. 不能对 U 盘进行格式化操作
B. 格式化后，数据被存放在“回收站”
C. 格式化后，数据全部丢失
D. 快速格式化，不会删除数据

167. 以下（　　）方法可以进入控制面板。
A. 右击桌面→“控制面板”
B. 通过“开始”菜单
C. 右击“开始”按钮→“控制面板”
D. 单击资源管理器窗口中左侧的“控制面板”选项

168. 在鼠标属性对话框中不能进行（　　）设置。
A. 双击速度　B. 左右键互换　C. 鼠标指针形状　D. 接口方式

169. 在键盘属性对话框中不能进行（　　）设置。
A. 重复延迟　B. 键盘关机　C. 重复率　D. 光标闪烁频率

170. 在显示属性对话框中不能进行（　　）设置。
A. 显示器启动　B. 调整分辨率
C. 设置自定义文本大小　D. 更改显示器设置

171. 下列有关 Windows 屏保的说法，不正确的是（　　）。
A. 可以保障系统安全　B. 可以减少屏幕损耗
C. 可以节省计算机内存　D. 可以设置不同形式的屏幕保护

172. 打开“个性化”设置窗口，不能设置（　　）。

A. 一个桌面主题　　B. 一组可自动更换的图片
C. 桌面的颜色　　D. 桌面小工具

173. 启动“Windows 任务管理器”的方法是按（　）快捷键。
A. Alt+F4　　B. Ctrl+F4　　C. Shift+F4　　D. Ctrl+ Shift+Esc

174. 要以安全模式启动计算机，应在开机后及时按（　）键。
A. F2　　B. F6　　C. F8　　D. F10

175. Windows 7 的系统设置集成工具是（　）。
A. 系统还原　　B. 资源管理器器　　C. 控制面板　　D. 回收站

176. 在 Windows 7 资源管理器中，如果工具栏未显示，可以单击（　）按钮进行设置。
A. 组织　　B. 打开　　C. 刻录　　D. 新建文件夹

177. 当前使用 Windows 7 的账户图标显示在（　）。
A. 任务栏上　　B.“开始”菜单上　　C. 桌面上　　D. 标题栏上

178. 选中文件后，不正确的删除文件方法是（　）。
A. 选择“文件”→“删除”　　B. 按 Delete 键
C. 按 ESC 键　　D. 直接将文件拖入“回收站”中

179. 永久删除文件或文件夹的方法是（　）。
A. 直接拖进回收站　　B. 按住 Alt 键拖进回收站
C. 按 Shift+Delete 快捷键　　D. 右击对象，选择“删除”

180. 在资源管理器中，当删除一个或一组文件夹时，该文件或该文件夹组下的（　）将被除。
A. 文件
B. 所有文件夹
C. 所有子文件夹及其所有文件
D. 所有文件夹下的所有文件（不含子文件夹）

181. 在中文 Windows 7 的输入中文标点符号状态下，按下列（　）可以输入中文标点符顿号。
A. ’　　B. &　　C. \　　D. /

182. 以下输入法中 Windows 7 自带的输入法是（　）。
A. 搜狗拼音输入法　　B. QQ 拼音输入法
C. 陈桥五笔输入法　　D. 微软拼音输入法

183. 能够提供即时信息及轻松访问常用工具的桌面元素的是（　）。
A. 桌面图标　　B. 桌面小工具　　C. 任务栏　　D. 桌面背景

184. 在 Windows 7 中删除某程序的快捷键方式图标，表示（　）。
A. 既删除了图标，又删除该程序
B. 只删除了图标而没有删除该程序
C. 隐藏了图标删除了与该程序的联系
D. 将图标存放在剪贴板上，同时删除了与该程序的联系

185. 在 Windows 7 中，被放入回收站中的文件仍然占用（　）。

A. 硬盘空间　B. 内存空间　C. 软盘空间　D. 光盘空间

186. 在 Windows 7 中，利用“搜索”功能查找文件时，说法正确的是（　　）。

A. 要求被查找的文件必须是文本文件

B. 根据日期查找时，必须输入文件的最后修改日期

C. 根据文件名查找时，至少需要输入文件名的一部分或通配符

D. 被用户设置为隐藏的文件，只要符合查找条件，在任何情况下都将被找出来

187. 在 Windows 7 中，在文件搜索框中输入“C?E.”，则可搜索到（　　）。

A. CASE. WMA　B. CAD. AUI　C. CRE TXT　D. C/E. MPG

188. 在 Windows 7 中，文件名“ABCD. DOC. EXE. TXT”的扩展名是（　　）。

A. ABCD　B. DOC　C. EXE　D. TXT

189. 在 Windows 7 资源管理器中，选定多个非连续的文件的操作为（　　）。

A. 按住 Shift 键，单击每一个要选定的文件图标

B. 按住 Ctrl 键，单击每一个要选定的文件图标

C. 先选中第一个文件，按住 Shift 键，再单击最后一个要选定的文件图标

D. 先选中第一个文件，按住 Ctrl 键，再单击最后一个要选定的文件图标

190. 在 Windows 7 的资源管理器中，要把 C 盘上的某个文件夹或文件移到 D 盘上，用鼠标操作时应该（　　）。

A. 直接拖动　B. 双击　C. Shift+拖动　D. Ctrl+拖动

191. 用户在运行某些应用程序时，若程序运行界面在屏幕上的显示不完整时，正确的做法是（　　）。

A. 升级 CPU 或内存　B. 更改窗口的字体、大小、颜色

C. 升级硬盘　D. 更改系统显示属性，重新设置分辨率

192. 利用“控制面板”的“程序和功能”（　　）。

A. 可以删除 Windows 组件　B. 可以删除 Windows 硬件驱动程序

C. 可以删除 Word 文档　D. 可以删除程序的快捷方式

193. 在 Windows 7 中，要安装一个应用程序，正确的操作是（　　）。

A. 打开“资源管理器”窗口，使用鼠标拖动

B. 打开“控制面板”，双击“程序和功能”图标

C. 打开 MS-DOS 窗口，使用 copy 命令

D. 打开“开始”菜单，选中“运行”项，在弹出的“运行”对话框中使用 copy 命令

194. Windows 7 控制面板中默认的查看方式是（　　）。

A. 类别　B. 大图标　C. 小图标　D. 中等图标

195. 下列关于“回收站”的说法中，不正确的一项是（　　）。

A.“回收站”是内存的一块空间

B.“回收站”是用来存放被删除的文件和文件夹

C.“回收站”中的文件可以被“删除”和“还原”

D.“回收站”中的文件占用磁盘空间

196. 以下不属于创建快捷方式的操作是（　　）。

A. 右击文件（夹），在快捷菜单中选择“创建快捷方式”
B. 选中文件（夹），在“文件”菜单中选择“创建快捷方式”
C. 按住 Alt 键拖动该文件（夹）至目标位置
D. 直接拖动该文件（夹）即可

197. 以下说法不正确的是（　　）。
A. 菜单项后带……表示该菜单项被执行时会弹出子菜单
B. 暗淡菜单项，表示该菜单项当前不可用
C. 菜单项前有实心原点时，表示一组单选项中当前被选中
D. 菜单项前有对勾时，表示该菜单项当前已经被选中有效

198. 在 Windows 7 中，下列不属于短日期的排列格式的是（　　）。
A. yy-M-d　　B. yyyy-MM-dd
C. ww/MM/dd　　D. yyyy. M. d

199. 在 Windows 7 中，下列（　　）键可设置关闭 Caps Lock。
A. Ctrl　　B. Alt　　C. Shift　　D. Space

200. 下列不属于对话框的组成部分的是（　　）。
A. 选项卡　　B. 菜单栏　　C. 命令按钮　　D. 数值选择框

201. 当启动多个应用程序后，在任务栏上就会显示这些任务的（　　）。
A. 名称　　B. 大小　　C. 图标　　D. 占有空间

202. Windows 中的回收站是（　　）。
A. 内存中的一块区域　　B. 硬盘中的一块区域
C. 软盘中的一块区域　　D. 高速缓冲中的一块区域

203. 下列不会用到剪贴板的快捷键是（　　）。
A. Ctrl+V　　B. Ctrl+X　　C. Ctrl+C　　D. Ctrl+A

204. 删除文件或文件夹的快捷键是（　　）。
A. Ctrl+W　　B. Alt+W　　C. Ctrl+D　　D. Alt+D

205. 在“开始”菜单中（　　）。
A. 不能添加快捷方式　　B. 不能删除快捷方式
C. 可以添加快捷方式　　D. 不能对快捷方式排序

206. Windows 7 中不可以设置的搜索方式是（　　）。
A. 不搜索文件夹的子文件夹　　B. 搜索部分匹配
C. 搜索文件名和内容　　D. 在网络内搜索

207. 如果在地址栏中输入 baidu. com 然后回车，则（　　）。
A. 进入百度页面　　B. 弹出对话框“无此路径”
C. 没有任何反应　　D. 打开桌面上 baidu. com 文件

208. 在一个 Windows 应用程序窗口中，按 Alt+F4 键会（　　）。
A. 关闭应用程序窗口　　B. 关闭文档窗口
C. 使应用程序窗口最小化为图标　　D. 退出 Windows，进入命令提示符

209. 关于 Windows 启动时说法错误的是（　　）。
A. 启动 Windows 操作系统时，可选择登录账户

B. 用户账户登录密码时可在控制面板中设置

C. 启动 Windows 操作系统时，按 F8 键可进入安全模式

D. 用户账户登录时必须输入密码

210. 以下关于 U 盘的叙述中，不正确的是（　　）。

A. 断电后，U 盘还能保持存储的数据不丢失，而且重量轻、体积小，一般只有拇指大小

B. 通过计算机的 USB 接口即插即用，使用方便

C. U 盘不能替代软驱启动系统

D. 没有机械读/写装置，避免了移动硬盘容易碰伤、跌落等原因造成的损坏

211. 在 Windows 中，当一个应用程序窗口被关闭后，该应用程序将（　　）。

A. 保留在内存中　　B. 同时保留在内存和外存中

C. 从外存中清除　　D. 仅保留在外存中

212. 回收站的工作机制是将删除的文件放到一个队列中，如果队列满了，则（　　）将被永久地删除。

A. 全部文件　　B. 几天甚至几周前删除的文件

C. 最后删除的文件　　D. 最早删除的文件

213. 在文档中，（　　）是一次性全部选定的快捷键。

A. Ctrl+V　　B. Ctrl+T　　C. Ctrl+C　　D. Ctrl+A

214. 以下关于星号（*）通配符说法不正确的是（　　）。

A. 在搜索文件或文件夹的时候，如果忘记一个或几个字符，可以把星号通配符放在该字符的位置，可把要找的文件或文件夹搜索出来

B. 如果知道文件名开始的几个字符，而忘记了其余部分，可以将星号通配符放在开始的几个字符后边，代替遗忘部分

C. 只能代替文件名中的一个字符

D. 代替文件或文件夹中的一个乃至多个字符

215. 某窗口的大小占了桌面的二分之一时，在此窗口标题栏最右边会出现的按钮有（　　）。

A. 最小化、还原、关闭　　B. 最小化、最大化、还原

C. 最小化、最大化、关闭　　D. 最大化、还原、关闭

216. 下列关于对文件（文件夹）的操作正确的是（　　）。

A. 可以使用右键拖动对象至目标位置，然后在弹出的快捷菜单中选择“复制到当前位置”

B. 用左键拖动至目标位置

C. 可以执行“发送到 U 盘”，将文件移动至 U 盘

D. 按住 Shift 拖动至目标位置，可进行复制

217. 用创建快捷方式创建的图标（　　）。

A. 可以是任何文件或文件夹　　B. 只能是可执行程序或程序组

C. 只能是单个文件　　D. 只能是程序文件和文档文件

218. 关于 Windows 快捷方式的说法正确的是（　　）。

A. 一个快捷方式可指向多个目标对象

B. 一个对象可有多个快捷方式

C. 只有文件和文件夹对象可建立快捷方式

D. 不允许为快捷方式建立快捷方式

219. 对话框与窗口类似，但对话框中（　　）。

A. 没有菜单栏，尺寸是可变的，比窗口多了标签和按钮

B. 没有菜单栏，尺寸是固定的，比窗口多了标签和按钮

C. 有菜单栏，尺寸是可变的，比窗口多了标签和按钮

D. 有莱单栏，尺寸是固定的，比窗口多了标签和按钮

220. 把 Windows 的应用程序窗口和对话框比较，应用程序窗口可以移动和改变大小，而对话框窗口一般（　　）。

A. 既不能移动，也不能改变大小　　B. 仅可以移动，不能改变大小

C. 仅可以改变大小，不能移动　　D. 既能移动，也能改变大小

221. 在 Windows 7 中，下列关于对话框的描述，不正确的是（　　）。

A. 弹出对话框后，一般要求用户输入或选择某些参数

B. 在对话框中输入或选择操作完成后，按“确定”按钮对话框被关闭

C. 若想在未执行命令时关闭对话框，可选择“取消”按钮，或按 Esc 键

D. 对话框不能移动

222. 下列有关 Windows 7 命令的说法中，不正确的是（　　）。

A. 命令前面有符号（√）表示该命令有效

B. 带省略号（…）的命令执行后会打开有关对话框

C. 命令呈暗淡的颜色，表示相应的程序被破坏

D. 当鼠标指向带黑三角符号的菜单项时，会弹出一个级联菜单

223. 控制面板是 Windows 为用户提供的一种用来调整（　　）的应用程序，它可以调整各种硬件和软件的设置。

A. 分组窗口　　B. 文件　　C. 程序　　D. 系统配置

224. 在 Windows 7 操作系统中，要卸载程序，可以使用下列（　　）方法。

A. 打开控制面板，在外观与个性化中卸载

B. 打开控制面板，在程序中卸载

C. 打开控制面板，在系统与安全中卸载

D. 删除桌面图标

225. Windows 把所有的系统环境设置功能都统一到（　　）。

A. 计算机　　B. 资源管理器　　C. 控制面板　　D. 打印机

226. 用户可以通过使用（　　）来删除磁盘上不需要的文件，而增加空间。

A. 系统还原程序　　B. 磁盘碎片整理程序

C. 磁盘扫描程序　　D. 磁盘清理程序

227. Windows 操作系统的“开始”菜单中包括了 Windows 系统的（　　）。

A. 主要功能　　B. 全部功能　　C. 常用功能　　D. 所有窗口

228. 当在资源管理器的“编辑”菜单中使用了“反向选择”命令后，其正确的描述是

（　　）。

A. 文件从下到上选择

B. 文件从右到左选择

C. 选中的文件变为不选中，不选中的文件反而选中

D. 所有文件全部逆向显示

229. 选中命令项右边带省略号（…）的菜单命令，将会出现（　　）。

A. 若干个子命令　　B. 当前无效

C. 另一个文档窗口　　D. 对话框

230. 在 Windows 中，当程序因某种原因陷入死循环，下列（　　）方法能较好地结束该程序。

A. 按 Ctrl+Alt+Del 键，然后选择“结束任务”结束该程序的运行

B. 按 Ctrl+Del 键，然后选择“结束任务”结束该程序的运行

C. 按 Alt+Del 键，然后选择“结束任务”结束该程序的运行

D. 直接按 Reset 键，计算机结束该程序的运行

231. 在 Windows 中退出应用程序的方法，错误的是（　　）。

A. 双击控制菜单按钮　　B. 单击“关闭”按钮

C. 单击“最小化”按钮　　D. 按 Alt+F4 键

232. 在 Windows 中，各种输入法之间切换，应按（　　）键。

A. Shift+空格　　B. Ctrl+空格　　C. Ctrl+ Shift　　D. Alt+回车

233. Windows 桌面上有多个图标，左下角有一个小箭头的图标是（　　）。

A. 文件　　B. 程序项　　C. 文件夹　　D. 快捷方式

234. 下列有关快捷方式的叙述，错误的是（　　）。

A. 快捷方式改变程序或文档在磁盘上的存放位置

B. 快捷方式提供了对常用程序和文档的访问捷径

C. 快捷方式图标的左下角有一个小箭头

D. 删除快捷方式下不会对原程序或文档产生影响

235. Windows 中窗口最小化时将窗口（　　）。

A. 变成一个小窗口　　B. 关闭

C. 平铺　　D. 缩小为任务栏的一个按钮

236. 在 Windows 中，关于“开始”菜单叙述不正确的是（　　）

A. 单击“开始”按钮，可以启动“开始”菜单

B. 用户想做的任何事都可以启动“开始”菜单

C. 可在“开始”菜单中增加菜单项，但不能删除菜单项

D. “开始”菜单包括关闭系统、帮助、程序、设置等菜单项

237. 可以利用（　　）键实现拷贝全屏幕到剪贴板的操作。

A. Enter　　B . Ctrl+Enter　　C. Print Screen　　D. PgDn

238. 在使用 Windows 过程中，如鼠标发生故障无法使用，可以打开“开始”菜单的操作是（　　）。

A. 按 Shift+Tab 键　　B. 按 Ctrl+ Shift 键

C. 按 Ctrl+Esc 键　　D. 按空格键

239. 在 Windows 7 中，若要运行一个指定程序，应使用（　　）菜单中的“运行”命令。

A. 开始　　B. 搜索　　C. 设置　　D. 程序

240. Windows 7 提供了一种（　　）技术，以方便进行应用程序间信息的复制或移动等信息交换。

A. 编辑　　B. 拷贝　　C. 剪贴板　　D. 磁盘操作

241. 下列关于 Windows 剪贴板，说法不正确的是（　　）。

A. 剪贴板是 Windows 在计算机内存中开辟的一个临时存储区

B. 关闭电脑后，剪贴板中的内容还会存在

C. 用于在 Windows 程序之间、文件之间传递信息

D. 当对选定的内容进行复制、剪切或粘贴时要用剪贴板

242. 在 Windows 7 中，显示在应用程序窗口最顶部的称为（　　）。

A. 标题栏　　B. 信息栏　　C. 菜单栏　　D. 工具栏

243. 在资源管理器中，若想格式化一个磁盘分区，应（　　）该盘符并选定“格式化”命令。

A. 拖动　　B. 双击　　C. 单击　　D. 右击

244. 在资源管理器中，选定文件或文件夹后，按住（　　）键，再拖拽到指定位置，可完成复制文件或文件夹的操作。

A. Shift　　B. Ctrl　　C. Alt　　D. 查看

245. 关于快捷方式的说法，正确的是（　　）

A. 它就是应用程序本身

B. 是指向并打开应用程序的一个指针

C. 其大小与应用程序相同

D. 如果应用程序被删除，快捷方式仍然有效

246. 有关“任务管理器”不正确的说法是（　　）。

A. 计算机死机后，通过“任务管理器”关闭程序，有可能恢复计算机的正常运行

B. 同时按下 Ctrl+Alt+Del 键可出现启动“任务管理器”的界面

C. “任务管理器”窗口中不能看到 CPU 的使用情况

D. 右键单击任务栏空白处，在弹出的快捷菜单中也可以启动“任务管理器”

247. 在 Windows 7 中，关于文件夹的描述不正确的是（　　）。

A. 文件夹是用来组织和管理文件的

B. 文件夹中可以存放子文件夹

C. 文件夹可以形象地看作一个容器，用来存放文件或子文件夹

D. 文件夹中不可以存放设备驱动程序

248. 管理用户账户是在“控制面板”中设置的，关于 Windows 7 用户账户中说法错误的是（　　）。

A. 支持三种用户账户类型：计算机管理员账户、标准账户和来宾账户

B. 计算机管理员账户可更改所有计算机设置

C. 标准账户只允许用户更改本用户的设置
D. 所有用户账户登录的用户“我的文档”文件夹内容一样

249. 在 Windows 7 中，在“附件”的“系统工具”菜单下，可以把一些临时文件、已下载的文件等进行清理，以释放磁盘空间的程序是（　　）。

A. 系统还原　B. 系统信息　C. 磁盘清理　D. 磁盘碎片整理

250. 关于磁盘清理叙述正确的是（　　）。

A. 只能清理系统引导盘　B. 可删除磁盘上不必要的文件
C. 清理磁盘上的操作痕迹　D. 删除磁盘上所有文件

251. 运行磁盘碎片整理程序的正确路径是（　　）。

A. 单击“开始”按钮，选择“程序”，在程序菜单中选择“附件”
B. 双击“计算机”，打开“控制面板”
C. 双击“计算机”，打开“控制面板”，选择“辅助选项”
D. 打开“资源管理器”

252. 关于磁盘碎片整理叙述正确的是（　　）。

A. 将分散在磁盘不同地方的同一文件重新组合成一个整体
B. 从破碎的磁盘中整理出完整的文件
C. 将破碎的磁盘修复
D. 将分散在不同磁盘的同一文件整理到一个磁盘上

253. 一旦系统出现问题，用户可以将计算机恢复到以前的状态，而不会丢失如 Office 文档、Internet 收藏夹和电子邮件等数据文件，这是 Windows 的（　　）功能。

A. 系统还原　B. 系统备份　C. 系统清理　D. 系统扫描

254. 系统还原是指（　　）。

A. 按最新的版本重装系统
B. 把系统格式化后重装系统
C. 按还原点指定时间的系统版本重装系统
D. 把计算机恢复到某个指定的还原点以前的状态

255. 在 Windows 7 中，下列关于附件中的工具说法正确的是（　　）。

A.“写字板”是字处理软件，不能插入图形
B.“画图”是绘图工具，不能输入文字
C.“画图”工具不可以进行图形、图片的编辑处理
D.“记事本”不能插入图形

256. 在文件系统的树状目录结构中，从根目录到任何数据文件，其通路（　　）。

A. 二条　B. 唯一的一条　C. 三条　D. 多于三条

257. 下面关于系统还原说法正确的是（　　）。

A. 系统还原等价于重新安装系统
B. 系统还原后可以清除计算机中的病毒
C. 还原点可以由系统自动生成也可以自行设置
D. 系统还原后，硬盘上的信息会自动丢失

二、填空题

1. Windows 7 操作系统分为________位和________位两种。

2. Windows 7 是________公司开发、推出的操作系统软件。

3. 启动计算机有两种方式：计算机在关机状态下接通电源开机是________方式，在已开机情况下重新启动计算机是________方式。

4. Windows 7 排列窗口的方式有________、________、并排显示窗口。

5. 在关闭计算机时选择________命令，计算机将处于低耗电状态，按键或鼠标，会重新唤醒计算机。

6. 强制关机方法是按下主机箱上的________按钮不松手，持续几秒钟。

7. 在关闭计算机时选择________命令，则退出当前用户的所有应用程序，重新登录；选择________命令，则保留当前用户的当前环境，出现重新登录界面。

8. 开机顺序应是先开________后开________；关机顺序应是先关________后关________。

9. 鼠标的常用操作有________、________、________、________、________五种。

10. 采用鼠标________操作弹出快捷菜单；采用鼠标________操作改变某对象位置。

11. 在 Windows 7 桌面上一般会有________、________、________等图标。

12. ________里暂时存放被删除的文件和文件夹。

13. 按下主机箱上的________按钮，可以重新启动计算机。

14. 任务栏主要由________、________、任务按钮区、通知区等区域组成。

15. “锁定任务栏”操作是右击________上空白处，再选“属性”菜单项。

16. 在 Windows 7 中，Office 文档默认保存的位置是________文件夹。

17. 菜单项后面有________符号，表示选择该菜单项后会调出一个对话框；后面有________符号，表示选择该菜单项后还会出现一个子菜单；当菜单项是________色，表示不可选择。

18. Windows 7 的“开始”菜单的历史记录栏上默认有________条程序记录。

19. ________栏位于整个窗口最上面一行，该栏中包含控制菜单图标、窗口名、________、最大化、________按钮。

20. 在“开始”菜单的“最近使用的项目”菜单项中列出了最近一段时间曾打开的________清单。

21. 在窗口最下面一行是________栏，主要显示正在运行程序的状态信息。

22. 单击窗口右上角的________按钮或双击________栏，可以最大化窗口。

23. 用鼠标拖动________栏的空白处，可以移动窗口位置。

24. 单击窗口右上角的________按钮，或双击窗口左上角的________图标，或按________快捷键可以关闭窗口。

25. 在桌面上排列多窗口的方式有________、堆叠显示窗口、________。

26. 计算机中的软件数据是以________形式保存的。

27. Windows 7 系统不能使用________、________、________、________、________、________、________、________、________等字符作为文件名（写出 5 个即可）。

28. 盘符是由一个________字母加________符号组成。

29. 在对话框中，可以按________键或________快捷键，在各选项间切换。

30. Windows 7 的________可以收集存储在多个不同位置中的文件。

31. 在表示文件名时有两个通配符，其中________代表任意一组字符；________代表任意一个字符。

32. Windows 7 系统的文件和文件夹在屏幕上有 8 种显示方式：
（写出四个即可）。分别是________、________、________、________。

33. Windows 7 账户分________账户和________账户两类。

34. 在“详细信息”显示方式下，在窗口中会显示文件的________、________、________和建立或修改时间。

35. Windows 7 可以按________、________、________修改日期这四种方式有规律地排列文件和文件夹。

36. 在________显示方式下，直接单击文件区上方的列标，文件和文件夹也能按对应方式排序。

37. “控制面板”窗口有两种查看方式：一种是按________方式，一种是按________方式。

38. 同时选择多个不相邻的文件（文件夹）的方法是：按住________键不松手，单击各个文件（文件夹）即可。

39. 同时选择多个相邻的文件（文件夹）的方法是：先单击第一个文件（文件夹），再按住________键不松手，单击最后一个文件或文件夹；采用框选法，即在文件区的________处按下鼠标左键拖动。

40. 在文件夹窗口中选择________菜单下的“全选”命令或按快捷键，可以选择全部文件和文件夹。

41. 复制文件可以按________快捷键；移动文件可以按________快捷键；粘贴文件可以________快捷键。

42. 在同一磁盘内复制文件，可以先按下________键不松手，再________文件；在不同磁盘间复制文件，直接________文件即可。

43. 在同一磁盘内移动文件，直接________文件即可；在不同磁盘间移动文件，可以先按下__键不松手，再________文件。

44. 重命名文件的方法是：先选中文件，再选择________菜单下的“重命名”命令；或按键盘上的________键；或右击文件，再选择________快捷菜单。

45. 删除文件首先选择需删除的文件，接着选择________菜单下的“删除”命令；或按键盘上的________键；或右击文件，再选择________快捷菜单；或直接将文件拖放到________中。

46. 在 Windows 中，默认情况下，按________快捷键可实现中、英文输入法之间的切换；按________组合键可以在各种输入法间切换。

47. 按下键盘上的________键，使字母大小写状态相互转换。

48. 右击任务栏右边的________图标，可以修改日期和时间。

49. 双击“控制面板”窗口中的________图标，打开“鼠标属性”对话框。

50. 设置屏幕保护程序方法是右击________空白处，选择________快捷命令。

51. 新增 Windows 账户，应双击________中的________图标，弹出“用户账户”对话框。

52. 如果计算机系统遭受破坏，可以采用 Windows 的________功能恢复。

53. 操作系统的主要作用是管理系统的________资源________和资源。

54. 删除 Windows 应用程序在控制面板中选择________选项。

55. 用用 Windows“记事本”创建的文件，默认扩展名是________。

56. 按________键，将屏幕当前的信息复制到剪贴板中；按________快捷键，将当前窗口的信息复制剪贴板中。

57. 在“格式化”对话框中选择________选项，将删除磁盘上的所有文件，但不检查磁盘坏扇区。

58. 文件名一般分________和________两部分，其中________表示文件类型。

59. Windows 的系统配置集中在________中，如对显示器、键盘、鼠标等进行配置。

60. 为了添加或删除某个中文输入法，可以选择控制面板窗口中的________选项。

61. 回收站是________中的一块区域，剪贴板是________中的一块区域。

62. 被误删除的文件可以从________里恢复。

63. Windows 系统的文件名，其长度最多可以达________个字符。

64. 在程序之间用于传递信息的临时存储区是________。

65. 在“开始”菜单下部的文本框中输入________命令，进入 DOS 字符界面。在 DOS 字符界面中输入________命令，可返回 Windows 窗口界面。

66. 有多个窗口同时打开时，只有________个是活动窗口。

67. 滑动鼠标中间的________可以上下滚动页面，方便浏览窗口中的内容。

68. 在 Windows 操作系统中，Ctrl+C 键是________命令的快捷键。

69. Windows 操作系统中，Ctrl+X 键是________命令的快捷键。

70. Windows 操作系统中，Ctrl+V 键是________命令的快捷键。

71. 在 Windows 操作系统中，文件名的通配符“?”代表________，“*”代表________。

72. Windows 应用程序菜单中的命令项后面若有“…”，则表示选择该命令后，屏幕会出现一个________。

73. 在 Windows 操作系统中，资源管理器左窗格的一些图标没有标记表示________、有些文件夹右侧有黑色实心右斜下方的三角标记表示________、有些文件夹右侧有空心的三角标记表示________。

74. 双击桌面上的________图标，可以浏览计算机上所有内容。

三、判断题

1. Windows 7 的库不只是一个文件夹，而是一个文件和文件夹的“集合”。(   )
2. Windows 只能设置一个计算机管理员账户。(   )
3. 旗舰版 Windows 7 只能安装在企业的计算机中。(   )
4. 正版 Windows 7 操作系统不需要激活即可使用。(   )
5. Windows 7 旗舰版支持的功能最多。(   )

6. Windows 7 家庭普通版支持的功能最少。( )
7. 每个用户可以在不清除其他用户设置前提下，定义自己的计算机设置。( )
8. Windows 的系统还原功能将使计算机回到以前的状态，所以丢失了个人数据。( )
9. 按下主机箱上 Power 按钮几秒钟不松手，将重新打开计算机。( )
10. 从键盘上按下 Alt+F4 快捷键即可关闭当前窗口，也可关闭计算机。( )
11. 按下主机箱上的 Reset 按钮，将关闭计算机。( )
12. 注销用户是关闭当前用户的所有应用程序，出现重新登录界面。( )
13. 切换用户是关闭当前用户的所有应用程序，出现重新登录界面。( )
14. 滑动鼠标中间滚轮可以在多窗口中切换。( )
15. 单击下拉列表框右侧向下三角箭头会弹出一系列选项。( )
16. Windows 文件名中可以含有空格。( )
17. “总结 . docx” 文件因扩展名是 “docx”，说明它一定是个 Word 文件。( )
18. 计算机中所有的信息都是以文件夹形式保存在磁盘上。( )
19. 在同一个文件夹中可能有同名的文件或文件夹。( )
20. Windows 7 系统有 32 位、64 位两种。( )
21. 手机不能作为计算机的外部设备。( )
22. 盘符由一个英文字母加 “ : ” 组成。( )
23. 当拔下移动盘时相应的盘符会自动消失。( )
24. 把窗口拖放到屏幕最上方，窗口就会自动以最大化状态显示。( )
25. 把窗口拖到屏幕的左、右边缘，窗口会自动按屏幕的 50%宽度显示。( )
26. 计算机在休眠状态下，内存中的数据保存到硬盘，然后计算机完全关闭电源。( )
27. 计算机没有 Windows 7 操作系统就不能正常运行。( )
28. 文件夹窗口是图标显示方式，则能直接看出图片文件的内容。( )
29. 任务栏位置只能位于桌面的下部。( )
30. 删除“开始”菜单的“最近使用的项目”菜单项下的文件清单名，即删除所对应的文件。( )
31. 删除快捷方式，此快捷方式对应的文件并没有被删除。( )
32. 关闭程序所运行的窗口，即停止了程序的运行。( )
33. 每个窗口都肯定有工具栏。( )
34. 当窗口是最大化状态时，标题栏上才会有“向下还原”按钮。( )
35. 双击标题栏即可以最大化窗口，也可以恢复窗口原有大小。( )
36. 窗口已是最大化时，也能移动窗口的位置。( )
37. 双击窗口左上角的控制菜单图标也能关闭窗口。( )
38. 鼠标左右键的功能可以互换。( )
39. 单击对话框的“应用”命令按钮，则在不退出对话框下保存已选设置。( )
40. 一般以文件的扩展名表示文件的类型。( )
41. “心怡？. PPTX” 是正确的 Windows 文件名。( )
42. “ * ”“？”“#” 都是 Windows 文件名的通配符。( )
43. 在同一磁盘分区下可能有相同的文件名。( )

44. “D:”和“d:”不是同一个盘符。(　　)
45. Windows 文件名不区分字母大小写。(　　)
46. 插入移动硬盘后，会出现相应的盘符。(　　)
47. Windows 7 不能按文件的内容搜索文件的位置。(　　)
48. 在 Windows 7 中，要将屏幕内容复制到剪贴板上，应按快捷键 Print_Screen。(　　)
49. 按住 Shift 键，单击各个文件，选择多个不相邻的文件（文件夹）。(　　)
50. 按 Ctrl+A 快捷键，选择全部文件（文件夹）。(　　)
51. 用鼠标右键拖动文件到目标窗口中，也能进行复制操作。(　　)
52. 移动文件夹，该文件夹下的子文件夹位置不变。(　　)
53. 移动操作的快捷快捷键是 Ctrl+C。(　　)
54. 当文件夹不为空时，不能对其重命名操作。(　　)
55. 文件夹不能有扩展名。(　　)
56. 将文件移动到“回收站”中，即是删除该文件。(　　)
57. 按 Shift+ Delete 快捷键，即是彻底删除文件。(　　)
58. 删除的文件都先进入回收站中。(　　)
59. 在“回收站”里的文件就不能再被删除了。(　　)
60. U 盘上没有“回收站”功能。(　　)
61. 清空“回收站”是将“回收站”中的内容恢复到原有位置。(　　)
62. 对硬盘的某个分区格式化后，其他分区的数据仍存在。(　　)
63. 按 Alt+Tab 快捷键，在多个窗口中切换当前窗口。(　　)
64. 有多个窗口打开的情况下，只有一个当前窗口。(　　)
65. 有多个窗口的打开的情况下，只有当前窗口的程序在运行。(　　)
66. 窗口最小化时，该窗口对应的程序也将暂停运行。(　　)
67. 语言栏可以嵌入在任务栏的右边。(　　)
68. Windows 7 操作系统提供了多任务的并行处理能力。(　　)
69. 按 Ctrl+空格快捷键打开或关闭输入法。(　　)
70. 按 Ctrl+Shift 快捷键在英文、各中文输入法间进行切换。(　　)
71. 输入的汉字有全角和半角之分。(　　)
72. 关机后，主机箱内还有 CMOS 电池供电，所以日期和时间仍能保存。(　　)
73. 控制面板里有调整硬盘分区大小的工具。(　　)
74. 写字板是是 Windows 自带的一个文字编辑软件。(　　)
75. 计算机能自动识别日期并调整自己的系统日期。(　　)
76. 按下鼠标中间的滚轮，没有作用。(　　)
77. 鼠标双击之间的间隔时间是固定的，不能调整。(　　)
78. 鼠标指针的形状是可以重新设置的。(　　)
79. 在“键盘属性”对话框中可设置重复延迟、重复率、光标闪烁频率等。(　　)
80. 在 Windows 7 屏幕保护程序中不能设置自选图片作为屏幕保护图片。(　　)
81. 鼠标指针形状是系统设定的，不能更改。(　　)
82. 设置屏幕保护程序，应右击桌面空白处，选择“个性化”命令。(　　)

83. 分辨率越高，显示出的图标和字符越大。(　　)

84. Guest 是 Windows 7 系统的来宾账户，权限较少。(　　)

85. Administrator 是 Windows 7 系统的计算机管理员账户。(　　)

86. 每个账户都必须设置密码。(　　)

87. 在“Windows 任务管理器”窗口中可以强制中止程序的运行。(　　)

88. 采用安全模式启动计算机是诊断计算机故障的一个重要途径。(　　)

89. 启动计算机后立即不停地按 F8 键，可进入安全模式。(　　)

90. 安全模式启动计算机，系统只使用一些最基本的文件、驱动程序和服务。(　　)

91. 只有管理员身份的用户才能看见“隐藏”属性的文件。(　　)

92. 进行磁磁盘清理，将会删除磁盘中所有非系统文件。(　　)

93. 磁盘碎片整理程序就是将不同的磁盘碎片拼成一个整体。(　　)

94. Windows 7 系统会根据情况自动创建系统还原点。(　　)

95. 在 Windows 系统还原时，将重新启动计算机。(　　)

96. Windows 系统还原后，用户不能再放弃还原。(　　)

97. 直接关闭电源，只会损伤硬件，不会损失软件。(　　)

98. 同时具有“只读”和“隐藏”属性的文件是不能被删除的。(　　)

99. 快速启动图标是由系统设置的，用户不能更改。(　　)

100. 使用“开始”菜单上的“我最近的文档”命令将迅速打开最近使用的文档。(　　)

101. Windows 7 的桌面是一个系统文件夹。(　　)

102. 文件的图标会根据程序的不同而不同。(　　)

103. 当任务栏被隐藏时用户可以按 Ctrl+Esc 键打开“开始”菜单。(　　)

104. 路径是操作系统查找文件的途径，有绝对路径和相对路径两种基本形式。(　　)

105. 在 Windows 中，使用快捷键 Ctrl+ PrintScreen 可以复制当前窗口内容到剪贴版。(　　)

106. Windows 的“回收站”是硬盘中的一块区域，“剪贴板”是内存中的一块区域。(　　)

107. 操作系统的五大管理功能包括：处理器管理、文件管理、存储管理、设备管理和作业管理。(　　)

108. 选定多个不连续的文件或文件夹应按住 Ctrl 键，单击每个要选择的文件或文件夹。(　　)

109. 可执行程序文件的扩展名是 EXE。(　　)

110. Windows 7 文件名不能超过 255 字符，其中 1 个汉字相当于 2 个字符。(　　)

111. 把选择的信息复制到剪贴板的快捷键是 Ctrl+C，把剪贴板上的信息粘贴到光标处的快捷键是 Ctrl+V。(　　)

112. “撤销”操作的快捷键是 Ctrl+Z。(　　)

113. Windows 中的菜单选项有 3 类标记，右边带有省略号“…”的选项，选择后会弹出对话框。(　　)

114. Windows 7 有四个默认库，分别是视频、图片、文档和音乐。(　　)

115. 要安装 Windows 7，系统磁盘分区必须为 NTFS 格式。(　　)

116. 在 Windows 操作系统中，粘贴命令的快捷键是 Ctrl+C。(　　)

117. Windows 7 桌面上的每个图标代表着一个对象。(　　)

118. 双击 Windows 7 桌面上的计算机图标可以浏览计算机上的所有内容。(　　)

119. 在 Windows 7 中要复制活动窗口内容到剪贴板上应按快捷键 Alt+Printscreen。(　　)

120. 打开“开始”菜单的快捷键是 Ctrl+Esc。(　　)

121. Windows 7 中的“计算机”不仅可以进行文件管理，还可以进行磁盘管理。(　　)

122. 不同文件夹中的文件可以是同一个名字。(　　)

123. 用户不能调换鼠标左右键的功能。(　　)

124. 复制一个文件夹时，文件夹中的文件和子文件夹一同被复制。(　　)

125. 删除一个快捷方式时，快捷方式所指向的对象同时被删除。(　　)

126. 当一个应用程序窗口被最小化后，该应用程序被终止运行。(　　)

127. 在 Windows 7 的各个版本中，支持的功能都一样。(　　)

128. 对话框窗口可以最小化。(　　)

129. 对于菜单上的菜单项目，按下 Alt 键和菜单名右边的英文字母就可以起到和用鼠标单击该条目相同的效果。(　　)

130. Windows 的图标是在安装的同时就设置好了的，以后不能进行修改。(　　)

131. 资源管理器是 Windows 系统提供的硬件管理工具。(　　)

132. 在 Windows 7 中，用户要在打开的多个窗口中切换，可使用 Alt+Enter 快捷键。(　　)

133. 在 Windows 7 中，快捷方式是指向计算机上某个文件、文件夹或程序的链接。(　　)

134. 打开台式机时一般是先打开显示器，后打开主机。(　　)

四、简答题

1. 操作系统的主要功能是什么？
2. Windows 7 系统的桌面主要包括哪些内容？
3. 鼠标指针的形状有哪些，分别代表的含义是什么？
4. 鼠标常用的操作及作用有哪些？
5. 对话框与窗口的标题栏有什么不同？
6. 给文件和文件夹命名的规则是什么？
7. 列出三种复制文件的方法。
8. 列出三种移动文件的方法。
9. 列举关闭应用程序窗口的方法。
10. 怎样选定多个连续或不连续的文件（或文件夹）。
11. 列举出删除文件的三种方法。
12. 回收站的作用是什么？列举对回收站执行的操作。
13. 列出至少三种打开资源管理器的方法。
14. 对话框与窗口区别。

15. 如何查看当前计算机正在运行的程序进程，有哪些方法关闭一个正在运行的应用程序？

第 2 部分　参考答案及疑难解析

一、单项选择题

1. A	2. B	3. B	4. D	5. D	6. C	7. A	8. C	9. B	10. C
11. B	12. A	13. D	14. D	15. A	16. B	17. C	18. B	19. B	20. C
21. B	22. A	23. B	24. B	25. D	26. D	27. C	28. A	29. B	30. D
31. B	32. B	33. C	34. D	35. A	36. D	37. D	38. D	39. B	40. D
41. B	42. A	43. A	44. A	45. D	46. A	47. A	48. C	49. B	50. D
51. D	52. D	53. B	54. C	55. D	56. D	57. B	58. C	59. B	60. C
61. B	62. B	63. B	64. D	65. C	66. C	67. C	68. B	69. A	70. A
71. C	72. A	73. B	74. D	75. A	76. B	77. A	78. C	79. B	80. D
81. A	82. A	83. C	84. A	85. C	86. B	87. D	88. D	89. C	90. B
91. C	92. B	93. A	94. A	95. D	96. B	97. B	98. C	99. C	100. A
101. A	102. B	103. D	104. A	105. D	106. B	107. A	108. B	109. D	110. D
111. C	112. A	113. C	114. C	115. A	116. A	117. A	118. B	119. B	120. D
121. D	122. D	123. B	124. A	125. C	126. C	127. A	128. B	129. D	130. A
131. A	132. A	133. B	134. D	135. A	136. D	137. B	138. A	139. C	140. C
141. C	142. D	143. B	144. B	145. D	146. C	147. D	148. C	149. D	150. C
151. B	152. D	153. A	154. C	155. D	156. C	157. A	158. B	159. C	160. B
161. D	162. B	163. D	164. A	165. B	166. C	167. B	168. D	169. B	170. A
171. C	172. D	173. D	174. C	175. C	176. A	177. B	178. C	179. C	180. C
181. C	182. D	183. B	184. B	185. A	186. C	187. C	188. D	189. B	190. C
191. D	192. A	193. B	194. A	195. A	196. D	197. A	198. B	199. C	200. B
201. C	202. B	203. D	204. C	205. D	206. D	207. A	208. A	209. D	210. C
211. D	212. D	213. D	214. C	215. C	216. A	217. A	218. B	219. B	220. B
221. D	222. C	223. D	224. B	225. C	226. D	227. A	228. C	229. D	230. A
231. C	232. C	233. D	234. A	235. D	236. C	237. C	238. C	239. A	240. C
241. B	242. A	243. D	244. B	245. B	246. C	247. D	248. D	249. C	250. B
251. A	252. A	253. A							

254. D　解析：系统还原时把计算机恢复到以前某个指定时间的状态，这个指定时间称为“还原点”，还原点既可以由用户事先创建，也可以采用系统自动创建。显然，系统还原和重装系统是两件截然不同的事情。

255. D　256. B　257. C

二、填空题

1. 32，64　2. 微软 MicroSoft　3. 冷启动，热启动
4. 层叠窗口，堆叠显示窗口　5. 睡眠，任意
6. Power　7. 注销，切换　8. 外部设备，主机，主机，外部设备
9. 单击，双击，右击，拖动，滑动滚轮　10. 右击，拖动
11. 计算机，网络，回收站　12. 回收站　13. Reset
14. 开始按钮，快速启动区　15. 任务栏　16. 我的文档
17. …，▶，灰色　18. 10　19. 标题，最小化，向下还原，关闭
20. 文件　21. 状态　22. 最大化，标题　23. 标题
24. 关闭，控制菜单，Alt+F4　25. 层叠窗口，并排显示窗口
26. 文件　27. \，/，:，*，?，"，<，>，|
28. 英文，冒号（:）　29. Tab，Shift+Tab
30. 库　31. *，?
32. 超大图标，大图标，中等图标，小图标，列表，详细信息，平铺，内容
33. 管理员，标准　34. 名称，大小，类型
35. 名称，大小，类型　36. 详细信息　37. 类别，图标
38. Ctrl　39. Shift，空白　40. 组织或编辑，Ctrl+A
41. Ctrl+C，Ctrl+X，Ctrl+V　42. Ctrl，拖动，拖动
43. 拖动，Shift，拖动　44. 文件（组织），F2，重命名
45. 文件（组织），Delete，删除，回收站
46. Ctrl+空格，Ctrl+Shift　47. CapsLock
48. 日期时间　49. 鼠标　50. 屏幕，个性化
51. 控制面板，用户账号　52. 系统还原
53. 硬件，软件　54. 程序和功能　55. TXT
56. Print Screen，Alt+Print Screen　57. 快速格式化
58. 主文件名，扩展名，文件类型　59. 控制面板
60. 区域和语言　61. 硬盘，内存　62. 回收站
63. 255　64. 剪贴板　65. Cmd　exit
66. 1　67. 滚轮　68. 复制　69. 剪切
70. 粘贴　71. 任意一个字符，任意一串字符
72. 对话框　73. 没有子项目，展开子文件夹，折叠文件夹
74. 计算机

三、判断题

1. √　2. ×　3. ×　4. ×　5. √　6. √　7. √　8. ×　9. ×　10. ×
11. ×　12. √　13. ×　14. ×　15. √　16. √　17. ×　18. ×　19. ×　20. √
21. ×　22. √　23. √　24. √　25. √　26. √　27. ×　28. ×　29. ×　30. ×
31. √　32. √　33. ×　34. √　35. √　36. ×　37. √　38. √　39. √　40. √

41. × 42. × 43. √ 44. × 45. √ 46. √ 47. × 48. √ 49. × 50. ×
51. √ 52. × 53. × 54. × 55. × 56. √ 57. √ 58. × 59. × 60. √
61. × 62. √ 63. √ 64. √ 65. × 66. × 67. √ 68. √ 69. √ 70. √
71. × 72. √ 73. × 74. √ 75. × 76. × 77. × 78. √ 79. √ 80. ×
81. × 82. √ 83. × 84. √ 85. √ 86. × 87. √ 88. √ 89. √ 90. √
91. × 92. × 93. × 94. √ 95. √ 96. × 97. × 98. × 99. × 100. √
101. √ 102. √ 103. √ 104. √ 105. × 106. √ 107. √ 108. √ 109. √ 110. √
111. √ 112. √ 113. √ 114. √ 115. √ 116. × 117. √ 118. √ 119. √ 120. √
121. √ 122. √ 123. × 124. √ 125. × 126. × 127. × 128. × 129. √ 130. ×
131. × 132. × 133. √ 134. √

四、简答题

1. 操作系统的主要功能有 5 方面。

（1）作业管理：包括界面、任务管理、人机交互、图形界面、语音控制和虚拟现实。

（2）文件管理：又称信息管理。

（3）存储管理：实质是对存储空间的管理，主要是指对内存的管理。

（4）设备管理：实质是对硬件设备的管理，包括对输入输出设备的分配、启动、完成和回收。

（5）进程管理：实质是对处理机执行时间的管理，即如何将 CPU 合理地分配给每个任务。

2. Windows 7 系统的桌面主要包括以下几部分。

（1）计算机：管理本机的硬件和软件资源。

（2）网络：可以查询和利用网络提供的共享软、硬件资源。

（3）回收站：用于存放被删除的文件、文件夹、快捷方式。

（4）Administrator：用户文档默认保存的地方。

3. 鼠标指针的形状及代表的含义如下。

箭头指针：是 Windows 的基本指针，用于选择菜单、命令或选项。

双向箭头指针：用于改变对象大小。

四向箭头指针：用于移动选定的对象。

漏斗指针：表示计算机正忙，需要用户等待。

I 型指针：用于在编辑区内指示编辑位置。

4. 鼠标常用的操作及作用如下。

指向：移动光标，将光标移动到一个对象上，如文件名、项目条、图标等。

单击：移动光标至一个对象上，并在其位置上按下鼠标左键并快速放开。一般用于选择一个对象或单击按钮操作。

双击：移动光标至一个对象上，并在其位置上快速连续单击鼠标左键两次，一般用于在屏幕上启动图标对应的窗口或程序。

右击：移动光标至一个对象上，在其位置上按下鼠标右键并快速放开。一般用于弹出一个快捷菜单（也称右键菜单）。

拖动：移动光标至一个对象上，按下鼠标左键不放移动光标至新的位置后松开标左键。拖动可以选择、移动或复制对象，也可以缩放一个窗口。

滚动：转动鼠标的中间滚轮，移动操作对象的上下位置。

5. 对话框与窗口的标题栏不同主要体现在以下几个方面。

窗口的右上角有三个按钮，分别是最小化、最大化/还原、关闭按钮。

对话框的右上角有二个按钮，分别是帮助和关闭按钮。

6. 给文件和文件夹命名的规则如下。

（1）可以使用最多达255个字符的长文件名。

（2）文件的名称由主文件名和扩展名组成，中间用“.”分隔。一般文件名命名的形式为：主文件名．扩展名

（3）文件名中不能使用下列字符：

\ / | : * ? “ < >

（4）文件名不区分字母大小写。

（5）在同一存储位置，不能有文件名完全相同的文件。

7. 复制文件主要有以下几种方法。

（1）用鼠标右键单击文件夹窗格中需要复制的文件，在弹出的快捷菜单中选择“复制”选项，在要复制到的文件夹窗格中，用鼠标右键单击文件夹窗格中的空白区域，在弹出的快捷菜单中选择“粘贴”

（2）选择需要复制的文件，按Ctrl+C快捷键，然后在要复制到的文件夹窗格中，按Ctrl+V快捷键。

（3）选择需要复制的文件，用鼠标拖放（不同驱动器之间的复制）或按下Ctrl的同时拖动鼠标也可以实现文件的复制。

8. 移动文件的方法主要有以下几种。

（1）用鼠标右键单击文件夹窗格中需要复制的文件，在弹出的快捷菜单中选择“剪切”选项，在要移动到的文件夹窗格中，用鼠标右键单击文件夹窗格中的空白区域，在弹出的快捷菜单中选择“粘贴”。

（2）选择需要移动的文件，按Ctrl+X快捷键，然后在要移动到的文件夹窗格中，按Ctrl+V快捷键。

（3）选择需要移动的文件，用鼠标拖放（同一驱动器之间的移动）或按下Shift的同时拖动鼠标也可以实现文件的移动。

9. 关闭应用程序窗口的方法如下。

（1）单击文件菜单中的“关闭”命令。

（2）使用快捷键Alt+F4。

（3）单击窗口标题栏右侧的“关闭”按钮。

（4）在任务栏上单击右键选择“关闭”命令。

（5）单击控制菜单图标，在弹出的菜单中选择“关闭”命令

（6）双击控制菜单图标。

10. 选定多个连续或不连续的文件（或文件夹）的方法如下。

（1）选定矩形框内的文件或文件夹：在文件夹窗口中，按住鼠标左键拖动，将出现一

个虚线框，框住要选定的文件和文件夹，然后释放鼠标按钮。

（2）选定多个连续文件或文件夹：先单击选定第一项，按住 Shift 键，然后单击最后一个要选定的项。

（3）选定多个不连续文件或文件夹：单击选定第一项，按住 Ctrl 键，然后分别单击各个要选定的项。

11. 删除文件的方法有以下几种。

（1）鼠标指向该文件夹或文件，单击右键，在弹出的快捷菜单中单击“删除”命令。

（2）单击该文件夹或文件，按键盘上的 Delete 键；

（3）选定文件后，选择“文件”菜单中的“删除”命令。

（4）选定文件后，“组织”菜单中的“删除”命令

（5）将该文件夹或文件拖到桌面的“回收站”中

12. 回收站：用于存放被删除的文件、文件夹、快捷方式。

对回收站主要有以下操作：

（1）回收站中对象的浏览；

（2）恢复已删除的文件；

（3）回收站内容的删除；

（4）清空回收站；

（5）回收站属性的设置。

13. 打开资源管理器的方法如下。

（1）执行“开始”→“计算机”命令。

（2）执行“开始”→“文档”或“图片”或“音乐”等命令。

（3）双击桌面的“回收站”图标。

（4）右键单击“开始”按钮，选择快捷菜单中的“打开资源管理器”命令。

（5）单击任务栏中的文件夹图标。

（6）同时按下 Windows 键+E 键。

14. 对话框与窗口区别如下。

（1）窗口的右上角有三个按钮，分别是：最小化、最大化/还原、关闭按钮；对话框的右上角有二个按钮，分别是帮助、关闭按钮。

（2）窗口和对话框都有标题栏，鼠标放在标题栏拖放可以对窗口和对话框进行移动。

（3）窗口的大小可以调整，对话框的大小不能调整。

15. 查看当前计算机正在运行的程序进程及关闭一个正在运行的应用程序的方法：

同时按下 Ctrl+Alt+Del 键，打开任务管理器后，就可以查看正在运行的程序进程。

关闭一个正在运行的应用程序的方法：

（1）单击窗口标题栏右侧的“关闭”按钮；

（2）在任务栏上单击右键选择“关闭”命令；

（3）在任务管理器中关闭该程序；

（4）在该程序窗口的标题栏空白处右击，选择快捷菜单中的“关闭”命令；

（5）使用快捷键 Alt+F4。

第3部分 操 作 题

实验1 Windows 7的启动和退出

一、实验目的

1. 掌握 Windows 的启动和退出方法。
2. 掌握 Windows 用户的切换与注销操作。

二、实验内容

1. 按下主机箱上的 Power 按钮，正常冷启动计算机。
2. 使用重新启动命令重新启动计算机。
3. 切换用户，以另一用户身份进入 Windows。
4. 注销当前用户。
5. 正常退出 Windows 系统
6. 开机后立即按 F8 键，以“安全模式”启动计算机
7. 按下主机箱上的 Power 按钮，不松手，约5秒左右，强制关闭计算机。

实验2 Windows 7的基本操作

一、实验目的

1. 认识桌面环境。
2. 掌握 Windows 桌面的基本操作方法。
3. 认识窗口组成。
4. 掌握 Windows 的菜单操作。
5. 掌握鼠标和键盘的常用操作方法。
6. 掌握窗口的打开、关闭、移动、缩放、切换的方法。
7. 掌握开始菜单和任务栏的使用及设置方法。

二、实验内容

打开至少三个应用程序窗口，完成下列操作。

1. 以不同方式查看窗口对象。

2. 对其中之一窗口进行下列操作：最大化窗口、最小化窗口、向下还原窗口、移动窗口、调整窗口大小、关闭窗口。要求每个操作采用3种方法。

3. 使用键盘切换不同的窗口。要求使用 Alt+Tab 快捷键方法和 Alt+Esc 快捷键方法在多窗口间切换当前窗口。

4. 对多窗口进行层叠窗口、堆叠显示窗口、并排显示窗口等操作。

5. 采用鼠标单击方法在多窗口间切换当前窗口。

6. 调整两个窗口大小，两窗口左右各占屏幕 50%。

7. 设置桌面图标的排列方式为“自动排列图标”，拖动桌面图标，观察自动排列图标效果。

8. 取消桌面图标的“自动排列图标”方式，拖动桌面图标，观察非自动排列图标效果。

9. 将“计算机”和“回收站”图标拖放在桌面的右侧。

10. 将桌面的所有图标按“修改日期”重新排列。

11. 将任务栏拖放到桌面的右侧，再恢复到桌面的底部。

12. 设置任务栏为自动隐藏。

13. 锁定任务栏。

14. 改变提高任务栏的高度。

15. 改变任务栏按钮显示方式为“当任务栏被占满时合并”。

16. 设置在通知区域显示 U 盘图标。

17. 取消任务栏右侧的时钟显示，再恢复显示。

18. 将“Internet Explorer”图标锁定到任务栏。

19. 将“开始”菜单历史记录栏中的某一程序移至固定栏，再从固定栏中移出。

20. 清除“开始”菜单上的历史记录栏的程序清单。

21. 运行“计算器”“画图”程序。

22. 显示“计算机”窗口的状态栏。

23. 隐藏“计算机”窗口的菜单栏。

24. 将画图程序锁定到任务栏。

25. 将“最近使用的项目”添加到“开始”菜单右窗格的常用项目列表中。

26. 将桌面上的“计算机”图标放置到桌面的右上角。

27. 将桌面上的 Word 快捷方式添加到“开始”菜单的“固定项目列表”中，并查看“开始”菜单。

28. 在桌面上添加一个“时钟”小工具，更改时钟样式为第 6 种样式，将其不透明度调整为 60%，将秒针显示出来，将“时钟”拖到右下角，并命名为“菊花”。

29. 在桌面上添加“CPU 仪表盘”小工具。

30. 在桌面上添加 Windows 7 小工具：幻灯片放映，并设置文件夹对应“Wallpaper”文件夹，每张图片的显示时间为“10 秒”，图片之间的显示方式为“淡化”，较大尺寸显示。

31. 在任务栏上添加“桌面”工具栏，并将任务栏置于桌面的左侧。

32. 刚安装完成的 Windows 操作系统，桌面上只有一个回收站，请将其他常用的桌面图标调出来。

33. 利用任务栏，将当前打开的所有窗口最小化，将桌面显示出来。

提示：右击任务栏→显示桌面

34. 设置将任务栏小图标显示。

35. 设置“开始”菜单的控制面板为“显示为菜单”，设置“开始”菜单的计算机“显示为菜单”。

36. 在任务栏上添加 E 盘新工具栏。

实验3 文件与文件夹管理

一、实验目的

1. 掌握打开资源管理器的方法。
2. 掌握使用资源管理器创建、浏览文件和文件夹的操作。
3. 掌握文件及文件夹的选择方法。
4. 掌握搜索文件和文件夹的方法。
5. 掌握复制、移动、删除、重命名文件和文件夹的方法。
6. 掌握查看、设置文件和文件夹属性的方法。
7. 掌握磁盘管理的方法。

二、实验内容

1. 采用三种方法，打开资源管理器。

2. 在资源管理器窗口中展开、折叠文件夹。

3. 查看视频、图片、文档和音乐四个子库的内容。

4. 打开“我的文档”，并分别以超大图标、大图标、中等图标、小图标、列表、详细信息、平铺和内容这8种方式显示，观察不同显示方式的效果。

5. 分别按“名称”“大小”“类型”“修改日期”排列文件。

6. 在D盘的根下建立一个以自己姓名为名称的文件夹，并建立一个名称为“计算机基础练习”的子文件夹。

7. 利用资源管理器将C:\windows\fonts文件夹的前三个文件复制到以自己姓名为名称的文件夹中。

8. 在计算机D盘的根目录下，建立一个新文件夹TEXT。在“写字板”文字编辑窗口中输入一段自我介绍，40字以内，将其字体定义为宋体10磅，以“WordforWindows 6.0”格式存入TEXT文件夹，文件名为“first”。

9. 在C:盘中搜索查找文件夹wallpaper，找到后打开该文件夹。

10. 将wallpaper文件夹下的前四个图片文件复制到以自己名称命名的文件夹中。

11. 删除自己文件夹下的某个图片文件。

12. 选中“C:\WINDOWS”文件夹下除“fonts”文件以外的所有文件和文件夹。

13. 在C盘上搜索文件“NOTEPAD.EXE”文件。

14. 搜索C盘中小于1 MB的所有EXE文件。

15. 按日期的方式搜索文件名为“first.txt”的文件，并复制到“计算机基础练习”文件夹下，重命名为second.txt。

16. 查看second.txt文件的属性，并将其属性设置为只读。

17. 彻底删除以自己名字命名的文件夹下的最小的文件。

18. 在桌面上新建一个文件夹，名称为“我的共享”，设置文件夹共享名为“共享文件夹”，选择用户为Everyone，权限为读取。

实验 4　文件夹选项的设置

一、实验目的

1. 能够选择文件夹的显示风格（常规选项卡）。
2. 可以设置文件夹视图及文件属性。

二、实验内容

1. 显示出隐藏属性的文件和文件夹。
2. 显示已知文件类型的扩展名。
3. 设置在浏览文件夹时，在同一窗口中打开每个文件夹，并且仅当指向图标标题时加下划线。
4. 设置在浏览文件夹时，在不同的窗口中打开不同的文件夹。
5. 在资源管理器中，设置查看隐藏文件和系统文件，并且在文件夹提示中显示文件大小信息。
6. 设置“隐藏受保护的操作系统文件”。
7. 设置文件夹选项，使鼠标指向文件夹和桌面项时显示提示信息。
8. 对文件夹选项进行相应设置，使标题栏和地址栏中显示完整的路径。
9. 设置文件夹选项，使鼠标“单击操作选定项目，双击操作打开项目”。

实验 5　显示属性设置

一、实验目的

1. 设置桌面。
2. 设置显示器分辨率。
3. 设置屏幕保护程序。

二、实验内容

1. 采用两种方法调出“显示属性”对话框。
2. 更改桌面背景，设置更改背景时间间隔为 5 分钟。
3. 设置桌面背景为“风景”组的“img8，jpg”，图片位置为“填充”。
4. 将主题设置为“人物”。
5. 设置一种屏幕保护程序，要求：等待五分钟后，自动启动屏幕保护程序
6. 将屏幕保护程序设置为“变幻线”，设置等待 10 分钟后出现屏幕保护程序，并在恢复时显示登录屏幕。
7. 利用“显示属性”窗口，设置活动窗口边框大小为 2，颜色为红色。
8. 设置屏幕保护程序在等待 5 分钟后显示三维文字“开心学习，快乐生活”，旋转类为“跷跷板式”。
9. 利用“个性化”窗口，将“计算机”的图标设置为第三行第三种，将“网络”图标

更改为第一行第四种。

10. 设置桌面背景为“自然”系列六张图片，图片位置为“居中”，更改图片时间间隔为15分钟，无序播放。

11. 设置窗口颜色（窗口边框、开始菜单和任务栏的颜色）为“黄昏”，启用半透明效果。

12. 在“个性化”窗口，设置显示或隐藏桌面的“计算机”“用户的文件“网络”“回收站”“控制面板”等图标。

13. 取消屏幕保护程序。

14. 设置电源选项，在不进行键盘和鼠标操作，15分钟之后关闭显示器、30分钟之后进入睡眠状态。

15. 设置电源选项，要求：等待20分钟，自动关闭显示器。

16. 将电源选项设置为“节能”效果。

17. 设置屏幕上的图标和字体为“125%”大小显示。

18. 设置计算机显示文本自定义为130%。

19. 利用“显示属性”窗口，设置屏幕分辨率为1024×768。

20. 将显示器的刷新频率设置为75 Hz。

提示：在“显示属性”窗口，单击“调整分辨率”，在弹出的“屏幕分辨率”窗口中单击“高级设置”，在弹出的“即插即用显示器和×××属性”对话框中，选择“监视器”选项卡，在“屏幕刷新频率”中选择所需数据即可。

21. 在桌面显示控制面板图标。

22. 设置桌面上不显示“网络”图标。

23. 更改菜单大小为20。

提示：右击桌面，单击“个性化”，单击窗口下侧“窗口颜色”，选择“高级外观设计”，打开“窗口颜色和外观”对话框，选择“项目”下的“菜单”后，在“大小”文本框中输入所需数据即可。

实验6 常见硬件设备的属性设置

一、实验目的

1. 掌握鼠标属性的设置。
2. 掌握设备和打印机的设置。

二、实验内容

1. 设置鼠标

（1）设置鼠标属性“启用指针阴影”。

（2）设置显示鼠标指针轨迹，并将轨迹设置为最长，取消“在打字时隐藏指针”。

（3）调慢双击间隔时间并检测是否适中。

（4）更改鼠标指针方案“Windows默认”中鼠标忙的形状为PEN_RL，并将该方案另存为“新鼠标方案”。

（5）提高鼠标指针移动速度。

（6）设置滚动一次滑轮齿格以滚动 5 行。

（7）将鼠标设置成右按钮方式，鼠标指针方案设置为“Windows 特大”，在自定义中，设置“正常选择”的鼠标指针的类型为 CROSS_RM，启用指针阴影，显示指针轨迹。

（8）设置鼠标指针的“移动”为“快”，显示指针轨迹。

2. 安装、设置打印机

（1）在考试机上安装 Epson LQ-300K 打印机的驱动程序。

（2）在控制面板中将第一个打印机设置为共享打印机。

（3）设置第一台打印机：打印方向是横向。

（4）在控制面板中将本机中第三个打印机设置为默认打印机。

（5）利用打印机和传真窗口，设置窗口的第二个打印机为脱机打印。

实验 7　Windows 7 的其他设置

一、实验目的

1. 掌握设置日期和时间方法。
2. 掌握回收站的管理方法。
3. 掌握设置输入法方法。
4. 掌握声音的设置方法。
5. 了解设置账户方法。
6. 了解添加和删除程序方法。
7. 能够添加、删除字体。
8. 了解查看系统配置方法。
9. 能够灵活使用帮助功能。

二、实验内容

1. 管理回收站

（1）浏览回收站的内容。

（2）将回收站中的某个文件还原。

（3）将回收站中的某个文件删除。

（4）设置回收站属性，使得它在本地磁盘 C 中最大占用的空间为 8%。

（5）设置删除 D 盘中的文件时，不将文件移入回收站，而是彻底删除，并显示删除确认对话框。

（6）设置 E 盘回收站的最大空间为驱动器的 8%，D 盘为 6%。

（7）清空回收站。

2. 设置日期和时间

（1）将系统日期改为 2019 年 4 月 22 日。

（2）将系统时间改为“13 点 48 分”。

（3）将系统日期和时间改回今天的日期和现在的时间。

（4）设置 Windows 系统的时间样式为“tt hh:mm:ss”，上午符号为“AM”，下午符号为“PM”。

（5）设置日期和时间自动与 Internet 时间服务器同步。

（6）设置 Windows 短日期样式为“yyyy-MM-dd”。

（7）设置 Windows 长日期格式为“yyyy‘年’M‘月’d‘日’，dddd”。

（8）设置 Windows 显示货币的符号为“$”，货币正数格式为“¥1.1”货币负数格式为“¥1.1-”，小数位数为2位，数字分组符号为“，”号，数字分组为每组3个数字。

（9）在控制面板中设置 Windows 显示数字格式为，小数点为“.”，“小数位数”为2位，数字分组符号为“，”，组中数字个数为“3”，列表项分隔符为“，”，负号为“-”，负数格式为（1.1-），度量单位用“美制”，显示起始的零为“0.7”。

3. 设置输入法

（1）将语言栏嵌入到任务栏上。

（2）将语言栏从任务栏上独立出来。

（3）向语言栏上增加一种汉字输入法。

（4）从语言栏上删除一种汉字输入法。

（5）设置语言栏“停靠于任务栏”，“在非活动时，以透明状态显示语言栏”。

提示：在“控制面板”中打开“区域和语言”，在打开的对话框中选择“键盘和语言”选项，单击“更改键盘”，在打开的“文本服务和输入语言”对话框中选择“语言栏”选项卡，按要求进行相应的设置后单击“确定”。

（6）设置“微软拼音”输入法的快捷键为 Ctrl+ Shift+1。

提示：在“控制面板”中打开“区域和语言”，在打开的对话框中选择“键盘和语言”选项，单击“更改键盘”，在打开的“文本服务和输入语言”对话框中选择“高级键设置”选项卡，然后选择“微软拼音”，单击“更改按键顺序”，在打开的对话框中按要求进行设置后单击“确定”。

4. 声音的设置

（1）设置播放 Windows 启动声音。

（2）设置 Windows 声音方案为“热带大草原”。

（3）更改系统声音“Windows 默认”方案中的“Windows”注销事件的声音为 E:\考生素材 2\音频素材 1-4A. WAV（或自选音频文件），并将该方案另存为“KS 声音方案”。

提示：右击任务栏上的音量图标，选快捷菜单中的“声音”命令，选择对话框中的“声音”选项，选择声音方案中的“Windows 默认”→选择“程序事件”中的“Windows 注销”。

5. 设置账号

（1）新建一个“管理员”账户，账户名为“Zhang”，密码为“123456”。

（2）新建一个名为“st111”的账户，账号的密码为“123”，账号类型为“标准用户”，图片为足球。

（3）将“st111”账户权限改为“管理员”。

（4）删除“st111“账户。

（5）以“Zhang”账户登录 Windows 系统。

6. 添加和删除程序

（1）安装一种应用程序（例如 QQ，五笔）。

（2）将刚安装的应用程序删除。

（3）打开“Windows 功能”对话框，在其中选择“Telnet 服务器”。

（4）删除 Windows 附件下的“扫雷”游戏。

7. 删除字体

删除字体“华文琥珀”。

8. 查看系统配置方法

（1）查看系统属性，说出完整的计算机名、所属工作组、Windows 7 产品的 ID 号、CPU 的主频和内存等信息。

（2）调出“设备管理器”窗口，查看各硬件安装是否正常。

9. 使用帮助功能

（1）打开“帮助和支持中心”窗口，利用搜索的方法取得关于 Windows 的“清空回收站”方面的帮助信息。

（2）通过应用程序窗口的“帮助”菜单获得“安装打印机”的帮助信息。

（3）按 F1 键获得“剪贴板”方面的帮助信息。

实验 8　快捷方式的创建

一、实验目的

掌握快捷方式的创建方法。

二、实验内容

1. 在桌面上创建“Windows 资源管理器的”快捷方式，快捷方式名为“资源管理器”。
2. 桌面上创建快捷方式“备忘”，指向“记事本”程序。

提示：可以先搜索记事本程序 notepad. exe。

3. 在“开始”菜单创建“计算器”的快捷方式，命名为“我的计算器”。
4. 搜索系统提供的应用程序 wordpad. exe，并在桌面上建立其快捷方式，快捷方式名为“写字板”。

实验 9　常见问题处理

一、实验目的

1. 掌握 Windows 任务管理器的使用方法。
2. 掌握磁盘清理方法。
3. 掌握磁盘碎片整理方法。
4. 掌握系统还原的方法。
5. 了解其他处理方法。

二、实验内容

1. 调出“Windows 任务管理器”窗口。

2. 在“Windows 任务管理器”窗口中观察当前运行的程序名、进程名及 CPU 使用率。

3. 利用“Windows 任务管理器”强制关闭一个当前运行的程序。

4. 以“安全模式”方式启动计算机。

提示：开机时按 F8 键。

5. 全部清空“开始”菜单中“最近使用项目”子菜单中的项目名。

6. 取消“开始”菜单中的“使用大图标”效果。

7. 对本地磁盘（D:）的属性进行设置，更改本地磁盘（D:）的卷标为“学习软件”，并“压缩驱动器以节约磁盘空间”。

8. 对本机的 D：盘进行一次清理，删除不需要文件。

9. 利用“开始”菜单启动“磁盘碎片整理程序”对本机的最后一个磁盘进行一次碎片整理。

10. 对 C 盘进行“磁盘清理”，并删除 Internet 临时文件和临时文件。

11. 对 D 盘进行扫描，并恢复被损坏的扇区、自动修复文件系统错误。

12. 打开 Windows 的帮助和支持，通过 Windows 7 帮助了解“桌面小工具”的基本知识。

提示：按 F1 键，单击“了解有关 Windows 基础知识”，单击“桌面小工具概述”。

13. 打开 Windows 的帮助和支持，通过搜索的方法查看“管理多个窗口”的帮助信息。

提示：按 F1 键，在“帮助”搜索框内，输入“管理多个窗口”，然后单击“搜索”按钮。

14. 手工设置一个还原点。

提示：右击桌面上的“计算机”，选择快捷菜单中的“属性”命令，在“属性”对话框中选择“高级系统设置”，在“系统属性”对话框中选择“系统保护”选项卡，再单击“创建”按钮，键入还原点的描述，单击“创建”按钮。

15. 用 Windows 的系统还原功能还原系统一次。

16. 撤销刚才的系统还原。

实验 10 Windows 附件工具使用

一、实验目的

1. 了解记事本的使用方法。

2. 了解写字板的使用方法。

3. 了解画图的使用方法。

4. 掌握计算器的使用方法。

5. 掌握截图工具的使用方法。

6. 了解进入和退出 DOS 界面的方法。

二、实验内容

1. 启动记事本，并在其中输入一段文字，以“学习 . TXT”为文件名保存在“D:\”下。

2. 启动写字板，并在其中输入一段文字，并进行简单的排版，以“学习 . RTF”为文件名保存在“D:\”下。

3. 启动画图，并在其中画一幅图，以“学习 . BMP”为文件名保存在“D:\”下。

4. 启动计算器，并在其中计算出 8+5×2-23 的值。

5. 使用计算器，将二进制数 10001001011 转化为十进制数的结果窗口以 D5. png 格式保存在 D 盘以自己名字命名的文件夹下。

提示：打开计算器后，选择“查看”菜单下的“科学型”命令，选择进制后输入数据，再单击需要转换成的进制即可。

6. 使用计算器，将十六进制数 ABCDE 转化为十进制数的结果保存到记事本中，最后保存到 D 盘以自己名字命名的文件夹下，文件名是 D6. txt。

7. 使用计算器，将八进制数 227 转化为十进制数的结果保存到附件的写字板中，最后保存到 D 盘以自己名字命名的文件夹下，文件名是 D7. rtf。

8. 使用计算器，将十进制数 123 转化为二进制数的结果保存到 Word 中，最后保存在 D 盘以自己名字命名的文件夹下，文件名为 D8. docx。

9. 调出“运行”对话框，在其中输入“cmd”命令后，单击“确定”按钮。

10. 退出命令提示符状态。

第3章　文字处理软件 Word 2010

第1部分　理　论　题

一、单项选择题

1. 在 Word 2010 中编辑文档时，当前插入点前面的字是宋体，后面的字是隶书，若输入文字，其字体为（　　）。

A. 宋体　　B. 隶书　　C. 楷体　　D. 不确定

2. 在 Word 2010 中，下列操作中（　　）不能选全部文档。

A. Ctrl+A　　B. 在选定区域，按住 Ctrl 键然后单击
C. 在选定区域三击　　D. 在选定区域双击

3. 在同一篇文档中，按住（　　）键再拖动文本，是复制操作。

A. Ctrl　　B. Shift　　C. Alt　　D. Windows

4. 下列选项中，不能关闭 Word 文档窗口的操作是（　　）。

A. Alt+F4　　B. 单击窗口右上角的关闭按钮
C. Esc　　D. 右击任务栏上窗口图标选关闭

5. 启动 Word 后第一个新文档名是（　　）。

A. 新文件名　　B. 文档 1　　C. Book1　　D. 第一

6. Word 2010 默认的文件扩展名是（　　）。

A. txtx　　B. dotx　　C. docx　　D. tmpx

7. Word 2010 中，在表格中一次插入 3 行正确的操作是（　　）。

A. 选择插入→表格→3 行命令　　B. 选定 3 行后再选择插入→表格→行命令
C. 将插入点放在行尾部，按回车键　　D. 无法实现

8. Word 2010 中，打印当前页是指（　　）。

A. 当前插入点所在页　　B. 当前窗口所在页
C. 第一页　　D. 最后一页

9. 在 Word 2010 中，使用（　　）功能区的“标尺”命令，可以显示或隐藏标尺。

A. 视图　　B. 开始　　C. 插入　　D. 页面布局

10. 在 Word 2010 中，在（　　）功能区中设置字体格式。

A. 视图　　B. 开始　　C. 插入　　D. 页面布局

11. 在 Word 2010 中，删除表格的正确操作是（　　）。

A. 按 Delete 键
B. 选择“开始”→“删除表格”命令。
C. 选择“布局”→“拆分单元格”命令。

D. 选择“布局”→“删除”→“删除表格”命令。

12. 在 Word 2010 中，制作表格，应执行（　　）功能区下的“表格”命令。

A. 文件　B. 开始　C. 插入　D. 页面布局

13. 在 Word 2010 中，编辑文档误操作时，可以（　　）。

A. 无法挽回　B. 新建批注

C. 单击左上角的“撤销”按钮　D. 选择“审阅”→“修订”

14. 在 Word 2010 中，标题居中应选择（　　）功能区中的居中按钮。

A. 文件　B. 开始　C. 插入　D. 页面布局

15. 在 Word 2010 中，对于插入文本中的图片不能进行的操作是（　　）。

A. 放大或缩小　B. 移动　C. 剪裁　D. 修改图片中的图形

16. 下列关于 Word 2010 格式刷功能的叙述，正确的是（　　）。

A. 复制文本或图片　B. 恢复上一次的操作

C. 复制文本格式　D. 给文本或图片刷颜色

17. Word 邮件合并，应要建立一个（　　），它包含准备合并文件的共有内容。

A. 表格　B. 数据源文件　C. 主文档　D. 控制文件

18. 选定 Word 文档中的部分文字内容，单击“居中”命令，则（　　）。

A. 文档中的全部文字居中对齐

B. 选定的文字居中对齐

C. 选定的文字之外的内容居中对齐

D. 选定的文字所在的段落居中对齐

19. 在 Word 2010 中，图片的环绕方式没有（　　）。

A. 四周　B. 紧密　C. 松散　D. 嵌入

20. 下列关于 Word 分栏叙述正确的是（　　）。

A. 每栏宽度必须相等

B. 栏与栏之间可以加入分隔线

C. 最多只能分三栏

D. 栏与栏之间间距必须相等

21. 在 Word 文档中制作艺术字的命令在（　　）功能区中。

A. 表格　B. 开始　C. 邮件　D. 插入

22. 中文 Word 是（　　）。

A. 字处理软件　B. 系统软件　C. 硬件　D. 操作系统

23. 在 Word 的文档窗口进行最小化操作（　　）。

A. 会将指定的文档关闭

B. 会关闭文档及其窗口

C. 文档没有关闭

D. 会将指定的文档从外存中读入，并显示出来

24. 用 Word 进行编辑时，要将选定区域的内容放到的剪贴板上，可单击工具栏中(　　)。

A. 剪切或替换　B. 剪切或清除　C. 剪切或复制　D. 剪切或粘贴

25. 在 Word 主窗口的右上角，可以同时显示的按钮是（　　）。

A．最小化，还原和最大化　　B. 还原，最大化和关闭

C. 最小化，还原和关闭　　D. 还原和最大化

26. 将插入点定位于句子“飞流直下三千尺”中的“直”与“下”之间，按一下 Delete 键，则该句子（　　）。

A．变为“飞流下三千尺”　　B. 变为“飞流直三千尺”

C．整句被删除　　D. 不变

27. 要删除单元格正确的操作是（　　）。

A. 选中要删除的单元格，按 Del 键

B. 选中要删除的单元格，按剪切按钮

C. 选中要删除的单元格，使用 Shift+Del

D. 选中要删除的单元格，使用右键菜单中的“删除单元格”选项

28. 使图片按比例缩放应选用（　　）。

A. 拖动中间的句柄　　B. 拖动四角的句柄

C. 拖动图片边框线　　D. 拖动边框线的句柄

29. 能显示页眉和页脚的方式是（　　）。

A. 普通视图　　B. 页面视图　　C. 大纲视图　　D. 全屏幕视图

30. 在工具栏中，按钮 **B** 的功能是（　　）。

A. 撤销上次操作　　B. 加粗

C. 设置下划线　　D. 改变所选择内容的字体颜色

31. 在 Word 中，邮件合并不包括（　　）。

A. 进行合并操作　　B. 制作带地址的信封和标签

C. 制作和处理数据源　　D. 创建主文档

32. 在 Word 中，在“边框和底纹”选项卡中，不包括（　　）选项卡。

A. 页面边框　　B. 位置　　C. 底纹　　D. 边框

33. 邮件合并是通过合并（　　）来实现的。

A. 表格和主文档　　B. 数据源和主文档

C. 表格和数据源　　D. 表格和文档

34. 在 Word 中，要选择一篇文章的矩形区域的文字，可按住（　　）键，利用鼠标拖动选中要选择的区域的文字。

A. Alt　　B. Ctrl　　C. Enter　　D. Shift

35. 在 Word 中，脚注是在（　　）进行注释提示。

A. 文档的最后一页　　B. 当前页面的最后

C. 页面的顶部　　D. 页面的中间

36. 要将 Word 文档中一部分选定的文字移动到指定的位置上去，对它进行的第一步操作是（　　）。

A. 单击“编辑”菜单下的“复制”命令

B. 单击“编辑”菜单下的“清除”命令

C. 单击“编辑”菜单下的“剪切”命令

D. 单击“编辑”菜单下的“粘贴”命令

37. 在 Word 编辑状态下，如要调整段落的左右边界，用（ ）的方法最为直观、快捷。

A. 格式栏 B. 格式菜单

C. 拖动标尺上的缩进标记 D. 常用工具栏

38. 下列不属于 Word 对齐方式的是（ ）。

A. 左对齐 B. 右对齐 C. 两端对齐 D. 首行对齐

39. Word 分栏说法正确的是（ ）。

A. 各栏宽度可以不同 B. 各栏间距固定

C. 各栏宽度必须不同 D. 最多可设四栏

40. Word 中，标尺分为（ ）。

A. 水平标尺和垂直标尺 B. 英寸标尺和厘米标尺

C. 点标尺和 Pica 标尺 D. 左缩进标尺和右缩进标尺

41. 在工具栏中，按钮A的功能是（ ）。

A. 撤销上次操作 B. 加粗

C. 设置下划线 D. 改变所选择内容的字体颜色

42. 在 Word 中，关闭“查找”对话框后可以使用快捷键（ ）继续查找。

A. Shift+F9 B. Ctrl+F C. Alt+Shift+L D. Alt+Ctrl+T

43. 在 Word 中，要插入注释信息，通常要借助（ ）功能来实现。

A. 注释 B. 解释 C. 脚注和尾注 D. 插入表格

44. Word 中提供了对（ ）进行相互转换的功能。

A. 智能 ABC 和五笔 B. 全拼和郑码

C. 中文和英文 D. 简体中文和繁体中文

45. 在 Word 中，“邮件合并”任务窗口中，选择要制作文档的类型，不包括（ ）。

A. 从模板开始 B. 标签 C. 信封 D. 目录

46. 在 Word 中要删除表格中的某单元格，应执行（ ）操作。

A. 选定所要删除的单元格，选择“表格”菜单中的“删除单元格”命令

B. 选定所要删除的单元格所在的列，选择“表格”菜单中的“删除行”命令

C. 选定删除的单元格所在列，选择“表格”菜单中“删除列”命令

D. 选定所在删除的单元格，选择“表格”菜单中的“单元格高度和宽度”命令

47. 在 Word 中，若要删除表格中的某单元格所在行，则应选择“删除单元格”对话框中（ ）。

A. 右侧单元格左移 B. 下方单元格上移

C. 整行删除 D. 整列删除

48. 以下操作不能退出 Word 的是（ ）。

A. 单击标题栏左端控制菜单中的“关闭”命令

B. 单击文档标题栏右端的“X”按钮。

C. 单击“文件”菜单中的“退出”命令

D. 单击应用程序窗口标题栏右端的“_ ”按钮。

49. Word 在编辑一个文档完毕后，要想知道它打印后的结果，可使用（ ）功能。
A. 打印预览 B. 模拟打印 C. 提前打印 D. 屏幕打印
50. 想用 Word 写一封中文邮件可以通过工具栏中的“信函与邮件”菜单中的（ ）。
A. 信封和标签 B. 邮件合并 C. 中文信封向导 D. 英文信函向导
51. 在 Word 中，查找的快捷键是（ ）。
A. Ctrl+G B. Ctrl+F C. Ctrl+A D. Ctrl+I
52. 在 Word 中，要选中从文章的一个位置一直到文章的结尾，应该按快捷键（ ）。
A. Shift+Ctrl+End B. Ctrl+End
C. Shift+Alt+End D. Alt+End
53. 将光标快速移到行尾，可按（ ）键来实现的。
A. Home B. End C. Ctrl+Home D. Ctrl+End
54. 想要在 Word 中显示公司的人员结构图，可以使用 SmartArt，其操作步骤是（ ）。
A. 视图→SmartArt B. 工具→SmartArt
C. 插入→SmartArt D. 格式→SmartArt
55. 要在 Word 中插入一个自定义公式的操作步骤是（ ）。
A. 视图→公式 B. 插入→公式
C. 开始→公式 D. 引用→公式
56. 在 Word 2010 中，插入一个脚注和尾注的步骤是（ ）。
A. 插入→脚注（尾注） B. 窗口→脚注（尾注）
C. 视图→脚注（尾注） D. 引用→脚注（尾注）
57. 邮件合并需要两个文档（ ）和（ ）。
A. 数据源文档 B. 主文档 C. 表格文档 D. 邮件文档
58. 在 Word 2010 中，可以通过（ ）操作插入文本框。
A. 开始→文本框 B. 插入→文本框
C. 引用→文本框 D. 视图→文本框
59. 以下关于取消首字下沉的步骤正确的是（ ）。
A. 视图→首字下沉→位置-无
B. 插入→首字下沉→位置-无
C. 开始→首字下沉→位置-无
D. 引用→首字下沉→位置-无
60. 以下选项中，（ ）不是图片的环绕方式。
A. 紧密型 B. 嵌入型 C. 四周型 D. 浮动型
61. 在 Word 文档中，可以制作（ ）水印。
A. 文字 B. 动画 C. 艺术字 D. 音乐
62. 下列关于 Word 2010 分栏的叙述，不正确的是（ ）。
A. 只能分两栏 B. 可以分多栏
C. 栏宽可以相同 D. 栏间可以加分隔线
63. 利用 Word 的水平标尺不可以设置（ ）。
A. 首行缩进 B. 左边距 C. 右缩进 D. 段落对齐方式

64. 在进行邮件合并操作前，应先建立（　　）。
A. 超链接　B. 主文档　C. 网页　D. 演示文稿
65. 在 Word 2010 中，选定文本，按 Ctrl+B 快捷键之后，该文本变为（　　）。
A. 上标　B. 下划线　C. 斜体　D. 粗体
66. （　　）方式可以使段落中的每一行都能左右对齐。
A. 左对齐　B. 两端对齐　C. 居中对齐　D. 分散对齐
67. 在 Word 2010 中将段落的首行缩进两个字符，正确的操作是（　　）。
A. 移动水平标尺上的首行缩进游标
B. 选择"开始"→"样式"命令
C. 选择"开始"→"字体"命令
D. 以上都不是
68. 下列选项中，不能关闭 Word 的操作是（　　）.
A. 按 ALT+F4 快捷键
B. 单击 Word 窗口右上角的"关闭"命令
C. 单击"文件"→"保存"命令
D. 单击"文件"→"退出"命令
69. 在 Word 2010 中，"开始"功能区上的 B 图标的功能是（　　）。
A. 设置/取消编号　B. 设置/取消缩进
B. 设置/取消对齐　D. 设置/取消加粗
70. Word 2010 中，在（　　）视图方式下可以显示页眉与页脚。
A. 大纲　B. 草稿　C. 页面　D. Web 版式
71. 在 Word 2010 中，在（　　）功能区中设置字体格式。
A. 视图　B. 开始　C. 插入　D. 页面布局
72. 以下关于 Word 的叙述，正确的是（　　）。
A. 在 Word 中不能制作图表
B. Word 表格中没有计算功能
C. 利用 Word 也能制作网页
D. 不能在 Word 中绘图
73. 在 Word 2010 中，要打印文档，用户可以通过（　　）菜单下的打印命令来完成。
A. 开始　B. 文件　C. 插入　D. 引用
74. 下列关于 Word 2010 的叙述，正确的是（　　）。
A. 只可打印文档的选定部分
B. 不能创建自定义模版
C. 没有打印预览功能
D. 不能对艺术字设置字体大小
75. 在 Word 2010 中段落缩进后文本相对打印纸边界的距离等于（　　）。
A. 页边距　B. 缩进距离
C. 页边距+缩进距离　D. 以上都不是
76. Word 2010 打开文件的功能有（　　）。

A. 只能打开一个文件
B. 打开文件的数目取决于内存的大小
C. 一次可以打开多个文件
D. 可以打开任意类型的文件

77. Word 2010 的表格，不具有（　　）功能。
A. 计算　B. 排序　C. 记录筛选　D. 与文本互相转化

78. 在 Word 2010 中，在文档当前页底端插入注释，应该插入（　　）注释。
A. 脚注　B. 尾注　C. 脚．题注　D. 批注

79. 将选定的文字倾斜，可单击“开始”功能区上的（　　）图标。
A. B　B. *I*　C. U　D. X^2

80. 在 Word 2010 中，项目编号的作用是（　　）。
A. 为标题编号　B. 为段落编号　C. 为行编号　D. 以上都不正确

81. 在 Word 2010 中，选定文本，按 Cul+U 快捷键之后，则为该文本设置了（　　）。
A. 上标　B. 下划线　C. 斜体　D. 祖体

82. （　　）方式可以使段落中的除最后一行外的每行都能左右对齐。
A. 左对齐　B. 两端对齐　C. 居中对齐　D. 分散对齐

83. 在同一篇文档内，按住（　　）键再拖动文本，是复制操作。
A. Ctrl　B. Shift　C. Alt　D. Windows

84. Word 中设置的行间距中没有（　　）。
A. 单倍行距　B. 2 倍行距　C. 最大值　D. 最小值

85. Word 2010 中的格式刷的作用是（　　）。
A. 删除文字　B. 复制文字　C. 填充颜色　D. 进行格式复制

86. Word 2010 中，编辑文档最常用的视图方式是（　　）视图。
A. 大纲　B. 草稿　C. 页面　D. Web 板式

87. Word 2010 打印预览开始的地方是（　　）。
A. 插入点　B. 当前页　C. 文档开始处　D. 文档结尾处

88. 在 Word 文档的结束处插入注释，应选择插入（　　）命令。
A. 批注　B. 尾注　C. 脚注　D. 题注

89. Word 2010 窗口的状态栏不包括（　　）。
A. 显示比例　B. 视图按钮　C. 保存按钮　D. 字数统计

90. 若要选定 Word 2010 文档的某一段落，可将鼠标指针移到该段落，（　　）鼠标左键。
A. 一击　B. 双击　C. 三击　D. 四击

91. 在 Word 2010 中，按下（　　）键可实现分行不分段。
A. Enter　B. Alt+Enter　C. Ctrl+Enter　D. Shift+Enter

92. 在 Word 2010 中，执行“全选”命令后，（　　）。
A. 整个文档被选中
B. 插入点所在的段落被选中
C. 插入点所在的行被选中

D. 插入点至文档的首部被选中

93. Word 2010 可以打开多个文档，其中活动窗口最多可有（ ）个。

A. 1 B. 2 C. 3 D. 4

94. 关于 Word 艺术字叙述不正确的是（ ）。

A. 艺术字建立后，艺术字的文字内容可以更改

B. 艺术字建立后，艺术字的样式可以更改

C. 选定艺术字后可以自动出现“绘图工具-格式”功能区

D. 在草稿视图下也能显示艺术字

95. 下列关于尾注的叙述，正确的是（ ）。

A. 尾注显示在文档的底部

B. 尾注只能在批改文档时创建

C. 尾注建立后还可以修改

D. 尾注不可以被删除

96. 在 Word 文档中的字号有按号或磅值表示的，下面说法正确的是（ ）。

A. 四号大于三号 B. 15 磅大于 20 磅

C. 四号小于三号 D. 无法判断

97. 在 Word 中，单元格大小可以通过（ ）设定。

A. 表格属性-单元格 B. 表格属性-列

C. 表格属性-行 D. 表格属性-表格

98. 在 Word 中，如果要将已有的文件作为对象插入文档，则可以选择（ ）单选按钮。

A. 新建 B. 公式 C. 由文件创建 D. 模板

99. Word 中提供了中文繁简互相转换操作，它在（ ）功能区。

A. 引用 B. 页面布局 C. 审阅 D. 加载项

100. 邮件合并需要两个文档的（ ）。

A. 表格文档和邮件文档 B. 主文档和数据源文档

C. 邮件文档和数据源文档 D. 主文档和邮件文档

101. 在日常办公室事物处理中，经常会遇到把一些内容相同的公文、信件或通知发送给不同的地址、单位或个人。这可使用 Word 中的（ ）功能来解决。

A. 邮件合并 B. 邮件发送

C. 邮件转发 D. 邮件接收

102. 在 Word 中，将文本转换为表格，该文本的每行之间必须用一个符号断开，这个符号不是（ ）。

A. 分页符 B. 段落符 C. 制表符 D. 逗号

103. 如果要在 Word 2010 中插入艺术字，以下步骤正确的是（ ）。

A. 开始→艺术字 B. 插入→艺术字 C. 视图→艺术字 D. 引用→艺术字

104. 可以将 Word 文档保存为（ ）文件。

A. 数据库 B. 文本 C. 图片 D. 演示文稿

105. 将选定文字加粗，可单击“开始”功能区上的（ ）图标。

A. B　　B. I　　C. U　　D. C

106. 下列关于 Word 2010 表格叙述错误的是（　　）。

A. 各行的行高都必须相同　　B. 表格可以套用格式

C. 能调整列宽　　D. 每列的行数可以不一样

107. 在 Word 2010 文档编辑中，按（　　）键实现“插入”与“改写”状态的切换。

A. Delete　　B. Insert　　C. End　　D. Home

108. 下面关于 Word 2010 项目符号的叙述，错误的是（　　）。

A. 项目符号可以用 Delete 键删除

B. 项目符号可以用 Backspace 键删除

C. 项目符号只能自动产生

D. 自动产生的项目符号可以消除

109. 在使用 Word 2010 编辑文本时，为了把不相邻的两段文字互换位置，可以采用（　　）来操作。

A. 剪切　　B. 粘贴　　C. 复制+粘贴　　D. 剪切+粘贴

110. 下列关于“查找”的叙述，错误的是（　　）。

A. 可以区别字母大小写　　B. 可以查找特殊字符

C. 可以查找格式　　D. 不能区分全/半角

111. 在 Word 2010 的“字体”对话框中不能设置（　　）。

A. 字号　　B. 下划线　　C. 底纹　　D. 上、下标

112. 下列选项中，（　　）不属于 Word“页面设置”对话框所包含的设置。

A. 纸张方向　　B. 页码　　C. 页边距　　D. 装订线位置

113. 在 Word 2010 中，要实现“段中不分页”，应该通过（　　）来设置。

A.“段落”对话框中的“缩进和间距”选项卡

B.“段落”对话框中的“换行和分页”选项卡

C.“段落”对话框中的“其他”选项卡

D.“分隔符”对话框

114. Word 2010 表格中，表格线（　　）。

A. 不能手绘　　B. 不能擦除

C. 不能改变　　D. 可由用户指定线型

115. 在 Word 2010 中，“着重号”在（　　）对话框中设置。

A. 边框和底纹　　B. 背景　　C. 字体　　D. 段落

116. 在 Word 2010 文档中，每个段落都有自己的段落标记，段落标记的位置在(　　)。

A. 段落的首部　　B. 段落的尾处

C. 段落的中间位置　　D. 段落中，是用户找不到位置

117. 在 Word 2010 的编辑状态下，单击“粘贴”按钮，可将剪贴板上的内容粘贴到插入点，此时剪贴板上的内容（　　）。

A. 完全消失　　B. 回退到前一次剪切的内容

C. 不发生变化　　D. 是随机的，无法确定

118. 在 Word 2010 的编辑状态下，单击“剪切”按钮后，（　　）。

A. 被选定的内容将移到剪贴板上

B. 被选定的内容将移到插入点

C. 剪贴板上的内容将复制到插入点

D. 剪贴板上的内容将移动到插入点

119. Word 2010 编辑修改文档时，要在输入新的文字的同时替换原有文字，最简便的操作是（ ）。

A. 选定需替换的内容，直接输入新内容

B. 直接输入新内容

C. 按 Delete 键删除需替换的内容，再输入新内容

D. 无法同时实现

120. 在 Word 2010 的编辑状态，打开文档 A，修改后另存为了 B，则文档 A（ ）。

A. 被文档 B 覆盖　　B. 被修改未关闭

C. 被修改并关闭　　D. 未修改被关闭

121. Word 具有的功能是（ ）。

A. 表格处理　　B. 绘制图形　　C. 自动更正　　D. 以上三项都是

122. 在 Word 2010 中，用快捷键退出 Word 的最快方法是（ ）。

A. Alt+F4　　B. Alt+F5　　C. Ctrl+F4　　D. Alt+Shift

123. Word 2010 的“文件”选项卡下的“最近所用文件”选项所对应的文件是( )。

A. 当前被操作的文件

B. 当前已经打开的 Word 文件

C. 最近被操作过的 Word 文件

D. 扩展名是 . docx 的所有文件

124. Word 2010 中的文本替换功能所在的选项卡是（ ）。

A. 文件　　B. 开始　　C. 插入　　D. 页面布局

125. 在 Word 2010 的编辑状态下，文档窗口显示出水平标尺，拖动水平标尺上沿的“首行缩进”滑块，则（ ）。

A. 文档中各段落的首行起始位置都重新确定

B. 文档中被选择的各段落首行起始位置都重新确定

C. 文档中各行的起始位置都重新确定

D. 插入点所在行的起始位置被重新确定

126. 根据文件的扩展名，下列文件属于 Word 2010 文档的是（ ）。

A. rext. wav　　B. text. txt　　C. text. png　　D. text. docx

127. 在 2010 Word 中编辑文档时，为了使文档更清晰，可以对页眉页脚进行编辑，如输入时间、日期、页码、文字等，但要注意的是页眉页脚只允许在（ ）中使用。

A. 大纲视图　　B. 草稿视图　　C. 页面视图　　D. 以上都不对

128. 能够看到 Word 2010 文档的分栏效果的页面格式是（ ）视图。

A. 页面　　B. 草稿　　C. 大纲　　D. Web 版式

129. 在 2010 Word 中，各级标题层次分明的是（ ）。

A. 草稿视图　　B. Web 版式视图

C. 页面视图　　　　　　　　　　D. 大纲视图

130. 在 2010 Word 中“打开”文档的作用是（　　）。

A. 将指定的文档从外存中读入，并显示出来

B. 将指定的文档从内存中读入，并显示出来

C. 为指定的文档打开一个空白窗口

D. 显示并打印指定文档的内容

131. 在 2010 Word 的编辑状态，打开了一个文档编辑，再进行“保存”操作后，该文档（　　）。

A. 被保存在原文件夹下

B. 可以保存在已有的其他文件夹下

C. 可以保存在新建文件夹下

D. 保存后文档被关闭

132. 在 Word 2010 中，对文件 A. docx 进行修改后退出时（或直接按“关闭”按钮），Word 2010 会提问：“是否将更改保存到 A. docx 中”，如果希望保留原文件，将修改后的文件存为另一文件，应当选择（　　）。

A. 保存　　　　B. 不保存　　　　C. 取消　　　　D. 帮助

133. 在 Word 2010 中，欲删除刚输入的汉字“李”字，错误的操作是（　　）。

A. 选择“快速访问工具栏”中的“撤销”命令

B. 按 Ctrl+Z 键

C. 按 Backspace 键

D. 按 Delete 键

134. 在 Word 2010 窗口中，如果双击某行文字左端的空白处（此时鼠标指针将变为空心头状），可选择（　　）。

A. 一行　　　　B. 多行　　　　C. 一段　　　　D. 一页

135. 在 Word 2010 中，不选择文本，设置字体，则（　　）。

A. 不对任何文本起作用

B. 对全部文本起作用

C. 对当前文本起作用

D. 对插入点后新输入的文本起作用

二、填空题

1. Word 2010 窗口左上角的图标的功能是________。

2. Word 2010 中，段落的对其方式有左对齐、________、居中、________和分散对齐五种。

3. 在 Word 2010 中，标尺分为________和________两种。

4. 在 Word 2010 中，自动保存的默认时间间隔为________分钟。

5. Office 2010 系列软件中，________是功能强大的文字处理软件。

6. Word 2010 文档的扩展名是________。

7. 在 Word 2010 中，________位于水平滚动条的正下方，其中包括目前所在的页数、

总页数、字数等信息。

8. 在 Word 2010 中，在状态栏的右侧提供了________、阅读版式视图、________、Web 版式视图和草稿五种视图方式的切换按钮。

9. 在 Word 2010 中可以同时打开多个文档，每个文档对应一个窗口，实现文档窗口之间的切换可按________快捷键或按________快捷键。

10. 在输入文本时，可按________键使插入点到达下一个制表位位置。

11. Word 2010 的水印分文字水印和________水印两种。

12. 在 Word 中，要另起一行但又不想开始一个新段落，应按________快捷键。

13. 在 Word 中若要强制分页，按________快捷键，在插入点所在的位置就会插入分页符。

14. 在 Word 中，选定一个段落，可以________该段的左侧选定区域，或在段落中连续用鼠标________击。

15. ________就是由系统或用户定义并保存的一系列排版格式。

16. Word 2010 的编辑状态下，若要退出“全屏显示”方式，应使用的功能键是________。

17. 按________快捷键，选定整个文档的内容。

18. 若已打开 A. docx 文档，编辑修改之后，若要以 B. docx 保存且不覆盖 A. docx，应当选择的“文件”→“________”命令。

19. 在 Word 2010 中添加编号后，如果增加，移动或删除段落，编号会________。

20. 显示或隐藏标尺的方法是选择“视图”→“显示”→________命令。

21. 在 Word 中，能看到页眉，页脚，页边距，图文框，分栏的正确位置和内容的是________视图。

22. 编辑 Word 2010 表格时，执行一次“拆分表格”命令，可以将一个表格拆分成________。

23. 当在文档中输入错误的或不可识别的单词时，Word 会在该词下面用________色波浪线标记，对有语法错误的用________色波浪线标记。

24. 按________快捷键，保存 Word 文档。

25. Word 2010 中邮件合并需要________和________两个文件。

26. 按________快捷键，插入点移至文档的开始处；按________快捷键，插入点移至文档的结束处。

27. 在替换对话框中，如果不向“替换为”文本框中输入任何内容，单击“全部替换”按钮实现的操作为________。

28. Word 中的很多参数设置通过________对话框来完成。

29. 可以通过按键盘上的________键进行插入或改写状态的切换。

30. 矩形块文本选定方法是先按住________键再拖动鼠标至矩形块的对角。

31. 按________键，删除插入点右边字符，按________键，删除插入点左边字符。

32. 设置________对齐，则段落中的每一行都左 . 右两端对齐。

33. 在 Word 表格中移动插入点到下一单元格应按________键，按________使插入点向前一单元格移动。

34. Word 表格中最多可选择________个关键字进行排序。

35. 在 Word 中，执行“剪切”操作后，被剪切的内容临时存放在________中。

36. Word 2010 的________功能可以快速制作内容相同、样式相同、数据不同的一类文件。

37. Word 的________，可用来复制格式。

38. 如果一篇文档中，不同页的页面格式若不相同，就要使用________来控制。

39. Word 中的脚注和尾注在________功能区中。

40. 在________对话框中，主要设置纸张大小、页面边距、页眉页脚的位置等。

41. 要设置 Word 文档的页眉和页脚，可选择________功能区下的命令。

42. 在 Word 2010 中，选定连续的区域，应先按下________键。

43. 用户可以自己创建 Word 模板文档，模板文档的扩展名是________。

44. 在 Word 中要输入复杂的数学公式和数学符号，应调用“插入”功能区下的________命令来实现。

45. Word 文档编辑区中有一个闪烁的竖线，它是________。

46. 在 Word 2010 中，选定不连续的区域，应先按下________键。

47. 选定 Word 表格中的某个单元格，再执行“布局”→“删除”→“删除表格”命令，则删除了________。

48. 新建的 Word 文档有默认的格式，汉字字体是________，字号是________，对齐方式是________。

49. 如果要连续多次使用格式刷，应用鼠标________击格式刷按钮，刷完后，在用鼠标________击格式刷表示结束。

50. 在 Word 中，“复制”的快捷操作是按________快捷键，“剪切”的快捷操作是按________快捷键，“粘贴”的快捷操作是按________快捷键。

51. 按________快捷键，可以撤销编辑过程中上一步所做的操作。

52. 当插入点在 Word 表格的右下角那个单元格，按________键，将会增加一行。

53. Word 2010 的文本框文字分________和________两种。

54. 快速打开“文件”菜单，可以按________快捷键。

55. Word 2010 是美国________公司推出的产品。

56. 选择“文件”→“打印”命令，在________侧预览打印的效果。

57. Word 默认是以________标准模板中的页面格式来创建新文档的。

58. 在 Word 2010 文档中，选定一张图片后，系统会自动出现________选项卡。

59. Word 2010 中水平标尺上的小滑块分别是________、________、________、________等缩进。

60. 设置________对齐，则段落除最后一行外的其他行都左右两端对齐。

三、判断题

1. Word 2010 中，分栏排版只能进行等宽分栏。(　　)
2. Word 2010 中的脚注内容位于整个文档的末尾。(　　)
3. 在 Word 中脚注和批注之间是可以转换的。(　　)
4. 在 Word 中，脚注是在页面的顶部进行注释提示。(　　)

5. Microsoft Office 2003 中没有首字下沉功能，只有 Microsoft Office 2010 中才有。( )

6. 在 Word 2010 的“审阅”功能区可进行字数统计。( )

7. 在 Word 中，看其他收件人的信函，可单击“收件人”选项两旁的三角按钮浏览。( )

8. Alt+F4 快捷键也可以关闭 Word 窗口。( )

9. 按下“Ctrl+Shift+F10”快捷键可强制关闭 Word 窗口。( )

10. Word 中的复制和剪切操作必须经过剪贴板。( )

11. 边框和底纹对话框中，里面有四种选项：方框，全部，网格和自定义。( )

12. 在 Word 中，不能对长文档进行快速定位。( )

13. 表格的文字环绕的方式有两种。( )

14. 在 Word 中，“艺术字”可以对大小进行设置。( )

15. 自定义公式的大小是指设置公式中元素的相对大小。( )

16. Word 2010 中没有邮件合并功能。( )

17. 在 Word 中，表格不可拆分。( )

18. 在设置动态文字效果的时候不能预览动态文字效果。( )

19. 在 Word 中进行合并操作，应通过工具菜单的“邮件合并”功能来实现。( )

20. 邮件合并是通过合并表格和文档来实现的。( )

21. 不可以将一个视频文件插入到 Word 中。( )

22. Word 中的“邮件合并”选项在菜单栏中的工具选项中。( )

23. Microsoft Office Word 2010 不可以同时插入脚注和尾注。( )

24. 脚注位于页面的结尾处，而尾注位于节或文档的结尾处，两者不可以用于同一文档中。( )

25. Word 2010 只能建立图片水印。( )

26. 在 Word 中，表格属性中的对齐方式有左对齐，居中，右对齐三种方式。( )

27. 在 Word 中，一般的数学公式都可以通过“RegWiz”来调用。( )

28. 在 Word 中，“邮件合并收件人”对话框中的全选按钮可快速选定所有记录。( )

29. “页面边框”有三个选项卡：页面边框、底纹、边框。( )

30. 在 Word 查找中，可以使用通配符。( )

31. 通过邮件合并，可以批量创建套用的文档。( )

32. 在 Word 中，字符的纵向排列，选择“适应行宽”复选框，表示压缩并旋转选定文字。( )

33. 在 Word 2010 中新增了屏幕截图的功能。( )

34. 在 Word 中，替换的快捷键是 Ctrl+I。( )

35. 批注是添加文档注释或者注解。( )

36. 不可以通过 Word 来发送邮件。( )

37. 在 Word 中，可以通过“插入”→“图片”来插入一幅剪贴画。( )

38. 在 Word 中，默认的行间距是 0。( )

39. 为了制作外观漂亮的 Word 文档，应该适量使用边框和底纹。( )

40. Word 2010 提供了裁剪图片的功能。(　　)
41. 一个文档中的各页可以有不同的页眉和页脚。(　　)
42. Word 2010 中的格式刷可以复制文本。(　　)
43. 拖动图片上方绿色的圆圈，可以旋转图片。(　　)
44. 文档中插入的页码只能从第一页开始。(　　)
45. Word 的表格既能合并左右单元格，也能合并上下单元格。(　　)
46. Word 可以将文本转换为表格，但反过来是不允许的。(　　)
47. 在 Word 编辑时，按 Delete 键和 Backspace 键都可以删除文字。(　　)
48. 项目符号和编号只能由 Word 自动产生。(　　)
49. 在 Word 中，“初号”是可以使用的最大字号。(　　)
50. Word 2010 只能建立文字型水印。(　　)
51. 在 Word 中，替换、定位和查找是在一个选项卡上的。(　　)

四、简答题

1. Word 软件的主要功能有那些?
2. Word 97-2003 文档的扩展名是什么? Word 2010 文档的扩展名是什么?
3. Word 2010 中的对齐方式有哪几种?
4. 写出 Word 2010 段落的缩进方式及其功能。
5. 写出 Word 2010 中选定全文的三种方法。
6. Word 2010 中有哪几种视图?
7. 写出快速将插入点移到行首、行尾、文档首、文档尾的快捷键。
8. 写出 Word 2010 中文件保存与另存为的异同点。
9. 列出制作一个完美的 Word 文档需要进行哪些操作。
10. 写出 Word 2010 中用鼠标选定文本的方法。
11. 写出 Word 2010 中复制（移动）文本的三种方法。
12. Word 2010 中插入的图片的文字环绕方式有那些?

第 2 部分　参考答案及疑难解析

一、单项选择题

1. A	2. D	3. A	4. C	5. B	6. C	7. B	8. A	9. A
10. B	11. D	12. C	13. C	14. B	15. D	16. C	17. C	18. B
19. C	20. B	21. D	22. A	23. C	24. C	25. C	26. B	27. D
28. B	29. B	30. B	31. D	32. B	33. B	34. A	35. B	36. C
37. C	38. D	39. A	40. A	41. D	42. B	43. C	44. D	45. A
46. A	47. C	48. D	49. A	50. C	51. B	52. A	53. B	54. B
55. B	56. D	57. B，A	58. B	59. B	60. D	61. A	62. A	63. D
64. B	65. D	66. D	67. A	68. C	69. D	70. C	71. B	72. C

73. B	74. D	75. C	76. C	77. C	78. A	79. B	80. B	81. B
82. B	83. A	84. C	85. D	86. C	87. A	88. B	89. C	90. B
91. D	92. A	93. A	94. D	95. C	96. C	97. A	98. C	99. C
100. B	101. A	102. A	103. B	104. B	105. A	106. A	107. B	
108. C	109. D	110. D	111. C	112. B	113. B	114. D	115. C	
116. B	117. B	118. A	119. A	120. D	121. D	122. A	123. C	
124. A	125. B	126. D	127. C	128. A	129. D	130. A	131. A	
132. C	133. D	134. C	135. D					

二、填空题

1. 保存
2. 两端对齐，右对齐
3. 水平标尺，垂直标尺
4. 10
5. Word 2010
6. .docx
7. 状态栏
8. 页面视图，大纲视图
9. Alt+Tab，Alt+Esc
10. Tab
11. 图片
12. Shift+Enter
13. Ctrl+Enter
14. 双击，三击
15. 样式
16. Esc
17. Ctrl+A
18. 另存为
19. 自动更新
20. 标尺
21. 页面
22. 上，下两个独立表格
23. 红，绿
24. Ctrl+S
25. 主文档，数据源
26. Ctrl+Home，Ctrl+End
27. 删除所查到的内容
28. Word 选项
29. Insert
30. Alt
31. Delete，Backspace
32. 分散
33. Tab，Shift+Tab
34. 3
35. 剪贴板
36. 邮件合并
37. 格式刷
38. 分节
39. 引用
40. 页面设置
41. 插入
42. Shift
43. . dotx
44. 公式
45. 插入点
46. Ctrl
47. 选定表格
48. 宋体，五号，两端对齐
49. 双击，单击
50. Ctrl+C，Ctrl+X，Ctrl+V
51. Ctrl+Z
52. Enter
53. 横排，竖排
54. Ctrl+O
55. 微软
56. 右
57. Normal
58. 图片工具
59. 首行缩进，悬挂缩进，左缩进，右缩进
60. 两端

三、判断题

1. ×	2. ×	3. ×	4. ×
5. ×	6. ✓	7. ×	8. ✓
9. ✓	10. ×	11. ×	12. ×
13. ×	14. ✓	15. ✓	16. ×
17. ×	18. ×	19. ✓	20. ✓

21. ×	22. ✓	23. ×	24. ×
25. ×	26. ×	27. ×	28. ✓
29. ✓	30. ✓	31. ✓	32. ×
33. ✓	34. ×	35. ×	36. ×
37. ✓	38. ×	39. ✓	40. ✓
41. ✓	42. ×	43. ✓	44. ×
45. ✓	46. ×	47. ✓	48. ×
49. ×	50. ×	51. ✓	

四、简答题

1. Word是文字处理软件，它可以制作中、英文的表格、信件、文章，对其进行编辑、排版，做到图文混排、文表混排等。

2. .doc；.docx。

3. 两端对齐，左对齐，居中，右对齐，分散对齐。

4. 首行缩进：控制段落中第一行第一个字的起始位置；

悬挂缩进：控制段落中首行以外的其他行的起始位置；

左缩进：控制段落左边界缩进的位置；

右缩进：控制段落右边界缩进的位置。

5.（1）Ctrl+A。

（2）将鼠标指针移到文档左侧选区并三击鼠标。

（3）开始选区→编辑→选择→全选。

6. 页面，阅读版式，Web版式，大纲，草稿

7. Home，End，Ctrl+Home，Ctrl+End

8. 相同点：文档第一次保存，用保存和另存为没有区别，都弹出另存为对话框；

不同点：再次存盘时，保存不会弹出对话框，只在原保存位置用原文件名存盘。而另存为则再次弹出对话框，可选择新的保存位置输入新的文件名，也可原样保存。

9.

（1）输入文本；

（2）进行字符格式设置（字体、字号、字形）；

（3）进行段落格式设置；

（4）添加边框底纹等操作；

（5）进行分栏等；

（6）插入图片、剪贴画、艺术字等；

（7）存盘。

10.

（1）选定文本任意部分：鼠标移至选定文本的首部（或尾部），拖动鼠标至文本的尾部（或首部），然后松开鼠标；或将插入点移到文本的首部（或尾部），按住Shift键并单击文本的尾部（或首部）；

（2）选定一个字或词：鼠标双击某一字或词；

（3）选定一行：单击该行左侧的选定区域；

（4）选定多行：鼠标指针移动到行左侧的选定区域，向上、向下拖动；

（5）选定一个段落：双击该段落的左侧的选定区域，或在段落中连续三击鼠标；

（6）选定全部文档：鼠标指针移到左侧的选定区域，用鼠标三击；

（7）矩形块文本选定：将鼠标移至需要选择的某一矩形块的一角，按住 Alt 键的同时拖动鼠标至矩形块的对角；

（8）选定一句：按住 Ctrl 键并单击某句中的任意位置；

（9）不连续区域的选定：先选定第一个区域，按住 Ctrl 键并选定其他区域。

11.

（1）选定被复制（移动）的文本；键盘上按下 Ctrl+C（Ctrl+X）快捷键；将插入点移到要复制或移动的目标位置；按下 Ctrl+V 快捷键；

（2）选定被复制（移动）的文本；在选定文本上右击，在弹出的快捷菜单中选复制（剪切）；将插入点移到要复制或移动的目标位置；右击，在弹出的快捷菜单中选粘贴；

（3）选定被复制（移动）的文本；按下 Ctrl 键并将文本拖到目标位置，则为复制文本；直接拖动文本到目标位置，则为移动文本。

12.

嵌入型、四周型、紧密型、穿越型、上下型、衬于文字下方、浮于文字下方

第 3 部分　操　作　题

实验 1　Word 2010 基本操作

一、实验目的

1. 掌握 Word 2010 的启动和退出的方法。
2. 熟悉 Word 2010 的窗口界面。
3. 掌握文件的新建和打开。
4. 掌握文字的基本录入。
5. 掌握符号、特殊字符等的录入。
6. 掌握查找和替换。
7. 掌握字符格式的设置（包括字形、字体、字号、文字效果等）。
8. 掌握段落格式的设置（包括对齐、缩进、行间距、段间距、中文版式）。
9. 掌握边框和底纹的设置（包括页面边框、文字底纹边框、段落底纹边框）。
10. 掌握文件的保存方法，理解保存及另存为的区别。

二、实验内容

1. 启动 Word 2010，熟悉其窗口界面。
2. 切换 Word 2010 的五种视图方式，体会各视图间的差异。

3. 文档的新建、打开、保存。

(1) 新建一文档，命名为 WD1. docx，保存到 E:\计算机作业 文件夹中。

(2) 打开 E:\计算机作业\WD1. docx 文档。

4. 文档的录入与编辑。

(1) 在上述打开的文档中输入“样张 1”中文字，文中标点一律用中文标点、中文半角字符，并保存。

(2) 在第一行前插入一行，并输入“敦煌石堀隋唐塑像”作为文档标题。

(3) 将全文用“字数统计”功能统计该文总字符数（计空格）。

5. 文档的基本排版：字符（字体、字号、字形、文字修饰）、段落（对齐、段落缩进、行间距、段间距）。

(1) 在第一行前为文档添加标题行“敦煌石堀隋唐塑像”，字体为华文隶书、字号为小二、加粗、红色，对齐方式为居中；

(2) 正文第一段的字体为楷体，字号为四号；

(3) 正文首行缩进两个汉字；行间距为 30 磅；

(4) 设置段间距为段前一行，段后 0 行；

(5) 为第一段开头的“中国甘肃敦煌”加着重号，字体颜色设为红色；

(6) 用格式刷将第二段设成与第一段一样的格式；

(7) 设置最后一段的行间距为 2 倍行距；

(8) 在文档最后另起一段输入 X^4，CO_2。

6. 查找与替换：

(1) 查找出文档出现的“敦煌”字样；

(2) 查找出文档中所有的“堀”字，并将其全部替换为“窟”。

7. 文档中文字的选定：

(1) 用两种方法选中全文；

(2) 拖动选中第二行到第五行；

(3) 同时选中第一段和最后一段；

(4) 将鼠标移到文档左侧区域，分别单击鼠标、双击鼠标、三击鼠标，并观察结果；

(5) 用鼠标双击某词汇，观察结果；

(6) 单击第二行某处，按住 Shift 键后单击第六行某处，观察结果。

8. 文档的复制、移动、删除：

(1) 将正文第二段复制到前面，成为第一段；

(2) 将复制的第一段移动文档最后面，成为第三段；

(3) 删除第三段。

9. 边框和底纹：

(1) 为文档的最后一段文字添加深蓝色 1 磅实线边框；

(2) 为文档的第二段填充淡蓝色底纹；

(3) 为文档添加页面边框（可选艺术型）。

10. 插入符号与特殊字符：

(1) 在文档的最后插入特殊符号“☆※”等；

（2）在文档的最后插入数字符号“①❷”等。

11. 将操作结果另存为 E:\计算机作业\WD11. docx。

12. 退出 Word 2010。

【样张 1】

中国甘肃敦煌一带的石堀总称。包括敦煌莫高堀、西千佛洞、榆林堀、东千佛洞及肃北蒙古族自治县五个庙石堀等。有时也专指莫高堀。莫高堀在今甘肃省敦煌市中心东南 25 千米的鸣沙山东麓的断崖上，创建于前秦建元二年，历经北梁、北魏、北周、隋、唐、五代、宋、西夏、元等朝代相继凿建，到唐时已有 1000 余堀龛，经历代坍塌毁损，现存洞堀 492 个。保存着历代彩塑 2400 多尊，壁画 4.5 万余平方米，唐宋木构堀檐 5 座。洞堀最大者高 40 余米、30 米见方，最小者高不过几十厘米。堀外原有殿宇，有木构走廊与栈道相连。壁画有佛像和佛经故事、佛教史迹、神话等题材，构图精美，栩栩如生。造像均为泥制彩塑，分为单身像和群像。造型生动、神态各异，最大者高 33 米，最小者仅 0.1 米。壁画除佛教题材外还绘有出资建造石堀的供养人像和耕作、狩猎、捕鱼、婚丧、歌舞、杂技、旅行等生产、生活情景。

敦煌石堀始自十六国，至清代 1000 余年中不断修建，其塑像、壁画比较集中地反映了历代佛教艺术的发展，形成具有独特民族风格的敦煌石堀艺术体系。其中莫高堀被联合国教科文组织列为世界文化遗产。

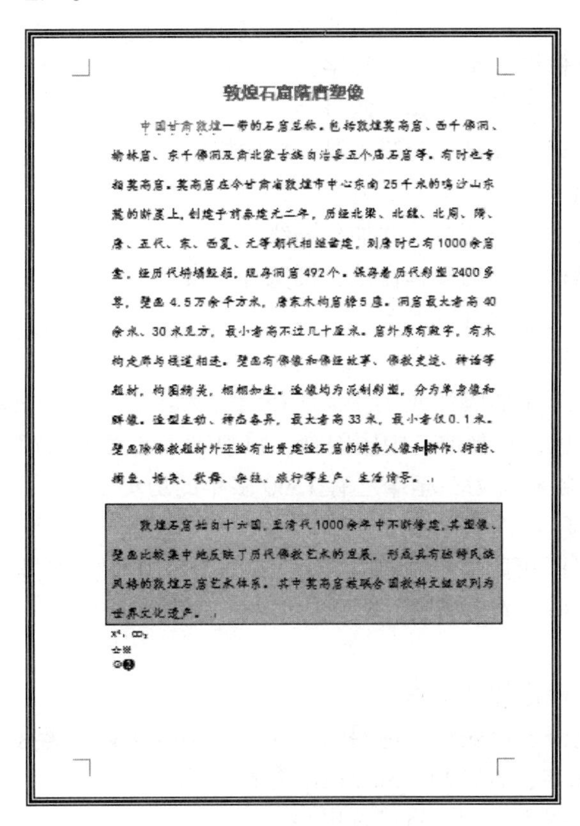

敦煌石窟隋唐塑像

中国甘肃敦煌一带的石窟总称。包括敦煌莫高窟、西千佛洞、榆林窟、东千佛洞及肃北蒙古族自治县五个庙石窟等。有时也专指莫高窟。莫高窟在今甘肃省敦煌市中心东南 25 千米的鸣沙山东麓的断崖上，创建于前秦建元二年，历经北梁、北魏、北周、隋、唐、五代、宋、西夏、元等朝代相继凿建，到唐时已有 1000 余窟龛，经历代坍塌毁损，现存洞窟 492 个。保存着历代彩塑 2400 多尊，壁画 4.5 万余平方米，唐宋木构窟檐 5 座。洞窟最大者高 40 余米、30 米见方，最小者高不过几十厘米。窟外原有殿宇，有木构走廊与栈道相连。壁画有佛像和佛经故事、佛教史迹、神话等题材，构图精美，栩栩如生。造像均为泥制彩塑，分为单身像和群像。造型生动、神态各异，最大者高 33 米，最小者仅 0.1 米。壁画除佛教题材外还绘有出资建造石窟的供养人像和耕作、狩猎、捕鱼、婚丧、歌舞、杂技、旅行等生产、生活情景。

敦煌石窟始自十六国，至清代 1000 余年中不断修建，其塑像、壁画比较集中地反映了历代佛教艺术的发展，形成具有独特民族风格的敦煌石窟艺术体系。其中莫高窟被联合国教科文组织列为世界文化遗产。

X^4、CO_2

①❷

图 3-1　实验 1 结果

实验 2 Word 2010 图文混排

一、实验目的

1. 掌握分栏的用法。
2. 掌握首字下沉。
3. 理解格式刷的使用。
4. 掌握页眉和页脚的使用方法。
5. 理解项目符号和编号的使用。
6. 掌握脚注、尾注的设置方法。
7. 正确进行页面设置。
8. 掌握图片、剪贴画、艺术字、文本框、形状、SmartArt 的插入和编辑。
9. 掌握脚注、尾注和批注的使用方法。

二、实验内容

输入“样张 2”中文字，文中标点一律用中文标点、中文半角字符，并保存为 E:\计算机作业\WD2. docx。

1. 格式刷的使用

（1）将标题文字字体设为黑体，二号字；

（2）将正文第一段文字设为楷体，四号字；

（3）使用格式刷将第二段设成与第一段一样的格式。

2. 分栏、首字下沉

（1）将正文第一段文字分两栏，并加分隔线；

（2）观察分栏对话框，深切理解栏数、栏宽等元素；

（3）将正文第二段文字做首字下沉。

3. 添加注释

为标题的“唐三彩”添加脚注或尾注，注释内容为：唐三彩是一种盛行于唐代的陶器，以黄、褐、绿为基本釉色，它吸取了中国国画、雕塑等工艺美术的特点，采用堆贴、刻画等形式的装饰图案，线条粗犷有力，至今已有 1300 多年的历史。

4. 添加页眉和页脚

（1）为文档添加页眉和页脚：页眉内容为“Word 2010 图文混排”，黑体，居中；

（2）页脚内容为页码，右对齐。

5. 文本框

（1）为正文最后一段添加文本框；

（2）为文本框填充淡紫色底纹，透明度为 30%，边框 1 磅，蓝色实线边框。

6. 插入图片、艺术字、剪贴画、SmartArt 图形、形状

（1）在正文中插入图片（图片自己选定）；

（2）设置图片高 5 厘米，宽 4 厘米；图片版式为四周型；

（3）将标题设为艺术字，并添加文本效果（自定）；

（4）插入剪贴画（见下图）；

提示：打开剪贴画任务窗格，搜索“季节”即可。

（5）插入 SmartArt 图形（见下图）；

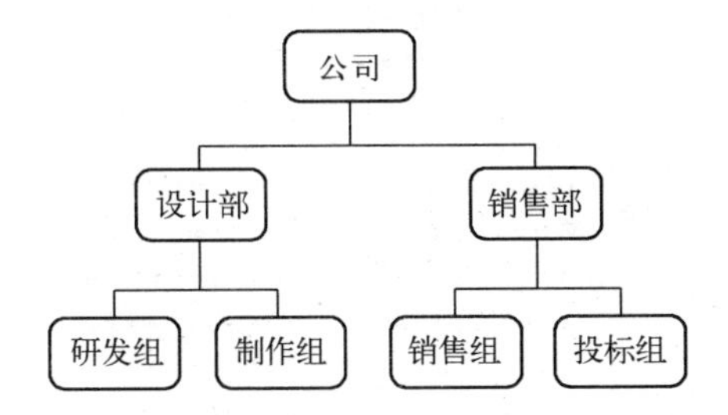

（6）画如下形状图；

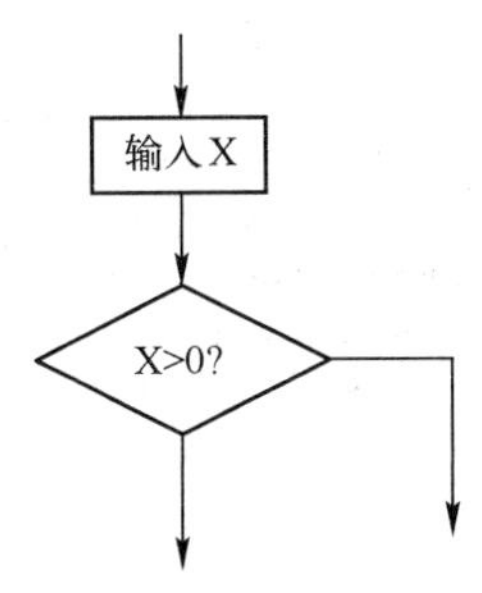

提示：选择“插入”→“形状”，所有形状输入后，选中所有形状，选择“绘图工具”→“格式”→“组合”，将所有形状组合成一个整体。

【样张 2】

唐三彩的历史

china 是一种低温釉陶器，出现并盛行于唐代，其烧成温度约在 800～900℃左右，所用胎料为白色黏土。虽是陶胎但质地细腻坚硬，器形规整。china 的釉色有绿、黄、蓝、白、褐等多种颜色，釉料成分是由铜、铁、钴等多种呈色金属的矿物质配制而成，并加入大量的铅来做助溶剂和增加釉色亮度，从而使釉料在受热过程中向四周晕散流动，各种颜色相互浸润，形成自然流畅、斑驳灿烂的彩色装饰，其风格十分的浓艳华丽。china 器物并非每件都是三种以上颜色，也有施一彩或两彩的情况，但都统称为 china。因 china 最早、最多出土于洛阳，亦有“洛阳 china”之称。

china 的生产已有 1300 多年的历史。它吸取了中国国画、雕塑等工艺美术的特点。china 制作工艺复杂，以经过精细加工的高岭土作为坯体，用含铜、铁、钴、锰、金等矿物作为釉料的着色剂，并在釉中加入适量的炼铅熔渣和铅灰作为助剂。先将素坯入窑焙烧，陶坯烧成后，再上釉彩，再次入窑烧至800℃左右而成。由于铅釉的流动性强，在烧制的过程中釉面向四周扩散流淌，各色釉互相浸润交融，形成自然而又斑驳绚丽的色彩，是一种具有中国独特风格的传统工艺品。

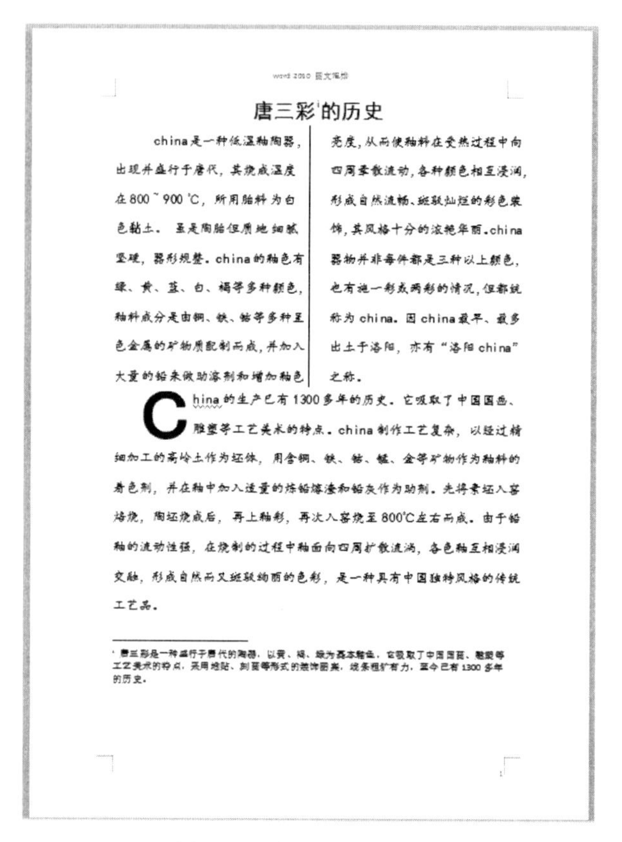
word 2010 图文混排

唐三彩[i]的历史

china是一种低温釉陶器，出现并盛行于唐代，其烧成温度在800~900℃，所用胎料为白色黏土。虽是陶胎但质地细腻坚硬，器形规整。china的釉色有绿、黄、蓝、白、褐等多种颜色，釉料成分是由铜、铁、钴等多种呈色金属的矿物质配制而成，并加入大量的铅来做助溶剂和增加釉色亮度，从而使釉料在受热过程中向四周垂散流动，各种颜色相互浸润，形成自然流畅、斑驳灿烂的彩色装饰，其风格十分的浓艳华丽。china器物并非每件都是三种以上颜色，也有施一彩或两彩的情况，但都统称为china。因china最早、最多出土于洛阳，亦有“洛阳china”之称。

China的生产已有1300多年的历史。它吸取了中国国画、雕塑等工艺美术的特点。china制作工艺复杂，以经过精细加工的高岭土作为坯体，用含铜、铁、钴、锰、金等矿物作为釉料的着色剂，并在釉中加入适量的炼铅熔渣和铅灰作为助剂。先将素坯入窑焙烧，陶坯烧成后，再上釉彩，再次入窑烧至800℃左右而成。由于铅釉的流动性强，在烧制的过程中釉面向四周扩散流淌，各色釉互相浸润交融，形成自然而又斑驳绚丽的色彩，是一种具有中国独特风格的传统工艺品。

[i] 唐三彩是一种盛行于唐代的陶器，以黄、褐、绿为基本釉色，它吸取了中国国画、雕塑等工艺美术的特点，采用堆贴、刻画等形式的装饰图案，线条粗犷有力，至今已有1300多年的历史。

图3-2　实验2部分结果

实验3　表格的建立和公式的输入

一、实验目的

1. 掌握表格的建立、编辑、排版。
2. 能够完成自动制表及手动制表。
3. 能够掌握在文档中输入数学公式。
4. 能够熟练使用公式编辑器。

二、实验内容

1. 表格的制作与排版

（1）新建一个文档，保存为E:\计算机作业\WDBG；

（2）在上述文档中插入表格1；

（3）表格标题设宋体、三号字，加粗；

(4) 表格内容设宋体、小四号字；第 3~6 列内容居中，其他左对齐；
(5) 将表格外边框设为双线；
(6) 为表格第一行加底纹，颜色自定；
(7) 在文档第二页输入表格 2；
(8) 表格标题设黑体、三号字；
(9) 表格内容自行填入，宋体、四号字；
(10) 表格内容中部居中；
(11) 在照片一格加黄色底纹；
(12) 在文档第三页插入一个 6 行 5 列的表格——表格 3；
(13) 将表格主题样式设为“中度样式强度 2”；
(14) 在表格 3 左上角单元格中绘制斜线；
(15) 保存文档。

【表格 1】

学生基本情况登记表

学号	姓名	性别	出生日期	籍贯	政治面貌	家庭住址
001	李明明	男	1989/3/12	山西省	团员	山西省太原市
002	李煜	男	1989/12/8	辽宁省	团员	辽宁省营口市
003	刘森	女	1989/9/11	北京市	群众	北京市朝阳区
004	孙庆伟	男	1990/6/18	山西省	团员	山西省大同市
005	付丽丽	女	1989/8/7	北京市	群众	北京市朝阳区
006	高云	女	1988/10/1	北京市	群众	北京市海淀区

【表格 2】

学生个人情况登记表

<table>
<tr><td>班级</td><td colspan="2"></td><td>姓名</td><td></td><td rowspan="3">照　片</td></tr>
<tr><td>性别</td><td colspan="2"></td><td>专业</td><td></td></tr>
<tr><td>所在学院</td><td colspan="2"></td><td></td><td></td></tr>
<tr><td rowspan="4">个人简历</td><td>起止年月</td><td colspan="4">何处从事何事项</td></tr>
<tr><td></td><td colspan="4"></td></tr>
<tr><td></td><td colspan="4"></td></tr>
<tr><td></td><td colspan="4"></td></tr>
<tr><td>备注</td><td colspan="5"></td></tr>
</table>

【表格 3】

2. 文字转换为表格

(1) 新建一个文档，保存为 E:\计算机作业\WDBG1；

(2) 输入以下文字，将以下文字转换为表格；

学号　　姓名　　性别　　成绩
19001　　赵飞扬　　男　　优秀
19002　　王黎黎　　女　　良好
19003　　陈迹永　　男　　中等
19004　　孙朝阳　　女　　及格

(3) 保存文档

3. 公式的输入和编辑

(1) 新建 Word 文档，完成后保存为 E:\计算机作业\WDGS。

(2) 输入如下公式：

$$f(x)=\int_{x}^{y+1} \mathrm{e}^{-x^2 y}\mathrm{d}x$$

$$y=\sqrt{x}+\frac{nx}{1!}+\frac{n(n-1)x^2}{2!}$$

$$y=\sum_{k=0}^{n}\left(\frac{n}{k}\right)x^k a^{n-k}+\int\limits_{0}^{1} f(x)\mathrm{d}x$$

$$S_m^n=\sqrt{\frac{3}{p}\int_a^b p^x(t)\mathrm{d}t}$$

$$\sum_{a}^{b}=\frac{\prod_{i=1}^{n}}{\sqrt{\iint n\Delta m^3}}$$

提示：选择“插入”→“公式”，打开公式编辑器。

实验 4　邮件合并

一、实验目的

1. 了解何种情况下可使用邮件合并。

2. 能够建立邮件合并所需的文档和数据源。
3. 掌握邮件合并的方法。

二、实验内容

（1）输入主文档

学生基本情况登记表

学号	姓名	性别	年龄	民族	学历	所学专业

保存为 E:\计算机作业\WDYJ1。选择“信函”文档类型，使用当前文档，以表格 4 为数据源，进行邮件合并，合并后保存于 E:\计算机作业\WDYJ 中，覆盖原文件。合并结果见【结果 1】。

【表格 4】

学号	姓名	性别	年龄	民族	学历	所学专业
51001	张瑞平	男	35	汉	本科	道路工程
51002	王丹	女	28	汉	硕士	道路工程
51003	李玉峰	男	30	满	硕士	汽车工程
51004	王力	男	39	汉	本科	工程管理
51005	周小燕	女	36	汉	本科	汽车工程

【结果 1】

学号	姓名	性别	年龄	民族	学历	所学专业
51001	张瑞平	男	35	汉	本科	道路工程

学号	姓名	性别	年龄	民族	学历	所学专业
51002	王丹	女	28	汉	硕士	道路工程

学号	姓名	性别	年龄	民族	学历	所学专业
51003	李玉峰	男	30	满	硕士	汽车工程

学号	姓名	性别	年龄	民族	学历	所学专业
51004	王力	男	39	汉	本科	工程管理

学号	姓名	性别	年龄	民族	学历	所学专业
51005	周小燕	女	36	汉	本科	汽车工程

（2）输入主文档

学生信息登记卡

编号：
姓名：
性别：
民族：
出生日期：
社会面貌：
所学专业：
户口所在地：
电子邮箱：

保存为 E:\计算机作业\WDYJ2。选择“信函”文档类型，使用当前文档，以表格 5 为数据源，进行邮件合并，合并后保存于 E:\计算机作业\WDYJ2 中，覆盖原文件。合并结果见【结果 2】。

【表格 5】

编号	姓名	性别	民族	出生日期	社会面貌	户口所在地	所学专业	电子邮箱
2007001	李明	男	汉族	1989/3/12	团员	山西省太原市	计算机专业	LiMing0312@ 263. net
2007002	李煜	男	满族	1989/12/8	团员	辽宁省营口	计算机专业	liyi1208@ sohu. com
2007003	刘森	女	汉族	1989/9/11	学生	北京市朝阳区	国际贸易	L. M@ hotmail. com
2007004	孙庆伟	男	汉族	1990/6/18	团员	山西省大同市	财会专业	SunQW@ 163. com
2007005	付丽丽	女	汉族	1989/8/7	学生	北京市朝阳区	财会专业	LiLi0807@ 371. net
2007006	高云	女	汉族	1988/10/1	学生	北京市海淀区	英语专业	gaoyun101@ sina. com

【结果 2】

学生信息登记卡
编号：2007001
姓名：李明
性别：男
民族：汉族
出生日期：1989/3/12
社会面貌：团员
所学专业：计算机专业
户口所在地：山西省太原市
电子邮箱：LiMing0312@ 263. net

学生信息登记卡
编号：2007002
姓名：李煜
性别：男

民族：满族
出生日期：1989/12/8
社会面貌：团员
所学专业：计算机专业
户口所在地：辽宁省营口
电子邮箱：liyi1208@ sohu. com

学生信息登记卡
编号：2007003
姓名：刘淼
性别：女
民族：汉族
出生日期：1989/9/11
社会面貌：学生
所学专业：国际贸易
户口所在地：北京市朝阳区
电子邮箱：L. M@ hotmail. com

学生信息登记卡
编号：2007004
姓名：孙庆伟
性别：男
民族：汉族
出生日期：1990/6/18
社会面貌：团员
所学专业：财会专业
户口所在地：山西省大同市
电子邮箱：SunQW@ 163. com

学生信息登记卡
编号：2007005
姓名：付丽丽
性别：女
民族：汉族
出生日期：1989/8/7
社会面貌：学生
所学专业：财会专业
户口所在地：北京市朝阳区

电子邮箱：LiLi0807@ 371. net

学生信息登记卡
编号：2007006
姓名：高云
性别：女
民族：汉族
出生日期：1988/10/1
社会面貌：学生
所学专业：英语专业
户口所在地：北京市海淀区
电子邮箱：gaoyun101@ sina. com

（3）输入主文档

书店图书报价单
书名： 出版社：
作者： 单价：

保存为 E:\计算机作业\WDYJ3。选择“信函”文档类型，使用当前文档，以表格 6 为数据源，进行邮件合并，合并后保存于 E:\计算机作业\WDYJ2 中，覆盖原文件。合并结果见【结果 3】。

【表格 6】

书名	出版社	作者	单价
计算机应用基础	航天工业出版社	王强	30
C 程序设计	清华大学出版社	谭浩强	32
Auto CAD 教程	内蒙古大学出版社	张晓	45
网络应用基础	电子工业出版社	李菲菲	38

【结果 3】

书店图书报价单
书名：计算机应用基础 出版社：航天工业出版社
作者：王强 单价：30
书店图书报价单
书名：C 程序设计 出版社：清华大学出版社
作者：谭浩强 单价：32
书店图书报价单
书名：Auto CAD 教程 出版社：内蒙古大学出版社
作者：张晓 单价：45
书店图书报价单
书名：网络应用基础 出版社：电子工业出版社
作者：李菲菲 单价：38

实验 5　Word 2010 编辑与排版强化练习

一、实验目的

1. 强化 Word 2010 编辑与排版操作。
2. 熟练掌握 Word 2010 编辑与排版的各项操作。
3. 做出完美的 Word 文档。

二、实验内容

1. 输入样张 3 内容，保存为 E:\计算机作业\WD3. docx；
2. 插入文字的标题——火球与地球的生命竞赛；
3. 将标题字体设为方正舒体、小一、对齐方式为居中，为其填充黄色底纹，应用于文字；
4. 将正文部分字体设置为幼圆、小四，设置固定行距 18 磅；
5. 查找中文档中所有的“火球”，全部替换为“火星”，“火星”的字体颜色为绿色；
6. 将正文第一段设置为两栏偏左格式；
7. 为正文第二段加边框，紫色，虚线，线宽 1 磅；
8. 在文档中插入图片（图片自己选定），设置图片的环绕方式为紧密型，图片的高度为 4，锁定图片的纵横比。
9. 为正文第一段文本“火星”插入尾注——火星是太阳系八大行星之一，是太阳系由内往外数的第四颗行星；
10. 在每个段落开始添加项目符号●；
11. 将项目符号改为编号 1，2，3…；
12. 去掉编号；
13. 第一段首字下沉；
14. 添加页眉“Word 编辑排版”，小四，右对齐；
15. 设置首行缩进、悬挂缩进、左缩进、右缩进；
16. 插入艺术字“沙漠行星”；
17. 添加页面边框：线型双线，3 磅，橙色；
18. 为正文最后一段添加文本框，为文本框填充淡亮天蓝色底纹，透明度为 40%，边框 1 磅，深蓝色实线边框；
19. 缩放文本框，并移动，观察文本框；
20. 操作结果见【结果 4】，保存文件。

【样张 3】

在那遥远的数千万公里之外，一颗红色的行星正在吸引着无数天文学家热情期盼的眼光，来自美国、欧洲和日本的数个探测器正在竞相奔向那颗神秘的星球。那就是火球——在地球运转轨道外侧的陪伴了我们亿万年的邻居。

火球与地球之间尽管相隔数千万公里的空旷空间，却与地球有着很多神秘的共同之处：它也是一颗固态的岩质行星，半径大约是地球的一半，但体积大约只有地球的 1/7；火球上也有两个白色皑皑的极冠，这两块区域冬季增大、夏季消融缩小，与地球极为相似。此外，火球上面也同样有高耸的山脉、幽深的峡谷、飘荡的白云、怒吼的风暴，它与地球一样也是四季分明，甚至一天也是 24 小时。因此，它被人们称为地球的“孪生兄弟”，与地球一起被认为是太阳系内生命可栖居区域。

仅仅在 100 多年前，人们还普遍相信火球上存在高级智慧生命，有关“火球上的运河”“火球人大战”“火球上的狮身人面像”等等的猜测与幻想很多年来一直不绝如缕。但人们对火球的了解越多，人们的失望也就越大。自从 20 世纪 60 年代以来，人类已向火球发射了 30 多个探测器，不仅没有找到智慧生命的踪迹，而且连最简单的微生物也没有找到。火球探测器带给我们的讯息是：火球是一个布满了大小石块的沙漠星球，其表面是一片荒凉、寒冷和死寂的世界，没有一丝生命的气息！

这颗与地球如此相似的星球为何最终没有像地球那样孕育出纷繁复杂的生命？在数十亿年前的早期，它有过生命活动的迹象吗？如果有，那么是什么原因使生命的进程被打断？更深层的问题是：在广阔的宇宙中，只要是与地球相似的星球，就必然会产生生命吗？如果真是这样，那么火球为什么给我们提供了一个反证？生命究竟是偶然还是必然？

【结果 4】

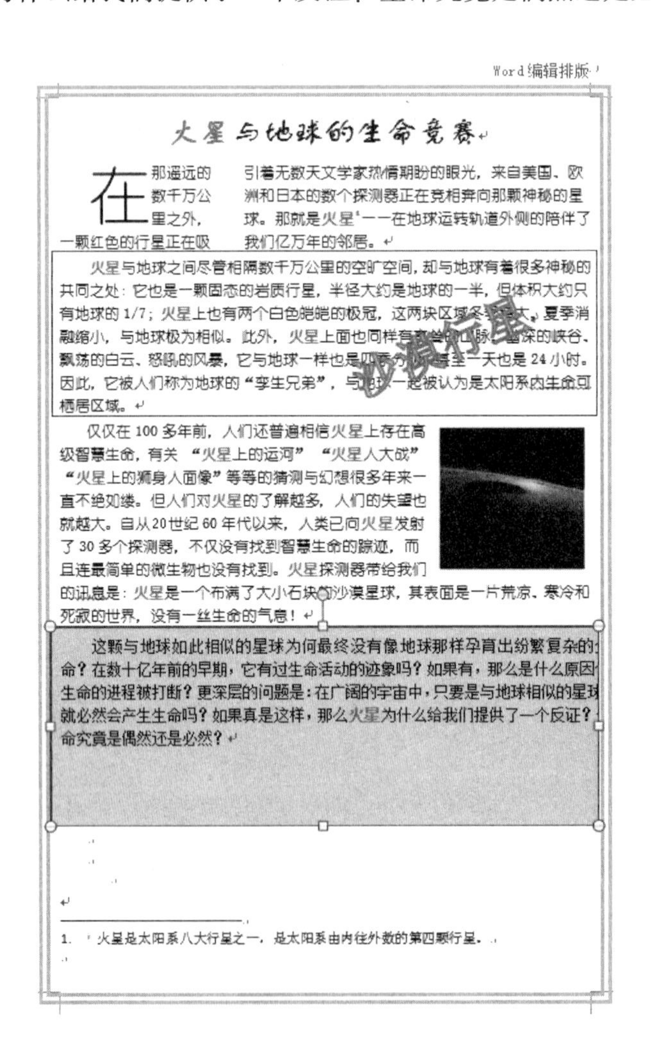
Word 编辑排版

火星与地球的生命竞赛

在那遥远的数千万公里之外，一颗红色的行星正在吸引着无数天文学家热情期盼的眼光，来自美国、欧洲和日本的数个探测器正在竞相奔向那颗神秘的星球。那就是火星[1]——在地球运转轨道外侧的陪伴了我们亿万年的邻居。

火星与地球之间尽管相隔数千万公里的空旷空间，却与地球有着很多神秘的共同之处：它也是一颗固态的岩质行星，半径大约是地球的一半，但体积大约只有地球的 1/7；火星上也有两个白色皑皑的极冠，这两块区域[illegible]大，夏季消融缩小，与地球极为相似。此外，火星上面也同样有[illegible]山脉、[illegible]深的峡谷、飘荡的白云、怒吼的风暴，它与地球一样也是[illegible]至一天也是 24 小时。因此，它被人们称为地球的“孪生兄弟”，与[illegible]一起被认为是太阳系内生命可栖居区域。

仅仅在 100 多年前，人们还普遍相信火星上存在高级智慧生命，有关“火星上的运河”“火星人大战”“火星上的狮身人面像”等等的猜测与幻想很多年来一直不绝如缕。但人们对火星的了解越多，人们的失望也就越大。自从20世纪 60 年代以来，人类已向火星发射了 30 多个探测器，不仅没有找到智慧生命的踪迹，而且连最简单的微生物也没有找到。火星探测器带给我们的讯息是：火星是一个布满了大小石块的沙漠星球，其表面是一片荒凉、寒冷和死寂的世界，没有一丝生命的气息！

这颗与地球如此相似的星球为何最终没有像地球那样孕育出纷繁复杂的生命？在数十亿年前的早期，它有过生命活动的迹象吗？如果有，那么是什么原因生命的进程被打断？更深层的问题是：在广阔的宇宙中，只要是与地球相似的星球就必然会产生生命吗？如果真是这样，那么火星为什么给我们提供了一个反证？命究竟是偶然还是必然？

1. 火星是太阳系八大行星之一，是太阳系由内往外数的第四颗行星。

第 4 章　电子表格软件 Excel 2010

第 1 部分　理　论　题

一、单选题

1. Excel 2010 文件默认的扩展名是（　　）。
   A. pptx　　B. docx　　C. xlsx　　D. tmpx
2. 一个 Excel 2010 工作簿是由若干个（　　）组成。
   A. 文件　　B. 表格　　C. 工作表　　D. 图表
3. 一个 Excel 2010 工作表由很多个（　　）组成。
   A. 公式　　B. 表格　　C. 单元格　　D. 图表
4. Excel 2010 中的工作表是由行和列组成的二维表格，表中的每一格称为（　　）。
   A. 窗口格　　B. 单元格　　C. 子格　　D. 表格
5. （　　）是 Excel 2010 有而 Word 2010 没有的栏目。
   A. 编辑栏　　B. 标题栏　　C. 状态栏　　D. 快速访问工具栏
6. 在 Excel 2010 中，若要重新命名某个工作表，可以采用（　　）。
   A. 单击该工作表标签　　B. 双击该工作表标签
   C. 单击表格标题行　　D. 双击表格标题行
7. 在一个工作表中同时选中了两个不连续的区域，会有（　　）个活动单元格。
   A. 3　　B. 1　　C. 没有限制　　D. 0
8. 新建一个 Excel 2010 工作簿后，该工作簿默认含有（　　）个工作表。
   A. 4　　B. 3　　C. 2　　D. 1
9. 新建的 Excel 2010 文件默认保存的位置是（　　）。
   A. 库/文档　　B. 收藏夹　　C. C 盘　　D. 没有规定
10. 打开 Excel 2010 文件，修改后再保存，会保存在（　　）。
    A. 库/文档　　B. 收藏夹　　C. C 盘　　D. 该文件原位置
11. 按（　　）快捷键，保存 Excel 2010 文件。
    A. Ctrl+X　　B. Ctrl+C　　C. Ctrl+V　　D. Ctrl+S
12. 在 Excel 2010 默认格式的单元格中输入数字，数字将自动（　　）。
    A. 右对齐　　B. 左对齐　　C. 居中对齐　　D. 跨列对齐
13. 当输入一个较长的数值时，减少单元格的列宽，数值可能显示成（　　）。
    A. $$$$　　B. ####　　C. &&&&　　D. 不改变
14. 在 Excel 2010 默认格式的单元格中输入“19/7/15”将显示成（　　）。
    A. 19/7/15　　B. 1　　C. #DIV　　D. 2019/7/15

15. 在 Excel 2010 默认格式的单元格中输入“19-4-22”将显示成（　　）。
A. 19-4-22　B. 2019/4/22　C. #DIV　D. 0
16. 按（　　）快捷键在同一单元格内换行。
A. Shift+Enter　B. Alt+ Enter　C. Tab+ Enter　D. Ctrl+ Enter
17. 选择连续的区域，应按（　　）键。
A. Ctrl　B. Alt　C. Shift　D. Tab
18. 选择不连续的区域，应按（　　）键。
A. Ctrl　B. Alt　C. Shift　D. Tab
19. 输入序列数据，鼠标指针指向选中单元格（　　）角，指针变成“+”状填充柄，再拖动。
A. 左上　B. 右上　C. 左下　D. 右下
20. 可以在（　　）中修改选定单元格中数据。
A. 标题栏　B. 工具栏　C. 编辑栏　D. 信息栏
21. 默认情况下，按 Tab 键向（　　）移动活动单元格。
A. 上　B. 下　C. 左　D. 右
22. 默认情况下，按 Enter 键向（　　）移动活动单元格。
A. 上　B. 下　C. 左　D. 右
23. 按（　　）快捷键，选定整个工作表中所有单元格。
A. Ctrl+A　B. Ctrl+S　C. Alt+A　D. Alt+S
24. 选中已有内容的单元格后，直接再输入新内容，则（　　）。
A. 无法输入　B. 新内容接在原有内容之后
C. 新内容替代原有内容　D. 新内容插入在原有内容之前
25. 用鼠标（　　）操作，可进入单元格修改其中内容。
A. 单击　B. 双击　C. 右击　D. 拖动
26. 下面关于 Excel 2010 选择叙述正确的是（　　）。
A. 只能选择连续的区域　B. 只能选择不连续的多行
C. 只能选择不连续的多列　D. 可以同时选择不连续的行、列、单元格
27. 复制操作中，目标单元格中有内容，采用 Ctrl+V 命令，则（　　）。
A. 无法复制
B. 复制内容接在目标单元格内容之后
C. 复制内容替换目标单元格内容
D. 复制内容插入在目标单元格内容之前
28. 下面关于 Excel 2010 删除单元格叙述正确的是（　　）。
A. 删除的单元格可以有右侧或下面的单元格补上
B. 单元格不能被删除
C. 被删除的单元格先进入回收站
D. 空单元格可以被删除，有公式的单元格不能被删除
29. 若要将 B168 单元格快速定位为活动单元格，应采用下面（　　）方法。
A. 在“查找和替换”对话框中输入“B168”

B. 移动光标键

C. 在名称框中输入“B168”

D. 在编辑栏中输入“B168”

30. 下面关于 Excel 2010 插入列的叙述，正确的是（　　）。

A. 没有插入列的操作

B. 1 次只能插入 1 列

C. 同时选择了 3 列，就可以一次插入 3 列

D. 插入的列是在所选择列的右边

31. 以下关于工作表叙述正确的是（　　）。

A. 工作表只能在同一工作簿内移动位置

B. 工作表删除后不能还原

C. 工作表不能重新命名

D. 一个工作簿中的工作表不能增加

32. 以下关于 Excel 2010 的叙述，错误的是（　　）。

A. 撤销的操作还可以恢复

B. 文件关闭后就不能撤销刚才的操作

C. 不能采用撤销操作恢复删除的工作表

D. 可以采用撤销操作恢复页面设置

33. 以下地址表示错误的是（　　）。

A. $D5　　B. Sheet1！B5　　C. A1：F4　　D. A2；F4

34. 计算 A1、A2、A3 单元格数值之和错误的公式是（　　）。

A. =A1+A2+A3　　B. Sum(A1,A2,A3)

C. ∑A1:A3　　D. Sum(A1:A3)

35. 计算 A1、A2、A3 单元格数值的平均值错误的公式是（　　）。

A. =(A1+A2+A3)/3　　B. =(A1,A2,A3)/3

C. =Average（Al：A3）　　D. Average（Al，A2，A3）

36. 表示 Sheet2 工作表中 D5 单元格的正确地址是（　　）。

A. Sheet2！D5　　B. Sheet2，D5

C. Sheet2：D5　　D. [Sheet2]D5

37. 表示“成绩”工作簿中“网络班”工作表中 E3 单元格的正确地址是（　　）。

A.《成绩》[网络班] E3　　B. [成绩] 网络班！E3

C. 成绩，网络班，E3　　D.“成绩”网络班：E3

38. 将 A1 单元格中公式“=C5”复制到 B2 单元格中，则 B2 单元格中公式是（　　）。

A. =D5　　B. =D6　　C. =C5　　D. =C6

39. 将 A1 单元格中公式“=$B$6”复制到 B2 单元格中，则 B2 单元格中公式是(　　)。

A. $B$5　　B. $B$6　　C. =$C$5　　D. =$C$6

40. A1、A2、A3、A4 单元格值分别是 1、6、5、0，在 A5 单元格中公式是“=Average(A1:A4)”，则 A5 值是（　　）。

A. 2　　B. 3　　C. 4　　D. 5

41. 在编写公式过程中出现错误，可以按（　　）键放弃。
   A. Tab　　B. Enter　　C. Del　　D. Esc
42. 下面关于 Excel 2010 图表的叙述，错误的是（　　）。
   A. 图表分嵌入式图表和独立图表
   B. 独立图表不与创建它的数据源相链接
   C. 嵌入式图表与创建它的数据源相链接
   D. 嵌入式图表与数据源在同一个工作表中
43. Excel 2010 的图表中，适用于表示一段时期内的数据值变化趋势的是（　　）。
   A. 柱形图　　B. 面积图　　C. 折线图　　D. 饼图
44. 下列关于 Excel 2010 排序叙述正确的是（　　）。
   A. 最多能按 3 个关键字段排序
   B. 只能从大到小排序
   C. 只能从小到大排序
   D. 既能按列排序，也能按行排序
45. 下列关于 Excel 2010 分类汇总叙述错误的是（　　）。
   A. 分类汇总就是将同类数据求总和
   B. 分类汇总前要进行排序
   C. 分类汇总其实还可以分类求平均
   D. 分类汇总后数据即可以展开，也可以折叠
46. 下列关于 Excel 2010 迷你图的叙述，正确的是（ ）。
   A. 迷你图建立后，不能删除
   B. 迷你图只能反映小数据
   C. 迷你图的类型只有三种
   D. 不能在有迷你图的单元格中输入数据

二、填空题

1. Excel 的主要功能是能够方便地制作________。
2. ________是指表格中行列交叉处的一个小方格，是填写数据的地方。
3. Excel 2010 单元格的地址一般通过指定其所在的________和________的位置来描述。
4. 一个 Excel 2010 文件就是一个________，扩展名为________。
5. 一个工作簿中最多可包含________个工作表，第一次启动 Excel 2010 时，系统默认的工作簿名为________。
6. Excel 2010 工作表名显示在工作区的左下角，默认是________加数字序号。
7. Excel 2010 将数据类型分为________、________、________和逻辑型等。
8. Excel 2010 名称框用于显示________的地址，________栏用于编辑和显示活动单元格的内容或公式。
9. Excel 2010 单元格地址用列和行组成，默认下，列标用________表示，行号用________表示。
10. 每个工作表中只能有________个活动单元格。

11. 按________快捷键保存 Excel 2010 文件

12. Excel 2010 中将数字字符输入成文本型，应在数字前加一个________符号。

13. Excel 2010 默认下，输完数据后按________键进入下一个单元格；按________键进入右边一个单元格。

14. 使用________快捷键，在 Excel 2010 单元格中输入当前系统时间。

15. 使用________快捷键，在 Excel 2010 单元格中输入当前系统日期。

16. 如果在 Excel 2010 单元格中输入“4/22”，则会自动转化成________。

17. 在 Excel 2010 同一单元格中强制换行，应输入________快捷键。

18. 按________键删除了 Excel 2010 单元格的内容，单元格所含________的仍然保留下来。

19. 区域“A1:B2,C4”，共包含了________个单元格。

20. 直接用鼠标________工作表标签，即可对工作表重新命名。

21. 用鼠标________ Excel 的格式刷按钮，可连续多次使用它。

22. Excel 2010 单元格地址引用有________、________、________三种方法。

23. Excel 2010 中，要在公式中引用某个单元格的数据时，应在公式中输入该单元格的________。

24. Excel 2010 中对指定区域（C1:C5）求和的函数公式是________。

25. Excel 2010 的公式均以________开头。

26. Excel 2010 求平均值函数是________，求最大值函数是________，求最小值函数是________，求计数的函数是________。

27. Excel 2010 图表分为________和________两种。

28. Excel 2010 默认下，在单元格内输入的数值型数据会自动________对齐，输入的文本型数据会自动________对齐。

29. 分类汇总是对同一类数据进行汇总处理，在分类汇总操作前，应对数据进行________。

30. 公式“=IF(4>3),"A","B")”的值是________。

三、判断题

1. Excel 2010 又称电子表格，所以不能在其中编排文字。(　　)

2. Excel 2010 工作簿是由多个工作表组成的。(　　)

3. 一个 Excel 2010 工作表就是一个 Excel 文件。(　　)

4. 在一个 Excel 2010 单元格中只能输入一行文字。(　　)

5. Excel 2010 的一个工作表只有 65 536 行，256 列。(　　)

6. 在 Excel 2010 一个单元格中，按 Alt+Enter 快捷键，强制换行输入。(　　)

7. 新建一个 Excel 2010 文件中会默认含有 3 张工作表。(　　)

8. 在 Excel 2010 中，单击“保存”命令后，工具栏上的“撤销”按钮就无效了。(　　)

9. 格式刷只能使用一次。(　　)

10. 复制绝对地址到目标位置后，所引用的地址不会发生变化。(　　)

11. 复制相对地址到目标位置后，所引用的地址不会发生变化。(　　)

12. Excel 2010 的公式均应以“=”开头。(　　)
13. 函数 MIN( )是求最大值。(　　)
14. Excel 2010 图表类型确定后就不能改变。(　　)
15. Excel 2010 提供了最多依据 3 个字段的排序方式。(　　)
16. Excel 2010 只能按列排序，不能按行排序。(　　)
17. 自动筛选就是从大量数据中筛选出符合条件的数据。(　　)
18. 在 Excel 2010 中设置数据有效性后，超过限制的数据将无法输入。(　　)

四、简答题

1. 简述 Excel 2010 的工作簿、工作表和单元格之间的关系。
2. 在 Excel 2010 中，对数据管理（数据库）有哪些常用管理操作?
3. Excel 2010 中，常见的函数有哪些（至少写出四种）?
4. 在 Excel 2010 中，单元格引用包括哪几种? 并用某一单元格地址表示具体引用的方法。

第 2 部分　参考答案及疑难解析

一、单项选择题

1. C　2. C　3. C　4. B　5. A　6. B　7. C　8. B　9. A　10. D
11. D　12. A　13. B　14. D　15. B　16. B　17. C　18. A　19. D　20. C
21. D　22. B　23. A　24. C　25. B　26. D　27. C　28. A　29. C　30. C
31. D　32. D　33. D　34. C　35. B　36. A　37. B　38. B　39. A　40. B
41. D　42. B　43. C　44. D　45. A　46. C

二、填空题

1. 电子表格　2. 单元格　3. 列，行　4. 工作簿，xlsx
5. 255，工作簿 1. xlsx　6. sheet　7. 数值型，文本型，日期时间型
8. 活动单元格，编辑　9. 英文字母，数字　10. 1
11. Ctrl+S　12. 单引号　13. 回车键（或 Enter），Tab 键或→
14. Ctrl+Shift+;　15. Ctrl+;　16. 4 月 22 日　17. Alt+回车键
18. Delete，格式　19. 5　20. 双击　21. 双击
22. 相对引用，绝对引用，混合引用　23. 地址　24. SUM(C1:C5)
25. =　26. AVERAGE，MAX，MIN，COUNT
27. 嵌入式图表，独立图表　28. 右，左　29. 排序　30. A

三、判断题

1. ×　2. √　3. ×　4. ×　5. ×　6. √　7. √　8. ×　9. ×
10. √　11. ×　12. √　13. ×　14. ×　15. ×　16. ×　17. √　18. √

四、简答题

1. 单元格指表格中行列交叉处的一个小方格，是填写数据的地方。工作表是由单元格组成，工作簿是一个 Excel 2010 文件，由多张工作表组成。

2. 在 Excel 2010 中，常用的数据管理操作有排序、筛选、分类汇总、数据透视表等。

3. SUM( )求和函数；AVERAGE( )求平均值函数；MAX( )求最大值函数；COUNT( )计数函数；IF( )条件判断函数等

4. 在 Excel 2010 中，单元格引用有三种：相对引用、绝对引用和混合引用。具体的表示方法举例如下。

相对引用：A5。

绝对引用：$A $5。

混合引用：$A5、A $5。

第 3 部分　操　作　题

实验 1　Excel 2010 表格制作（1）

一、实验目的

1. 掌握 Excel 2010 工作簿的建立。
2. 掌握 Excel 2010 工作簿的保存。
3. 掌握工作表中数据的输入方法。
4. 掌握单元格合并操作。
5. 掌握数据的编辑修改和填充柄的使用。
6. 掌握工作表中数据的各种格式化操作。

二、实验内容

1. 新建一个工作簿文件，在它的工作表 Sheet1 中建立内容如样张的“课程表”。

提示：输入批量数据时，建议不要采取单击编辑栏后再输入的方式，因为这样效率低，既费时又费力。可直接在单元格中输入数据，按 Enter 键或 Tab 键移动光标到下一行或下一列的单元格。

2. 在硬盘最后一个盘（如 F 盘）上新建一个以自己姓名命名的文件夹，将工作簿文件更名为“课程表 . xlsx”，然后保存在此文件夹中。

提示：选择“文件”→“保存”或“文件”→“另存为”命令，打开“另存为”对话框（注：新建文件首次保存时，也将打开“另存为”对话框），选择好“保存位置”后，在下方的“文件名”编辑框中输入“课程表”，在“保存类型”编辑框中选定“ Excel 工作簿”，单击“保存”按钮。

3. 单元格的合并。A1 到 G1、A2 到 B2 、A3 到 A4、A5 到 A6 合并单元格。

提示：选定区域 A1:G1，单击工具栏上的“合并并居中”按钮；同理操作 A2:B2，

A3:A4，A5:A6。

4. 改变数据的字体、字号、颜色、对齐方式等。

（1）“课程表”设置成隶书、20 号、加粗、黄色填充底色。

（2）按样张绘制斜线表头。

提示：在单元格内换行输入多行文字时，按 Alt+Enter 键换行。

（3）星期一到星期五用填充柄采用序列输入，字体设置为楷体、14 号、加粗、居中对齐。

（4）A3：G7 表格内容设置为楷体、14 号、居中对齐。

（5）第 3 行到第 7 行的行高设置为 25。

（6）第 C 列到第 G 列的列宽设置为 20。

（7）表格内框为黑色细实线，外边框及第 2、3 行间为黑色粗实线。经过以上格式化操作后样张如图 4-1 所示。

课程表						
星期 节次		星期一	星期二	星期三	星期四	星期五
上午	1-2节	高等数学	大学英语读写	程序设计基础	高等数学	大学英语听说
	3-4节	计算机应用基础	学科导论	计算机应用基础	程序设计基础	学科导论
午休						
下午	5-6节	体育	大学职业生涯规划	思想道德修养与法律	大学生心里健康	
	7-8节	军事理论				

图 4-1 课程表

实验 2 Excel 2010 表格制作（2）

一、实验目的

1. 掌握 Excel 2010 工作簿建立与保存。
2. 掌握 Excel 2010 工作表中数据的输入等基本操作。
3. 掌握数据有效性的设置。
4. 掌握单元格合并操作。
5. 掌握数据的编辑修改和填充柄的使用。
6. 掌握工作表中数据的各种格式化操作。

二、实验内容

1. 新建一个工作簿文件，在它的工作表 Sheet1 中建立内容如样张的“学生成绩表”。

提示：在 A5 中输入“182101001”（纯数字文本，其余学号的输入可利用填充柄）……输入后请认真观察数据有无变化，不同数据类型的对齐方式是什么。

2. 在硬盘最后一个盘（如 F 盘）上新建一个以自己姓名命名的文件夹（如果此文件夹已经存在不需要再新建），将工作簿文件更名为“学生成绩表 .xlsx”，然后保存在此文件夹中。

3. 单元格的合并。A1 到 E1、A2 到 E2 、A3 到 E3 合并单元格并居中。

提示：选定区域 A1:E1，单击工具栏上的“合并并居中”按钮；同理操作 A2:E2；A3:E3。

4. 改变数据的字体、字号、颜色、对齐方式、数据有效性等格式化。

（1）“学生成绩表”设置成黑体、16 号、加粗、橙色填充底色。

（2）“造价 21 班”设置为楷体、14 号、加粗。

（3）第 3 行内容设置为宋体、12 号、右对齐。

（4）设置 C5：E12 区域有效数据范围为 0～100，当输入不在该范围时，出现“请重新输入”的出错警告。

提示：选择“数据”→“数据工具”→“数据有效性”命令，打开“数据有效性”对话框，具体设置如图 4-2 所示。

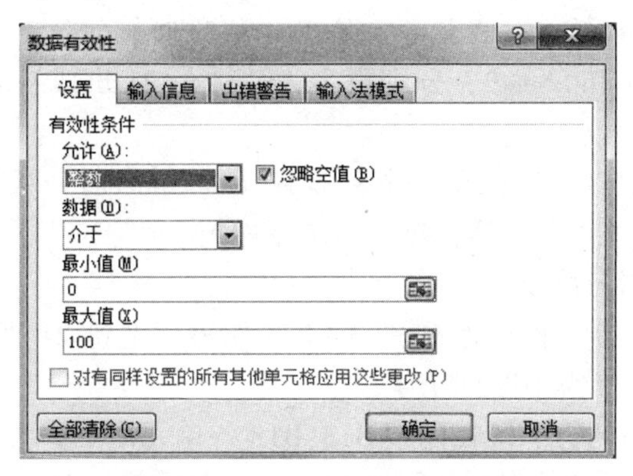

图 4-2　“数据有效性”对话框

（5）A4:E12 表格内容设置为宋体、12 号、居中对齐。

（6）表格的行高设置为 22，列宽设置为 10。

（7）表格内框设置为蓝色虚线，外边框为蓝色粗实线。经过以上格式化操作，结果样张如图 4-3 所示。

	A	B	C	D	E
1	学生成绩表				
2	造价21班				
3	制表日期：2018.7.20				
4	学号	姓名	数学	外语	计算机
5	182101001	王密	88	82	78
6	182101002	姚静	89	90	94
7	182101003	陈彬	85	79	72
8	182101004	李萍	89	71	62
9	182101005	李广辉	81	70	80
10	182101006	万彗	78	78	90
11	182101007	刘道明	80	55	75
12	182101008	刘雨青	84	76	90

图 4-3　学生成绩表

实验 3　Excel 2010 工作表、公式与函数

一、实验目的

1. 掌握工作表的插入、复制、移动、删除和重命名。
2. 掌握工作表数据的编辑与修改。
3. 掌握公式和常用函数的使用。

二、实验内容

1. 工作表的复制与重命名

(1) 打开实验 2 的“学生成绩表”文件，将工作表 Sheet1 的数据复制到 Sheet2 中。

提示：在 Sheet1 中选择其数据区域（即 A1:E12），按 Ctrl+C 键，或单击工具栏上的“复制”按钮；再单击 Sheet2 工作表标签，使用“粘贴”命令即可。

(2) 将工作表 Sheet1 和 Sheet2，分别更名为“造价 21 班成绩表”和“造价 21 班成绩分析表”。

提示：右击 Excel 主窗口下方的工作表标签（如 Sheet1），从弹出的快捷菜单中选择“重命名”命令，或双击工作表标签，输入新名字即可。

2. 工作表数据的编辑与修改

(1) 在工作表中增添新字段（新列）。即对工作表“造价 21 班成绩分析表”添加“总分”“平均分”“总评”“优秀率”四个字段。

(2) 为工作表添加新的行。即在区域 B13:B15 各单元格中依次添加各科成绩“最高分”“最低分”“平均分”“不及格人数”；合并 A13:A16 单元格，并输入“统计分析”。样张如图 4-4 所示。

	A	B	C	D	E	F	G	H	I
1	学生成绩表								
2	造价21班								
3	制表日期：2018.7.20								
4	学号	姓名	数学	外语	计算机	总分	平均分	总评	优秀率
5	182101001	王密	88	82	78				
6	182101002	姚静	89	90	94				
7	182101003	陈彬	85	79	72				
8	182101004	李萍	89	71	62				
9	182101005	李广辉	81	70	80				
10	182101006	万慧	78	78	90				
11	182101007	刘道明	80	55	75				
12	182101008	刘雨青	84	76	90				
13	统计分析	最高分							
14		最低分							
15		平均分							
16		不及格人数							

图 4-4　成绩分析表

3. 利用公式和函数进行计算

(1) 先计算每个学生的总分和平均分，再求出各科目的最高分、最低分和平均分。

提示：总分、平均分的计算可利用 Sum、Average 函数，也可直接输入计算公式；最高分、最低分和平均分计算使用 Max、Min、Average 函数。

（2）评出优秀学生，总分高于总分平均分的 10%者为优秀，在总评栏上填写“优秀”。

提示：总评使用 IF 函数，本题第一个学生的总评在 H5 单元格中插入 IF 函数，在对话框中输入函数参数，其余学生的总评通过填充柄方式实现。特别提醒：在使用 IF 函数计算总分高于总分平均分的 10%中，引用存放总分平均分单元格的地址必须是绝对地址引用，否则在使用填充柄对其他学生评价时将显示全部是优秀，为什么？请思考并分析其原因；在 Value if false 列表框应按空格键，表示不满足优秀条件的学生评价栏以空白显示，否则将显示 False。具体参数设置如图 4-5 所示。

（3）统计各科不及格人数，将结果显示在 C16:E16。

提示：在 C16 单元格中使用 COUNTIF 函数来统计个数。

（4）I5:I12 合并单元格并居中，并在此合并单元格内用公式或函数计算优秀率。

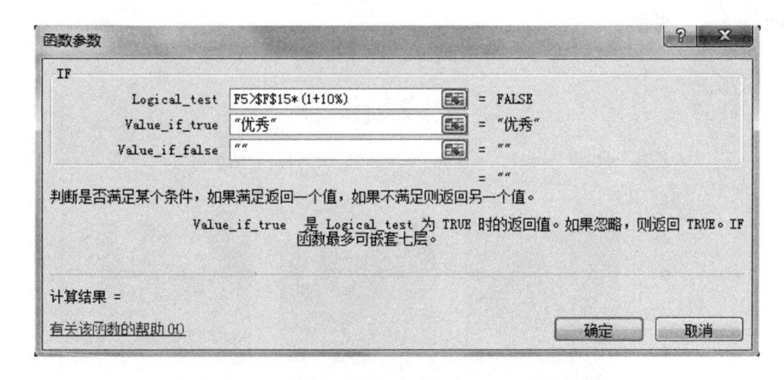

图 4-5　“IF 函数参数设置”对话框

提示：优秀率=总评为“优秀”的人数/总人数，可以输入“=COUNTIF(H5:H12,"优秀")/COUNT(F2:F11)”公式。

（5）平均分的小数位保留 2 位。

（6）采用条件格式，将 C5:E12 区域内小于 60 的数据用红色、加粗、倾斜标出来。

4. 工作表的复制、插入、删除与修改

（1）将“造价 21 班成绩分析表”中每个学生的姓名、各科成绩及总分（B4:F12）转置复制到 Sheet3 中。

提示：转置是指将表格转 90°，即行变列、列变行。实现的方法是选中要复制的表格区域进行复制，然后插入点定位到目标区起始单元格，选择“编辑”→“选择性粘贴”命令，在其对话框中选中“转置”复选框。

（2）在 Sheet3 工作表前插入一张工作表 Sheet4，将“造价 21 班成绩表”复制到 Sheet4 中 A1 起始的区域；Sheet3 复制到 Sheet4 中 A18 起始的区域。

删除 Sheet3 工作表。并将 Sheet4 工作表移动到最前面，成为第一张工作表。

提示：指向 Sheet3 表名，单击右键，从弹出的快捷菜单中选择“删除”命令；然后指向 Sheet4 表名，按住鼠标左键拖动到第一张表前即可。

（3）将工作簿“学生成绩表 . xlsx”另存为“学生成绩管理 . xlsx”。

实验 4　Excel 2010 的图表创建与编辑

一、实验目的

1. 熟悉各种图表的创建操作。
2. 掌握图表的编辑操作。
3. 掌握图表的格式化操作。

二、实验内容

1. 创建图表

（1）打开学生成绩管理 . xlsx，在“造价 21 班成绩分析表”上进行操作。

（2）选择单元格区域 B4:E12，插入簇状柱形图。切换行/列，设置如图 4-6 所示的图标标题、坐标轴标题、图例。

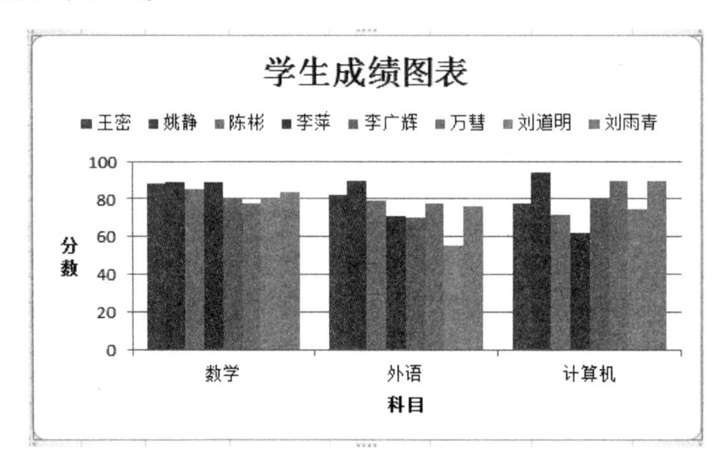

图 4-6　簇状柱形图表

提示：选择“插入”→“图表”中的“柱形图”→“簇状柱形图”命令；使用图表工具的布局和设计选项卡改变图表类型、切换行/列，添加图标标题，改变图例位置等操作。

2. 图表编辑

（1）将图表标题改为红色、隶书，20 号字。

（2）将图表类型改为簇状圆柱图。

（3）删除图表中代表“李萍”各科成绩的柱形。

（4）将图表中代表“李广辉”的柱形颜色改为橙色。

（5）给图表中代表“陈彬”各科成绩的柱形添加数据标签。

（6）设置图表区格式，按图 4-7 所示样式或自己喜好设置填充、边框颜色和样式、阴影、三维格式等格式。

3. 折线图

（1）以姓名和总分列数据为数据源创建一个带数据标记的折线图。

（2）图表标题为“班级总分折线图”，纵坐标轴标题为“分数”。

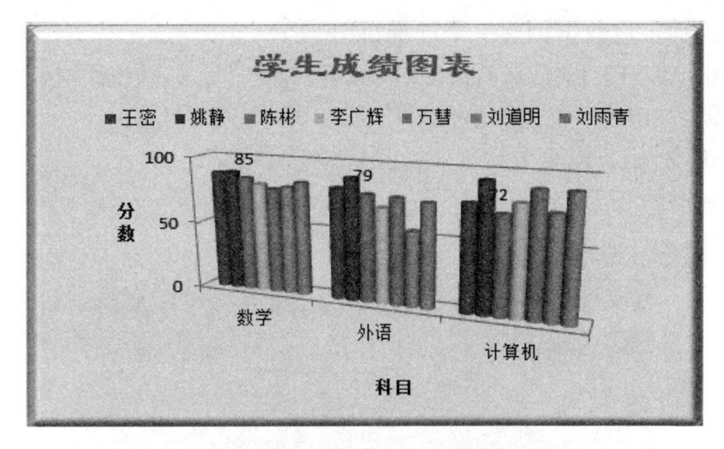

图 4-7　簇状圆柱形图表

（3）按图 4-8 所示样式或者自己喜欢对图表进行格式化操作。

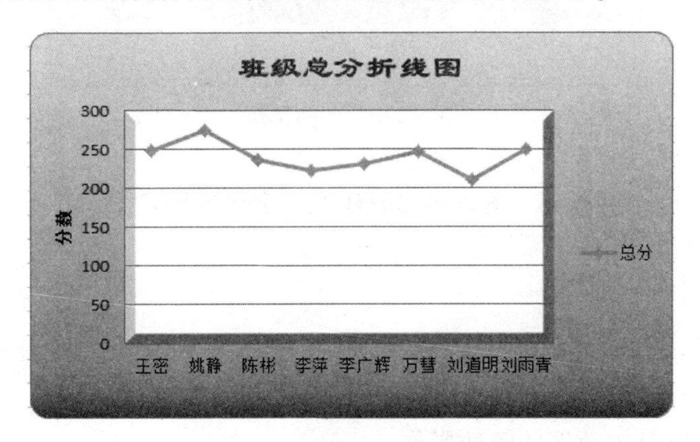

图 4-8　带数据标记的折线图

4. 饼图

（1）在 Excel 2010 中建立如图 4-9 所示的图书销售情况统计表。

	A	B	C	D	E	F
1	2018年某出版社图书销售情况统计表					
2						单位：万元
3	季度 分类	一季度	二季度	三季度	四季度	全年
4	文艺	83.23	90.49	88.98	99.13	361.83
5	经济	87.27	98.43	90.19	110.23	386.12
6	科技	78.56	75.14	87.59	124.57	365.86
7	外语	65.5	69.85	56.68	70.9	262.93
8	教材	35.17	28.97	54.34	40.6	159.08
9	儿童	100.79	82.35	56.45	97.75	337.34

图 4-9　图书销售情况统计表

（2）标题设置为黑体、14 号、合并后居中。

（3）表格外框设置为粗线，内部是细线。

（4）用公式计算全年的销售量。

(5) 用全年的销售量数据创建一个三维饼图。

提示：选中 A3:A9，F3:F9 区域的数据，再选择“插入”→“饼图”→“三维饼图”命令。

(6) 饼图标题“2018 年各类图书销售比例”，隶书、20 号字。

(7) 如图 4-10 所示，以百分比显示数据标签。

(8) 图例移到饼图底部。

(9) 按图 4-10 所示样张样式或自己喜好格式化图表。

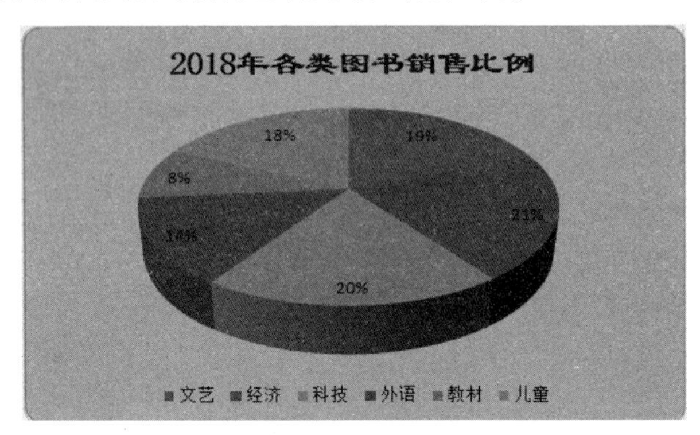

图 4-10 三维饼图

实验 5 Excel 2010 的数据分析与管理

一、实验目的

1. 熟练掌握公式和常用函数的使用。
2. 掌握 Excel 2010 中数据的排序操作。
3. 掌握 Excel 2010 中数据的筛选操作。
4. 掌握 Excel 2010 中数据的分类汇总操作。
5. 熟悉 Excel 2010 中数据透视表的建立方法。

二、实验内容

1. 新建表格

在 Excel 2010 中建立如 4-11 图所示的职工工资表。

	A	B	C	D	E	F	G	H	I	J	K
1	职工工资一览表										
2	姓名	性别	职称	基本工资	职务津贴	应发工资	住房公积金	养老保险	医疗保险	个人所得税	实发工资
3	王平	男	工程师	1800	3000						
4	杨青天	男	高级工程师	2300	5000						
5	田英	女	技术员	1300	2000						
6	张力	男	工程师	1800	3000						
7	王玉	女	高级工程师	2800	6000						
8	刘龙	男	技术员	1300	2000						
9	李艳	女	工程师	1600	2200						
10	蒋晓芳	女	技术员	1000	1800						
11	周文兰	女	高级工程师	3000	6500						
12	王忠勇	男	工程师	2000	3500						
13	李贵	男	技术员	1200	2500						
14	石乐海	男	工程师	1950	4000						

图 4-11 职工工资表

2. 输入数据

按如下要求用公式和函数输入空白数据。

（1）应发工资=基本工资+职务津贴。

（2）住房公积金=应发工资 * 12%。

（3）养老保险=应发工资 * 8%。

（4）医疗保险=应发工资 * 2%。

（5）个人所得税以 5000 元为起征点，即（应发工资-住房公积金-养老保险-医疗保险）大于 5000 部分，按多出部分的 3%扣除，保留 2 位小数。

提示：可以用 IF 函数实现。具体参数设置如图 4-12 所示。

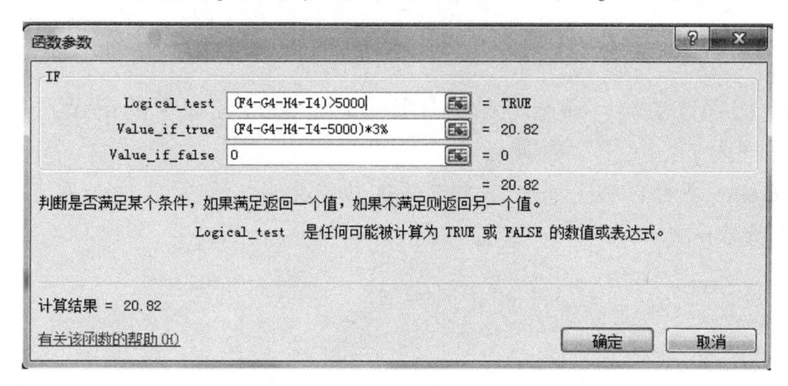

图 4-12　“IF 函数参数设置”对话框

（6）实发工资=应发工资-住房公积金-养老保险-医疗保险-个人所得税。具体结果如图 4-13 样张所示。

	A	B	C	D	E	F	G	H	I	J	K
1	职工工资一览表										
2	姓名	性别	职称	基本工资	职务津贴	应发工资	住房公积金	养老保险	医疗保险	个人所得税	实发工资
3	王平	男	工程师	1800	3000	4800	576	384	96	0	3744
4	杨青天	男	高级工程师	2300	5000	7300	876	584	146	20.82	5673.18
5	田英	女	技术员	1300	2000	3300	396	264	66	0	2574
6	张力	男	工程师	1800	3000	4800	576	384	96	0	3744
7	王玉	女	高级工程师	2800	6000	8800	1056	704	176	55.92	6808.08
8	刘龙	男	技术员	1300	2000	3300	396	264	66	0	2574
9	李艳	女	工程师	1600	2200	3800	456	304	76	0	2964
10	蒋晓芳	女	技术员	1000	1800	2800	336	224	56	0	2184
11	周文兰	女	高级工程师	3000	6500	9500	1140	760	190	72.3	7337.7
12	王忠勇	男	工程师	2000	3500	5500	660	440	110	0	4290
13	李贵	男	技术员	1200	2500	3700	444	296	74	0	2886
14	石乐海	男	工程师	1950	4000	5950	714	476	119	0	4641

图 4-13　公式和函数计算结果

3. 数据排序

将表中数据按“职称”降序排序，当职称相同时按“实发工资”升序排序。

4. 数据筛选

按如下要求完成筛选操作。

（1）利用自动筛选功能，筛选出高级工程师记录，结果如图 4-14 所示。

（2）利用自动筛选功能，筛选出实发工资在 5000~7000 的记录，结果如图 4-15 所示。

	A	B	C	D	E	F	G	H	I	J	K
1	职工工资一览表										
2	姓名	性别	职称	基本工	职务津贴	应发工资	住房公积	养老保险	医疗保险	个人所得税	实发工资
4	杨青天	男	高级工程师	2300	5000	7300	876	584	146	20.82	5673.18
7	王玉	女	高级工程师	2800	6000	8800	1056	704	176	55.92	6808.08
11	周文兰	女	高级工程师	3000	6500	9500	1140	760	190	72.3	7337.7

图 4-14 “职称为高级工程师”筛选结果

	A	B	C	D	E	F	G	H	I	J	K
1	职工工资一览表										
2	姓名	性别	职称	基本工	职务津贴	应发工资	住房公积	养老保险	医疗保险	个人所得税	实发工资
4	杨青天	男	高级工程师	2300	5000	7300	876	584	146	20.82	5673.18
7	王玉	女	高级工程师	2800	6000	8800	1056	704	176	55.92	6808.08

图 4-15 “实发工资在 5000~7000”的筛选结果

（3）利用高级筛选功能，筛选出女性中实发工资 6000 元以上的记录，并将结果显示在 A24 开始的单元格内。

提示：先要输入条件区域，再使用高级筛选功能完成。条件区域如图 4-16 所示，筛选结果如图 4-17 所示。

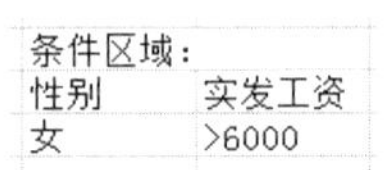

条件区域：	
性别	实发工资
女	>6000

图 4-16 条件区域

24	姓名	性别	职称	基本工资	职务津贴	应发工资	住房公积金	养老保险	医疗保险	个人所得税	实发工资
25	王玉	女	高级工程师	2800	6000	8800	1056	704	176	55.92	6808.08
26	周文兰	女	高级工程师	3000	6500	9500	1140	760	190	72.3	7337.7

图 4-17 高级筛选结果

5. 分类汇总

按如下要求完成分类汇总操作。

（1）按“性别”分类汇总求男、女职工人数。

提示：首先按“性别”排序，再选择“数据”选项卡中的“分类汇总”，具体设置如图 4-18 所示，结果如图 4-19 所示。

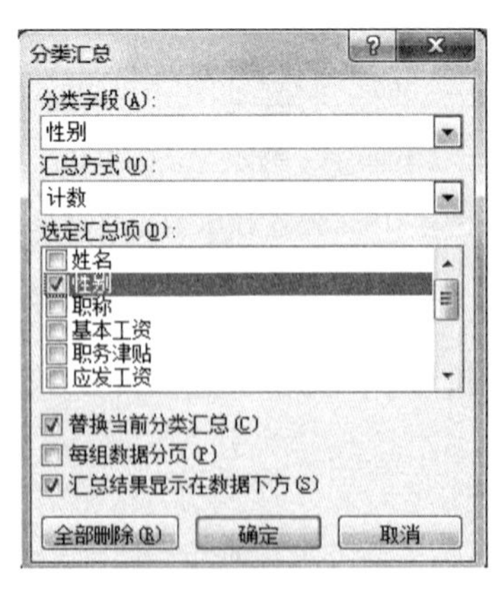

图 4-18 “分类汇总”对话框

	A	B	C	D	E	F	G	H	I	J	K
1	职工工资一览表										
2	姓名	性别	职称	基本工资	职务津贴	应发工资	住房公积金	养老保险	医疗保险	个人所得税	实发工资
3	王平	男	工程师	1800	3000	4800	576	384	96	0	3744
4	杨青天	男	高级工程师	2300	5000	7300	876	584	146	20.82	5673.18
5	张力	男	工程师	1800	3000	4800	576	384	96	0	3744
6	刘龙	男	技术员	1300	2000	3300	396	264	66	0	2574
7	王忠勇	男	工程师	2000	3500	5500	660	440	110	0	4290
8	李贵	男	技术员	1200	2500	3700	444	296	74	0	2886
9	石乐海	男	工程师	1950	4000	5950	714	476	119	0	4641
10	**男 计数**	7									
11	田英	女	技术员	1300	2000	3300	396	264	66	0	2574
12	王玉	女	高级工程师	2800	6000	8800	1056	704	176	55.92	6808.08
13	李艳	女	工程师	1600	2200	3800	456	304	76	0	2964
14	蒋晓芳	女	技术员	1000	1800	2800	336	224	56	0	2184
15	周文兰	女	高级工程师	3000	6500	9500	1140	760	190	72.3	7337.7
16	**女 计数**	5									
17	**总计数**	12									

图 4-19　按“性别”分类汇总结果

（2）取消分类汇总后，按“职称”分类汇总求应发工资、住房公积金、实发工资的平均值。设置如图 4-20 所示，汇总结果如图 4-21 所示。

6. 建立透视表

按如下要求建立数据透视表。

（1）分别统计不同职称的男女职工人数。

提示：“插入”选项卡→“数据透视表”，在弹出的“数据透视表”对话框中选择要分析数据区域和创建数据透视表的位置。然后在出现的数据透视表的字段列表中选择“行标签”字段、“列标签”字段、“数值统计”字段。具体结果如图 4-22 所示。

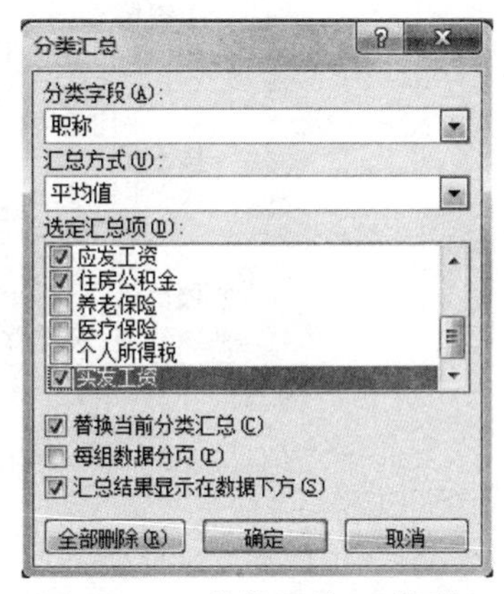

图 4-20　“分类汇总”对话框

（2）统计不同职称的男女职工的应发工资、医疗保险、实发工资的平均值，保留 2 位小数。

	A	B	C	D	E	F	G	H	I	J	K
1	职工工资一览表										
2	姓名	性别	职称	基本工资	职务津贴	应发工资	住房公积金	养老保险	医疗保险	个人所得税	实发工资
3	刘龙	男	技术员	1300	2000	3300	396	264	66	0	2574
4	李贵	男	技术员	1200	2500	3700	444	296	74	0	2886
5	田英	女	技术员	1300	2000	3300	396	264	66	0	2574
6	蒋晓芳	女	技术员	1000	1800	2800	336	224	56	0	2184
7			**技术员 平均值**			**3275**	**393**				**2554.5**
8	王平	男	工程师	1800	3000	4800	576	384	96	0	3744
9	张力	男	工程师	1800	3000	4800	576	384	96	0	3744
10	王忠勇	男	工程师	2000	3500	5500	660	440	110	0	4290
11	石乐海	男	工程师	1950	4000	5950	714	476	119	0	4641
12	李艳	女	工程师	1600	2200	3800	456	304	76	0	2964
13			**工程师 平均值**			**4970**	**596.4**				**3876.6**
14	杨青天	男	高级工程师	2300	5000	7300	876	584	146	20.82	5673.18
15	王玉	女	高级工程师	2800	6000	8800	1056	704	176	55.92	6808.08
16	周文兰	女	高级工程师	3000	6500	9500	1140	760	190	72.3	7337.7
17			**高级工程师 平均值**			**8533.3**	**1024**				**6606.3**
18			**总计平均值**			**5295.8**	**635.5**				**4118.3**

图 4-21　“按职称”分类汇总结果

19	计数项:姓名	列标签			
20	行标签	高级工程师	工程师	技术员	总计
21	男	1	4	2	7
22	女	2	1	2	5
23	**总计**	**3**	**5**	**4**	**12**

图 4-22 按要求建立的数据透视表 1

提示：数值统计字段如果是数值型，默认统计方式为求和，可以在数值统计字段上右击，在快捷菜单中选择“值字段设置”，打开“值字段设置”对话框，将汇总方式修改为“平均值”。具体结果如图 4-23 所示。

26		列标签		
27	行标签	男	女	总计
28	**高级工程师**			
29	平均值项:应发工资	7300.00	9150.00	8533.33
30	平均值项:医疗保险	146	183	170.67
31	平均值项:实发工资	5673.18	7072.89	6606.32
32	**工程师**			
33	平均值项:应发工资	5262.50	3800.00	4970.00
34	平均值项:医疗保险	105.25	76	99.4
35	平均值项:实发工资	4104.75	2964	3876.6
36	**技术员**			
37	平均值项:应发工资	3500.00	3050.00	3275.00
38	平均值项:医疗保险	70	61	65.5
39	平均值项:实发工资	2730	2379	2554.5
40	**平均值项:应发工资汇总**	**5050.00**	**5640.00**	**5295.83**
41	**平均值项:医疗保险汇总**	**101**	**112.8**	**105.92**
42	**平均值项:实发工资汇总**	**3936.03**	**4373.56**	**4118.33**

图 4-23 按要求建立的数据透视表 2

第 5 章　演示文稿软件 PowerPoint 2010

第 1 部分　理　论　题

一、单项选择题

1. PowerPoint 2010 是（　　）家族中的一员。
   A. Linux　　B. Windows　　C. Office　　D. Word
2. 下列（　　）方法不能启动 PowerPoint 2010。
   A. 鼠标左健双击桌面上的 PowerPoint 快捷图标
   B. 鼠标右键双击桌面上的 PowerPoint 快捷图标
   C. 鼠标左键双击 PowerPoint 文件
   D. 选择“开始”菜单上的“Microsoft Office PowerPoint 2010”命令
3. PowerPoint 2010 中新建文件的默认名称是（　　）。
   A. DOCl　　B. SHEETl　　C. 演示文稿 1　　D. BOOKl
4. PowerPoint 2010 演示文稿的默认扩展名是（　　）。
   A. PTTX　　B. XLSX　　C. PPTX　　D. DOCX
5. PowerPoint 2010 的主要功能是（　　）。
   A. 电子演示文稿　　B. 声音处理　　C. 图像处理　　D. 文字处理
6. 下列（　　）操作，不能退出 PowerPoint 2010 演示文稿窗口。
   A. 单击“文件”→“退出”命令　　B. 单击窗口右上角的“关闭”按钮
   C. 按 Alt+F4 快捷键　　D. 按 Esc 键
7. 扩展名为（　　）的文件，在没有安装 Powerpoint 2010 的系统中可直接放映。
   A. . pop　　B. . ppz　　C. . pps　　D. . ppt
8. 在 PowerPoint 2010 中，添加新幻灯片的快捷键是（　　）。
   A. Ctrl+M　　B. Ctrl+N　　C. Ctrl+O　　D. Ctrl+P
9. 下列视图中不属于 PowerPoint 2010 视图的是（　　）。
   A. 幻灯片视图　　B. 页面视图　　C. 大纲视图　　D. 备注页视图
10. （　　）视图是进入 PowerPoint 2010 后的默认视图。
    A. 幻灯片浏览　　B. 大纲　　C. 幻灯片　　D. 普通
11. PowerPoint 2010，若要在“幻灯片浏览”视图中选择多个幻灯片，应先按住（　　）键。
    A. Alt　　B. Ctrl　　C. F4　　D. Shift+F5
12. 在 PowerPoint 2010 中，要同时选择第 1，2，5 三张幻灯片，应该在（　　）视图下操作。

A. 普通　B. 大纲　C. 幻灯片浏览　D. 备注

13. 在 PowerPoint 2010 中，“文件”选项卡可创建（　）。

A. 新文件，打开文件　B. 图标

C. 页眉和页脚　D. 动画

14. 在 PowerPoint 2010 中，“插入”选项卡可以创建（　）。

A. 新文件、打开文件　B. 表、形状与图片

C. 文本左对齐　D. 动画

15. 以下关于修改母版的叙述，正确的是（　）。

A. 在幻灯片中即可修改

B. 进入母版编辑状态下修改

C. 在大纲窗格中修改

D. 在备注窗格中修改

16. 以下关于删除幻灯片的叙述，正确的是（　）。

A. 删除的幻灯片可以恢复

B. 不能同时删除多张幻灯片

C. 在大纲视图下不能删除幻灯片

D. 在放映时也能删除幻灯片

17. 插入的新幻灯片位于（　）。

A. 演示文稿的最后　B. 演示文稿的最开始

C. 当前灯灯片之前　D. 当前幻灯片之后

18. 在放映幻灯片时，以下（　）操作，不能切换到下一张幻灯片。

A. 按 Eeter 键　B. 按 PageDown 键

C. 按向下光标键　D. 按 Tab 键

19. 以下关于演示文稿的叙述，错误的是（　）。

A. 不可以向文稿中插入音乐

B. 可以在文稿中绘制图形

C. 可以同文稿中插入图像

D. 可以向文稿中插入表格

20. 下列关于幻灯片中文本框的叙述，错误的是（　）。

A. “垂直文本框”的含义是文本框高的尺寸比宽的尺寸大

B. 文本框的格式可设置

C. 复制文本框时，其中的文本一同被复制

D. 设置文术框的格式不影响其内的文本格式

21. 在 PowerPoint 2010 编辑状态下，采用鼠标拖动的方式进行复制操作，需要按（　）键。

A. Shift　B. Ctrl　C. Alt　D. Alt+Ctrl

22. PowerPoint 2010 的段落对话框中，不能设置（　）。

A. 段落对齐　B. 段落缩进

C. 行间距　D. 字间距

23. 显示或隐藏 PowerPoant 演示文稿“标尺”的操作是（　　）。

A. 选择“编辑”→“显示”→“标尺”命令

B. 选择“格式”→“显示”→“标尺”命令

C. 选择“视图”→“显示”→“标尺”合令

D. 选择“插入”→“显示”→“标尺”命令

24. 下列关于 PowerPoint 2010 母版的叙述，正确的是（　　）。

A. 系统提供了 5 种类型的母版

B. 用户可以自己新建母版

C. 修改模板的样式，将会影响所有基于该母版的幻灯片格式

D. 用户可以删除多余的母版

25. 在 PowerPoint 2010 中，“设计”选项卡可自定义演示文稿的（　　）。

A. 新文件、打开文件　　B. 表、形状与图标

C. 背景、主题设计和颜色　　D. 动画设计与页面设计

26. 在 PowerPoint 2010 中，“动画”选项卡可以对幻灯片上的（　　）进行设置。

A. 对象应用、更改与删除动画　　B. 表、形状与图标

C. 背景、主题设计和颜色　　D. 动画设计与页面设计

27. 在 PowerPoint 2010 中，“视图”选项卡可以查看幻灯片（　　）。

A. 母版、备注母版．幻灯片浏览　　B. 页号

C. 顺序　　D. 编号

28. 要进行幻灯片页面设置，主题选择，可以在（　　）选项卡中操作。

A. 开始　　B. 插入　　C. 视图　　D. 设计

29. 要对幻灯片母版进行设计和修改时，应在（　　）选项卡中操作。

A. 设计　　B. 审阅　　C. 插入　　D. 视图

30. 从当前幻灯片开始放映幻灯片的快捷键是（　　）。

A. Shift+F5　　B. Shift+F4　　C. Shift+F3　　D. Shift+F2

31. 从第一张幻灯片开始放映幻灯片的快捷键是（　　）。

A. F2　　B. F3　　C. F4　　D. F5

32. 要设置幻灯片中对象的动画效果时，应在（　　）选项卡中操作。

A. 切换　　B. 动画　　C. 设计　　D. 审阅

33. 要设置幻灯片的切换效果和切换方式时，应在（　　）选项卡中操作。

A. 开始　　B. 设计　　C. 切换　　D. 动画

34. 要对幻灯片进行保存、打开、新建、打印等操作时，应在（　　）选项卡中操作。

A. 文件　　B. 开始　　C. 设计　　D. 审阅

35. 要在幻灯片中插入表格、图片、艺术字、视频、音频等元素时，应在（　　）选项卡中操作。

A. 文件　　B. 开始　　C. 插入　　D. 设计

36. 要让 PowerPoint 2010 制作的演示文稿在 PowerPoint 2003 中放映，必须将演示文稿的保存类型设置为（　　）。

A. PowerPoint 2010 演示文稿（*.pptx）

B. PowerPoint 97-2010 演示文稿（*.ppt）

C. XPS 文档（*.xps）

D. Windows Media 视频（*.wmv）

37. 在 PowerPoint 2010 中，“审阅”选项卡可以检查（　　）。

A. 文件　　B. 动画　　C. 拼写　　D. 切换

38. 在状态栏中没有显示的是（　　）视图按钮。

A. 普通　　B. 幻灯片浏览　　C. 幻灯片放映　　D. 备注页

39. 按住（　　）键可以选择多张不连续的幻灯片。

A. Shift　　B. Ctrl　　C. Alt　　D. Ctrl+Shift

40. 按住鼠标左键，并拖动幻灯片到其他位置是进行幻灯片的（　　）操作。

A. 移动　　B. 复制　　C. 删除　　D. 插入

41. 光标位于幻灯片窗格中时，单击“开始”选项卡的“幻灯片”组中的“新建幻灯片”按钮，插入的新幻灯片位于（　　）。

A. 当前幻灯片之前　　B. 当前幻灯片之后

C. 文档的最前面　　D. 文档的最后面

42. 幻灯片的版式是由（　　）组成的。

A. 文本框　　B. 表格　　C. 图标　　D. 占位符

43. 如果打印片的第 1，3，4，5，7 张，则在“打印”对话框的“幻灯片”文本框中可以输入（　　）。

A. 1-3-4-5-7　　B. 1，3，4，5，7

C. 1-3，4，5-7　　D. 1-3，4 -5，7

44. 演示文稿与幻灯片的关系是（　　）。

A. 演示文稿和幻灯片是同一个对象

B. 幻灯片由若干个演示文稿

C. 演示文稿由若干个幻灯片组成

D. 演示文稿和幻灯片没有联系

45. 在应用了版式之后，幻灯片占位符（　　）。

A. 不能添加，也不能删除　　B. 不能添加，但可以删除

C. 可以添加，也可以删除　　D. 可以添加，但不能删除

46. 下列关于幻灯片放映的叙述，正确的是（　　）。

A. 可以改变幻灯片的放映顺序

B. 放映幻灯片必须从第 1 张开始

C. 放映时不能从下一张幻灯片回到上一张

D. 同一演示文稿不能设置多种放映方式

47. 如果要使某个幻灯片的格式与其母版不同，正确的方法是（　　）。

A. 是不可以的

B. 设置该幻灯片不能使用母版

C. 直接修改该幻灯片

D. 重新设置母版

48. 向演示文稿中插入特殊字符和符号时，选择（　　）。

A. “插入” → “符号” 命令

B. “视图” → “符号” 命令

C. “开始” → “符号” 命令

D. “设计” → “符号” 命令

49. （　　）不是演示文稿的母版。

A. 黑白母版　　B. 备注母版　　C. 幻灯片母版　　D. 讲义母版

50. 要修改幻灯片文本框内的内容，应该（　　）。

A. 首先删除文本框，然后再重新插入一个文本框

B. 选择该文本框中所要修改的内容，然后重新输入文字

C. 重新选择带有文本框的版式，然店再向文本框内输入文字

D. 用新插入的文本框覆盖原文本框

51. 以下关于 PowerPoint 的撤销操作叙述正确的是（　　）。

A. 不能对已做的操作进行撤销

B. 能对已做的操作进行撤销，也能恢复刚才的撤销

C. 能对已作的操作进行撤销，但不能恢复刚才的撤销

D. 以上都不对

52. 能看到幻灯片的动画效果的视图是（　　）。

A. 普通视图　　B. 幻灯片浏览视图

C. 幻灯片放映视图　　D. 都不对

53. PowerPoint 2010 中，给幻灯片插入动作按钮，可以使用插入功能区的（　　）命令。

A. 形状　　B. 图片　　C. 文本框　　D. 对象

54. 在幻灯片的“插入超链接”对话框中设置的超链接对象不允许是（　　）。

A. 下一张幻灯片　　B. 其他文件

C. 其他演示文稿　　D. 幻灯片中的对象

55. 有关演示文稿存盘描述，正确的是（　　）。

A. 选择“文件” → “保存” 命令，可将演示文稿存盘，但不退出编辑

B. 选择“文件” → “退出” 命令，可退出演示文稿，但不退出 PowerPoint 程序

C. 点击快速访向工具栏上的“保存”按钮，打开的所有演示文稿均保存

D. 选择“文件” → “关闭” 命令，则将演示文稿存盘并退出 PowerPoint 程序

56. 在（　　）下不能显示幻灯片中插入的图片对象。

A. 大纲视图　　B. 幻灯片浏览

C. 普通视图　　D. 幻灯片放映

57. 编辑幻灯片母版的命令位于（　　）功能区中。

A. 视图　　B. 开始　　C. 插入　　D. 切换

58. 下列关于幻灯片操作的叙述，正确的是（　　）。

A. 在大纲视图中可插入图表对象

B. 在幻灯片浏览视图中，单击可选择幻灯片中插入的对象

C. 利用“替换”功能可搜索与替换幻灯片中图片对象

D. 利用“替换”功能可搜索与替换幻灯片中文本对象

59. 在 PowerPoint 2010 中，可以（　　）。

A. 设置对象出现的先后次序

B. 设置同一文本框中不同段落的出现次序

C. 设置声音的循环播做

D. 以上都正确

60. 可按（　　）键，在播放过程中终止幻灯片的演示。

A. Delete　　B. Ctrl+E　　C. Shift+C　　D. Esc

61. 以下关于 PowerPoint 2010 的说法，错误的是（　　）。

A. 可以将演示文稿转成 PDF 文件

B. 可以将演示文稿打包

C. 可以将演示文稿另存为 Word 文档

D. 可以将演示文稿转化成 PowerPoint 2003 版本

62. 在 PowerPoint 2010 中打印演示文稿，以下（　　）不是必要的条件。

A. 连接打印机

B. 打印前进行幻灯片放映

C. 安装打印驱动程序

D. 设置打印机

63. 在 PowerPoint 中对母版进行背景配置，可以起到（　　）作用。

A. 统一整套幻灯片的背景

B. 统一标题的内容

C. 统一整套幻灯片的风格

D. 统一页码内容

64. 在 PowerPoint 中，下列不属于放映类型的是（　　）。

A. 演讲者放映　　B. 在展台浏览

C. 观众自行浏览　　D. 循环放映

65. PowerPoint 的动画中，没有的动画效果是（　　）。

A. 普通型　　B. 温和型　　C. 基本型　　D. 细微型

66. 在 PowerPoint 中，如果要从第二张幻灯片跳转到第八张幻灯片，应使用“幻灯片放映”菜单中的（　　）。

A. 自定义动画　　B. 预设动画　　C. 幻灯片切换　　D. 动作按钮

67. 在 PowerPoint 自定义动画中，可以设置（　　）。

A. 隐藏幻灯片　　B. 动画重复播放的次数

C. 动作　　D. 超链接

68. 在 PowerPoint 中，使用打印预览功能可以进行的操作，下面错误的是（　　）。

A. 幻灯片加框的处理　　B. 颜色灰度的调整

C. 页眉页脚的添加　　D. 页面亮度的调节

69. 在幻灯片母版中，在标题区或文本区添加各幻灯片都共有文本的方法是（　　）。

A. 使用模板　　B. 使用文本框

C. 单击直接输入　　D. 选择带有文本占位符的幻灯片版式

70. 在 PowerPoint 中，在“结果类型”框中可设置搜索目标的类型，其中不包括（　　）。

A. 历史　　B. 剪切画

C. 影片或声音　　D. 照片

二、填空题

1. PowerPoint 2010 生成的演示文稿的默认扩展名为________。

2. 在幻灯片正在放映时，按键盘上的 Esc 键，可________。

3. 保存 PowerPoint 2010 演示文稿，系统默认的文件夹为________。

4. 同一个演示文稿中的幻灯片，只能使用________个模板。

5. 在 PowerPoint 2010 中，标题栏显示________。

6. 在 PowerPoint 2010 中，快速访问工具栏默认情况下有________、________、________等三个按钮。

7. 要在 PowerPoint 2010 中设置动画，应在________选项卡中进行操作。

8. 要在 PowerPoint 2010 中显示标尺、网络线、参考线，以及对幻灯片母版进行修改，应在________选项卡中进行操作。

9. 要在 PowerPoint 2010 中使用拼写检查、语言翻译、中文简繁体转换等功能时，应在________选项卡中进行操作。

10. 在 PowerPoint 2010 中对幻灯片进行页面设置时，应在________选项卡中操作。

11. 要在 PowerPoint 2010 中设置幻灯片的切换效果及切换方式，应在________选项卡中进行。

12. 要在 PowerPoint 2010 中插入表格、图片、艺术字、视频、音频时，应在________选项卡中进行操作。

13. 在 PowerPoint 2010 中对幻灯片进行另存、新建、打印等操作时，应在________选项卡中进行操作。

14. 在 PowerPoint 2010 中对幻灯片放映条件进行设置时，应在________选项卡中进行操作。

15. 在 PowerPoint 2010 中，“开始”选项卡可以创建________。

16. 在 PowerPoint 2010 中，“开始”选项卡可以插入________。

17. 在 PowerPoint 2010 中，“插入”选项卡可将表、形状、________插入到演示文稿中。

18. 在 PowerPoint 2010 中，“设计”选项卡可自定义演示文稿的背景、主题、颜色和________。

19. PowerPoint 2010 提供了 6 种视图方式，包括________、________、________、________、________和________。

20. 在 PowerPoint 2010 中，新建第二张幻灯片时，可在“开始”选项功能区中，单击________。

21. ________是幻灯片窗格中带有虚线或影线标记边框，是为标题、文本、图标、剪贴画等内容预留的内容。

22. PowerPoint 2010 提供的模板可以快速创建演示文稿。设计模板定义了包括________、________和________等在内的设置。

23. PowerPoint 2010 新增的图形工具有几十套图形模板，利用这些图形模板可以设计出各式样的精美和专业________图形。

24. 和其他 Office2010 程序一样，PowerPoint 2010 的窗口也由__________、________、________和________等组成。

25. PowerPoint 2010 中，按________键开始放映当前幻灯片；按________键可以从第一张幻灯片开始放映。

26. 要选择多张不连续的幻灯片，在按住________键的同时，分别单击需要选择的幻灯片的缩略图即可。

27. 为了使 PowerPoint 2010 种编辑的演示文稿能在低版本的 PowerPoint 中打开，可以将演示文稿保存为"________"类型演示文稿。

28. PowerPoint 2010 是一种简单、方便、快速制作________的软件。

29. 在幻灯片中将插入点置于"大纲"选项卡，再按________键即可选取演示文稿中所有占位符中的文本。

30. PowerPoint 2010 提供了 3 种不同的放映方式，________、________和________，分别适用于不同的播放场合。

三、判断题

1. 幻灯片中除可以有文字和图片外，还可以有动画、声音和影片等信息。(　　)
2. 幻灯片的放映顺序一定是其编号的顺序。(　　)
3. 母版格式是系统自带的，用户不能修改。(　　)
4. 动画设置是指幻灯片上的图片、文字等内容在放映时出现的方式。(　　)
5. 在幻灯片中能设置超链接。(　　)
6. 在幻灯片中，如果出现小喇叭图形，则说明插入了声音文件。(　　)
7. 在一个演示文稿中可以有多张幻灯片。(　　)
8. 循环放映是指放映完最后一张幻灯片后，再从后向前逆序放映。(　　)
9. PowerPoint 的模板和母版是同一回事。(　　)
10. PowerPoint 的模板扩展名是 . potx. (　　)
11. 在幻灯片浏览视图下可以同时看到多张幻灯片。(　　)
12. PowerPoint 2010 不能打印大纲视图的内容。(　　)
13. 设置排练计时就是设置在放映时幻灯片自动切换的时间。(　　)
14. 不能隐藏幻灯片。(　　)
15. 幻灯片不能自定义放映。(　　)
16. 放映幻灯片，可按 F5 键。(　　)
17. 同一份演示文稿可以设置成多种放映方式。(　　)
18. 将幻灯片文档拖放到桌面"回收站"内，即是删除了该幻灯片文档。(　　)
19. 不能同时选定不相邻的幻灯片。(　　)
20. 一张幻灯片包含有多张演示文稿。(　　)

21. 在幻灯片浏览视图下可以修改幻灯片上的内容。(　　)

22. 在幻灯片放映视图下不可以修改幻灯片上的内容。(　　)

23. 在幻灯片放映视图下可以删除整张幻灯片。(　　)

24. 在幻灯片浏览视图下可以复制整张幻灯片。(　　)

25. 幻灯片切换是针对整张幻灯片的。(　　)

26. 在幻灯片中插入了声音文件，则出现小喇叭图形，该小喇叭在放映时不能隐藏。(　　)

27. 对幻灯片上的图片不能设置动画。(　　)

28. 在幻灯片上可以插入 SmartArt 图形。(　　)

29. 幻灯片上设置的动作按钮可改变幻灯片的播放顺序。(　　)

30. 在幻灯片上不能插入视频。(　　)

31. 在 PowerPoint 2010 中创建和编辑的单页文档称为幻灯片。(　　)

32. 在 PowerPoint 2010 中创建的一个文档就是一张幻灯片。(　　)

33. PowerPoint 2010 是 Windows 家族中的一员。(　　)

34. 设计制作电子演示文稿不是 PowerPoint 2010 的主要功能。(　　)

35. 幻灯片的复制、移动与删除一般是在普通视图下完成。(　　)

36. 当创建空白演示文稿时，可包含任何颜色。(　　)

37. 幻灯片浏览视图是进入 PowerPoin 2010 后的默认视图。(　　)

38. 在 PowerPoint 2010 中使用文本框，在空白幻灯片上即可输入文字。(　　)

39. 在 PowerPoint 2010 的“幻灯片浏览”视图中可以给一张幻灯片或几张幻灯片中的所有对象添加相同的动画效果。(　　)

40. PowerPoint 2010 幻灯片中可以处理的最大字号是初号。(　　)

41. 幻灯片的切换效果是在两张幻灯之间切换时发生的。(　　)

42. 母版以 . potx 为扩展名。(　　)

43. PowerPoint 2010 幻灯片中可以插入剪贴画、图片、声音、影片等信息。(　　)

44. PowerPoint 2010 具有动画功能，可使幻灯片中的各种对象以充满动感的形式展示在屏幕上。(　　)

45. 设计动画时，既可以在幻灯片内设计动画效果，也可以在幻灯片间没计动画效果。(　　)

46. 在 PowerPoint 2010 中，制作好的幻灯片可直接放映，也可以用打印机打印。(　　)

47. 在 PowerPoint 2010 中，插入幻灯片中的多媒体对象，不可对其设置控制播放方式。(　　)

48. 幻灯片放映范围中的“全部”是从第一张幻灯片开始，必须依次放映到最后一张为止。(　　)

49. PowerPoint 2010 可以直接打开 PowerPoint 2010 制作的演示文稿。(　　)

50. PowerPoint 2010 的功能区中的命令不能进行增加和删除。(　　)

51. PowerPoint 2010 的功能区包括决速访向工具栏、选项卡和工具组。(　　)

52. 在 PowerPoint 2010 的审阅选项卡可以进行拼写检查、语言翻译、中文简繁体转换等操作。(　　)

53. 在 PowerPoint 2010 的中，“动画刷”工具可以快速设置相同动画。(　　)

54. 在 PowerPoint 2010 的视图选项卡中，演示文稿视图有普通视图、幻灯片浏览、备注页和阅读视图四种模式。(　　)

55. 在 PowerPoint 2010 的设计选项卡中可以进行幻灯片页面设置、主题模板的选择和设计。(　　)

56. 在 PowerPoint 2010 中可以对插入的视频进行编辑。(　　)

57. “删除背景”工具是 PowerPoint 2010 中新增的图片编辑功能。(　　)

58. 在 PowerPoint 2010 中，可以将演示文稿保存为 Windows Media 视频格式。(　　)

59. 在 PowerPoint 2010 中，可以改变幻灯片的格式。(　　)

60. 改变母版中的信息，演示文稿中的所有幻灯片将做相应改变。(　　)

61. PowerPoint 2010 提供了自动保存功能。能实现每隔一段时间由系统自动保存正在编辑的演示文稿。(　　)

62. 在应用版式后，占位符不能再添加。(　　)

63. 在幻灯片中只能加入图片、图标和组织结构图等静态图像。(　　)

64. 启动 PowerPoint 2010 时，系统会自动创建一个默认名为 Book1 的空白演示文稿。(　　)

65. 要选择一组连续的幻灯片，可以先单击第一张幻灯片的缩略图，然后在按住 Ctrl 键的同时，单击最后一张幻灯片的缩略图，即可全部选中。(　　)

66. PowerPoint 2010 演示文稿的大纲由单一的标题构成，没有子标题。(　　)

67. 在 PowerPoint 中，对每张幻灯片都有一个专门用于输入演讲者备注的窗口。(　　)

68. 在 PowerPoint 2010 中可以利用“背景“窗格对背景色进行设置，更改幻灯片的颜色、图案等，但不能使用图片作为幻灯片的背景。(　　)

69. 将演示文稿打包并刻录成 CD 是 PowerPoint 2010 新增的功能之一。(　　)

70. 从幻灯片中删除影片，其操作步骤为：在幻灯片窗格中，打开要输入影片的幻灯片，选择要删除的影片按后 Delete 键即可。(　　)

71. 在幻灯片中按 Shfit+Enter 快捷键就可插入一张新的幻灯片。(　　)

72. 在幻灯片中可以将图片文件以链接的方式插入到演示文稿中。(　　)

四、多项选择题

1. 以下（　　）软件是 Office 2010 成员。
   A. Word 2010　　B. Excel 2010
   C. Access 2010　　D. PowerPoint 2010

2. 在 PowerPoint 演示文稿放映过程中，控制放映的方法有（　　）。
   A. 按光标键　　B. 鼠标右击　　C. 鼠标单击　　D. 按 Enter 键

3. 可以根据（　　）新建 PowerPoint 2010 演示文稿。
   A. 空白演示文稿　　B. 样本模板
   C. 现有的内容　　D. Office. Com 提供的模板

4. 以下（　　）不是 PowerPoint 2010 演示文稿的视图。
   A. 普通视图　　B. 页面视图　　C. 文档结构图　　D. Web 视图

5. 以下关于演示文稿放映的叙述，正确的是（　　）。
   A. 可以设置自动放映　　B. 可以设置人工放映
   C. 放映中途不能停止　　D. 放映只能从第一张幻灯片开始
6. 可以在幻灯片中插入（　　）。
   A. 表格　　B. 图表
   C. 艺术字　　D. 声音
7. 演示文稿母版种类有（　　）。
   A. 大纲母版　　B. 幻灯片母版
   C. 讲义母版　　D. 备注母版
8. 可以对幻灯片进行（　　）操作。
   A. 插入　　B. 删除
   C. 复制　　D. 重命名
9. 以下（　　）是幻灯片的切换方式。
   A. 百叶窗　　B. 擦除　　C. 棋盘　　D. 溶解
10. 以下（　　）是幻灯片的动画方式。
   A. 淡出　　B. 飞入　　C. 弹跳　　D. 缩放
11. 在 PowerPoint 中，对于幻灯片可以设置（　　）。
   A. 动画方案　　B. 设计模板　　C. 配色方案　　D. 版式
12. 在 PowerPoint 中，关于色彩应用，说法正确的是（　　）。
   A. 不要将所有颜色都用到，尽量控制在三种色彩以内
   B. 背景和前文对比尽量小，尽量不用花纹繁复的图案作背景
   C. 白色的主体是万能的风格
   D. 选定一种色彩，调整透明度或者饱和度，产生新的色彩

五、简答题

1. 在什么情况下选择使用幻灯片?
2. 在 PowerPoint 2010 幻灯片上可以输入哪些内容?
3. PowerPoint 97-2003 演示文稿的扩展名是什么? PowerPoint 2010 演示文稿的扩展名是什么?
4. 写出放映幻灯片的两种方法。
5. 写出演示文稿有哪些视图方式?
6. 在幻灯片浏览视图下可以对幻灯片进行哪些操作?
7. 制作一个完美的演示文稿要进行哪些操作?

第 2 部分　参考答案及疑难解析

一、单项选择题

1. C　2. B　3. C　4. C　5. A　6. D　7. C　8. A　9. B　10. D

11. B 12. C 13. A 14. B 15. B 16. A 17. D 18. D 19. A 20. A
21. B 22. D 23. C 24. C 25. C 26. A 27. A 28. D 29. D 30. A
31. D 32. B 33. C 34. A 35. C 36. B 37. C 38. D 39. B 40. A
41. B 42. D 43. B 44. C 45. B 46. A 47. C 48. A 49. A 50. B
51. B 52. C 53. A 54. D 55. A 56. A 57. A 58. D 59. D 60. D
61. C 62. B 63. A 64. C 65. A 66. D 67. C 68. D 69. B 70. A

二、填空题

1. . pptx 2. 结束放映 3. 我的文档
4. 1 5. 程序名及当前操作的文件名
6. 保存、撤销、恢复 7. 动画 8. 视图
9. 审阅 10. 设计 11. 切换
12. 插入 13. 文件 14. 幻灯片放映
15. 新文件 16. 新幻灯片 17. 页眉和页脚
18. 页面设计
19. 普通视图，幻灯片浏览视图，幻灯片放映视图，阅读视图，母版视图，演示者视图
20. “新建幻灯片”按钮
21. 占位符
22. 文本格式，背景颜色，项目符号
23. SmartArt
24. Office 按钮，快速访问工具栏，标题栏，功能区
25. Shfit+F5，F5
26. Ctrl
27. PowerPoint 97-2010
28. 演示文稿
29. Ctrl+A 快捷键
30. 演讲者放映（全屏幕），观众自行浏览（窗口），在展台浏览（全屏幕）

三、判断题

1. √ 2. × 3. × 4. √ 5. √ 6. √ 7. √ 8. ×
9. × 10. √ 11. √ 12. × 13. √ 14. × 15. × 16. √
17. √ 18. √ 19. × 20. × 21. × 22. √ 23. × 24. √
25. √ 26. × 27. × 28. √ 29. √ 30. × 31. √ 32. ×
33. × 34. × 35. × 36. × 37. × 38. √ 39. √ 40. ×
41. √ 42. × 43. √ 44. √ 45. √ 46. √ 47. × 48. √
49. √ 50. × 51. √ 52. √ 53. √ 54. √ 55. √ 56. √
57. √ 58. √ 59. √ 60. √ 61. √ 62. √ 63. × 64. ×
65. × 66. × 67. √ 68. × 69. × 70. √ 71. × 72. √

四、多项选择题

1. ABCD　2. ABCD　3. ABCD　4. BCD　5. AB　6. ABCD　7. BCD
8. ABC　9. ABCD　10. ABCD　11. ABCD　12. ACD

五、简答题

1. Powerpoint 2010 的主要功能是制作教学课件、产品演示、广告宣传等演示文稿，以幻灯片放映的形式将内容展现出来。如果用户在公开场合进行讲解、演讲、产品介绍、推介等需要时可选择使用幻灯片。

2. 文本、图片、表格、图表、音频、视频等。

3. . ppt，. pptx。

4. 按 F5 键，选择“幻灯片放映”→“从头开始（从当前幻灯片开始）”。

5. 普通、幻灯片浏览、备注页、阅读。

6. 选定、删除、复制、移动。

7. （1）向幻灯片中输入文本；
（2）设置幻灯片版式、背景等；
（3）设置文本的字号、字体、字形；
（4）设置项目符号、编号等；
（5）插入图片、剪贴画、艺术字等；
（6）插入声音、视频等；
（7）设置动画、动作按钮等；
（8）设置幻灯片切换。

第 3 部分　操　作　题

实验 1　幻灯片的制作 1

一、实验目的

1. 会创建新的演示文稿文档。
2. 会设置幻灯片的版式。
3. 学会对幻灯片上的文本进行格式设置。
4. 能够在幻灯片上插入图片、剪贴画、艺术字等。
5. 能够在幻灯片上添加项目符号、编号等。
6. 能够在幻灯片上插入音频、视频等内容。
7. 能够设置幻灯片的背景。

二、实验内容

1. 演示文稿的新建、打开和保存

（1）新建一个空白演示文稿文件，命名为 hdp1. pptx，保存到 E:\计算机作业文件夹中。

提示：该文件夹如不存在请先建立。

（2）打开 E:\计算机作业\ hdp1. pptx 演示文稿文件。

2. 插入新幻灯片

（1）利用鼠标在上述文档中插入第二张、第三张幻灯片。

（2）利用快捷键插入第四张、第五张幻灯片。

3. 设置幻灯片版式

（1）设置第 1 张幻灯片的版式为“标题幻灯片”；

（2）设置第 2 到第 5 张幻灯片的版式为“标题和内容”；

4. 设置幻灯片的背景

（1）为第 1 张幻灯片设置图片背景，图片自定，与所选题材有关，见图 5-1；

图 5-1 实验 1 第 1 张幻灯片

（2）为第 2 张幻灯片设置渐变填充背景，颜色自选，见图 5-2；

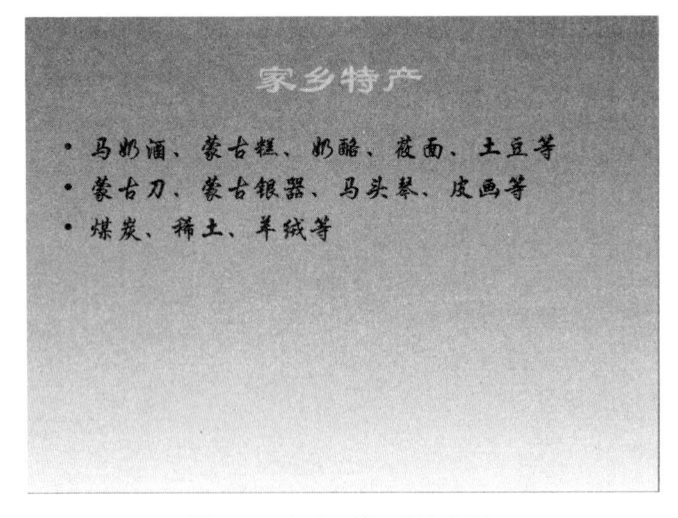

图 5-2 实验 1 第 2 张幻灯片

（3）为第 3 张幻灯片设置纹理填充背景，纹理样式为“沙滩”，见图 5-3；

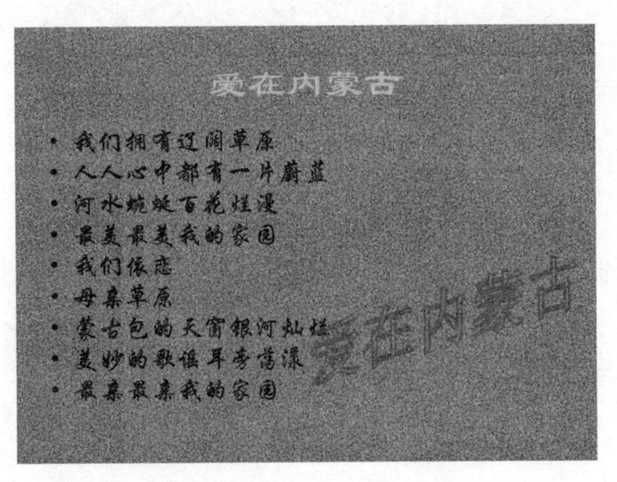

图 5-3　实验 1 第 3 张幻灯片

（4）为第 4 张幻灯片设置图案填充背景，前景色为绿色，见图 5-4。

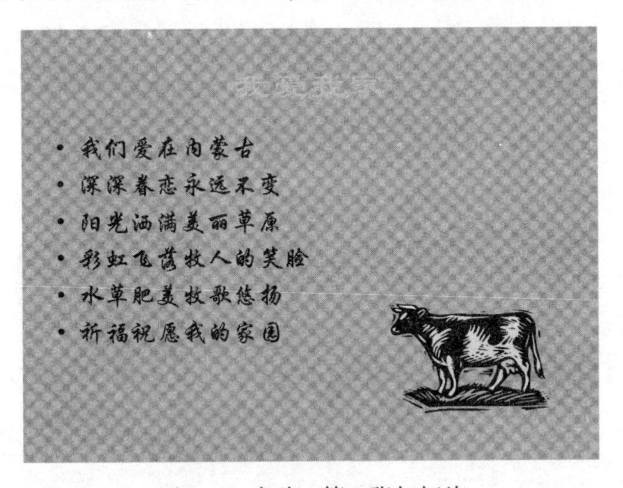

图 5-4　实验 1 第 4 张幻灯片

5. 文本编辑及格式设置

（1）幻灯片内容为介绍自己的家乡，文字内容可自行编辑，样张中文字内容可作为提示；

（2）为第一张幻灯片录入标题“我的家乡”，设置字体为隶书、96、加粗、红色、分散对齐；副标题“内蒙古”，设置字体为隶书、60、加粗、红色、右对齐，见图 5-1；

（3）在第二张至第五张幻灯片中输入与“我的家乡”有关的内容，见图 5-2～图 5-5；

（4）第二张至第五张标题字体均设置为隶书，48 磅、金色（RGB：255，204，0）；文本部分字体均设置为华文行楷、32 磅，见图 5-2～图 5-5。

6. 插入图片、剪贴画、艺术字

（1）在第三张幻灯片中插入艺术字“爱在内蒙古”，见图 5-3；

（2）在第四张幻灯片中插入剪贴画，见图 5-4；

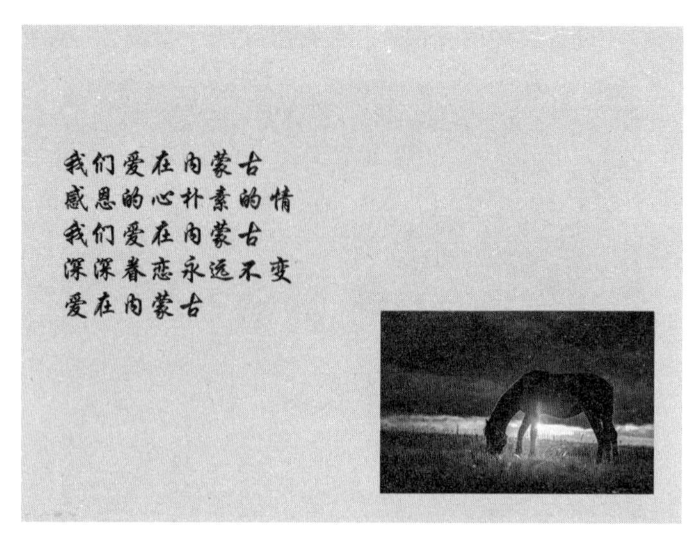

图 5-5　实验 1 第 5 张幻灯片

提示：可在剪贴画对话框中搜索文字“动物”；

（3）在第五张幻灯片中插入图片，图片自选，设置图片高 7 厘米，相对于图片原始尺寸，锁定图片纵横比，见图 5-5。

7. 插入音频

（1）在第一张幻灯片上插入一段音乐（音频文件任意）；

（2）在放映演示文稿时音乐自动播放；

（3）隐藏音乐播放图标；

（4）音乐循环播放，直到停止放映幻灯片；

8. 设置项目符号和编号

（1）将第二张幻灯片中文本占位符中段落的项目符号“●”替换为✧，见图 5-6；

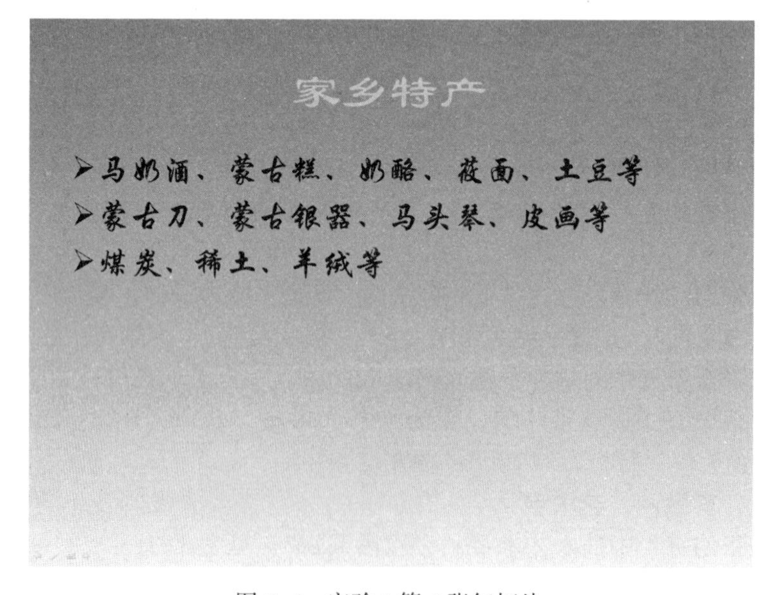

图 5-6　实验 1 第 6 张幻灯片

（2）为第四张幻灯片中文本添加编号，见图 5-7。

图 5-7　实验 1 第 7 张幻灯片

9. 幻灯片的放映及保存

（1）放映以上制作的幻灯片；

（2）保存以上制作的演示文稿。

实验 2　幻灯片制作 2

一、实验目的

1. 掌握幻灯片的复制、移动、删除等操作。
2. 熟练设置幻灯片的切换。
3. 能够向幻灯片上的文本、图片等对象添加动画。
4. 能够进行幻灯片放映设置。
5. 能够进行幻灯片打印设置。
6. 掌握向幻灯片上内容添加超链接的方法。
7. 熟练向幻灯片上添加动作按钮。

二、实验内容

1. 新建文稿

新建一个演示文稿文件，命名为 hdp2. pptx，保存到 E:\计算机作业文件夹中；

2. 演示文稿的基本操作

（1）以古诗欣赏为题材，制作五张幻灯片，见图 5-8～图 5-12；

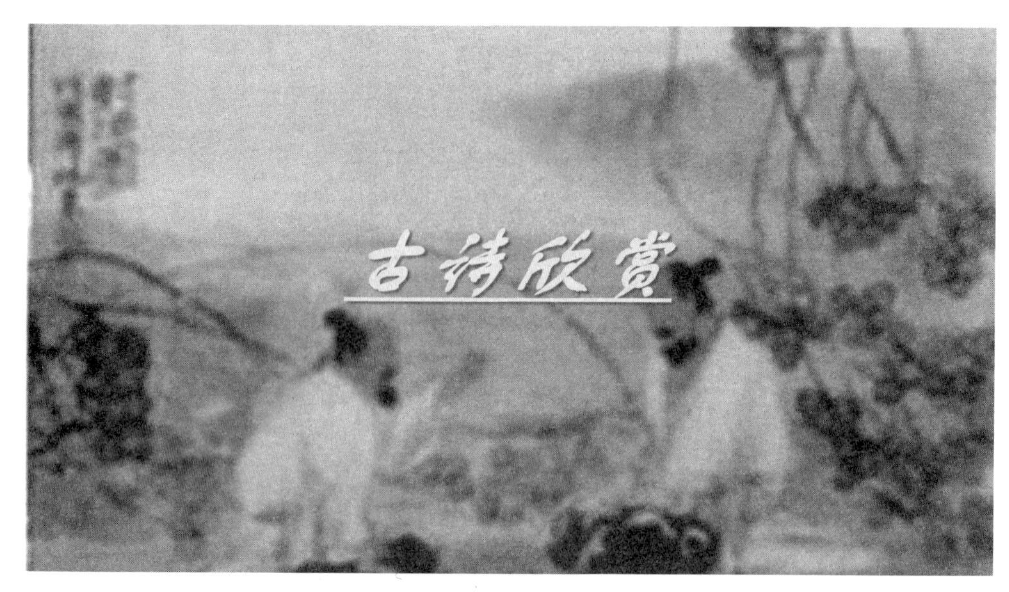

图 5-8 实验 2 第 1 张幻灯片

（2）将第 1 张幻灯片的版式设置为“标题幻灯片”；

（3）为第 1 张幻灯片添加图片背景，锁定图片的纵横比；

（4）将第 1 张幻灯片标题字体设为方正舒体、80 磅、斜体、加粗、淡绿色（RGB 180，255，115）、有阴影、有下划线，见图 5-8；

（5）在第 3 张幻灯片右下角插入图片，见图 5-10；

（6）设置图片的缩放比例为 120%，并将图片置于底层。

（7）将第 2 张到第 4 张的标题颜色更改为青绿色（RGB 0，255，255）、字体设为华文行楷、字号 60，居中，见图 5-9～图 5-11；

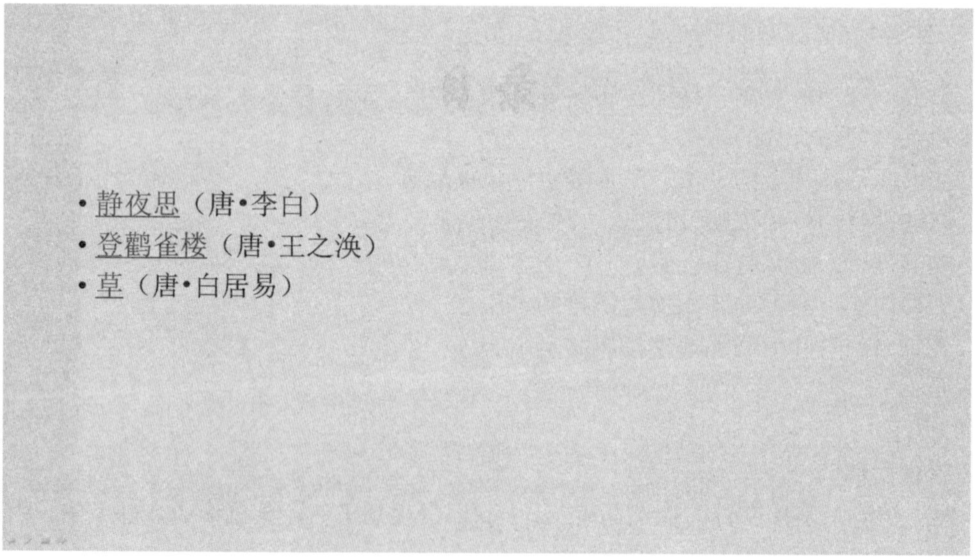

- 静夜思（唐•李白）
- 登鹳雀楼（唐•王之涣）
- 草（唐•白居易）

图 5-9 实验 2 第 2 张幻灯片

图 5-10　实验 2 第 3 张幻灯片

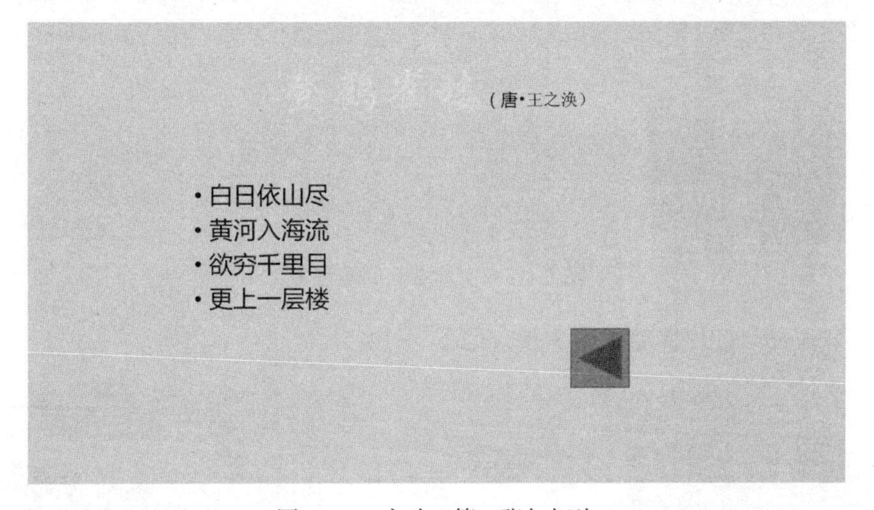

图 5-11　实验 2 第 4 张幻灯片

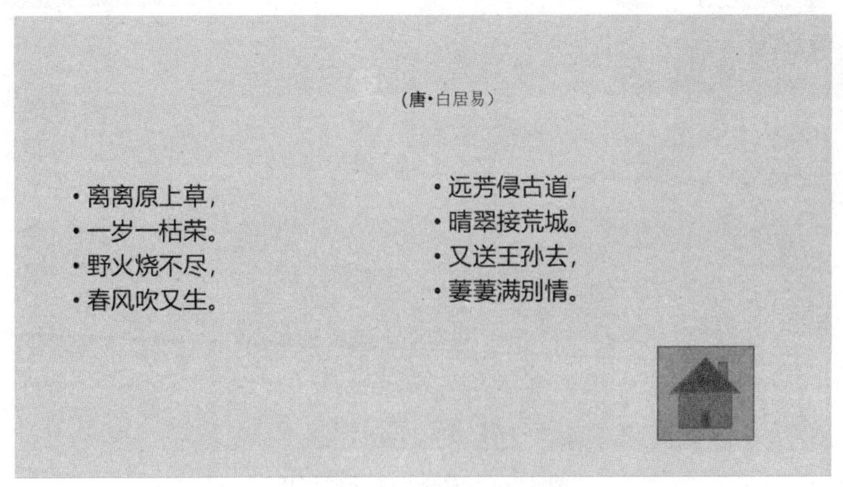

图 5-12　实验 2 第 5 张幻灯片

3. 幻灯片的复制、移动和删除

（1）切换到幻灯片浏览视图；

（2）复制前两张幻灯片，成为第 6 张及第 7 张幻灯片，见图 5-13；

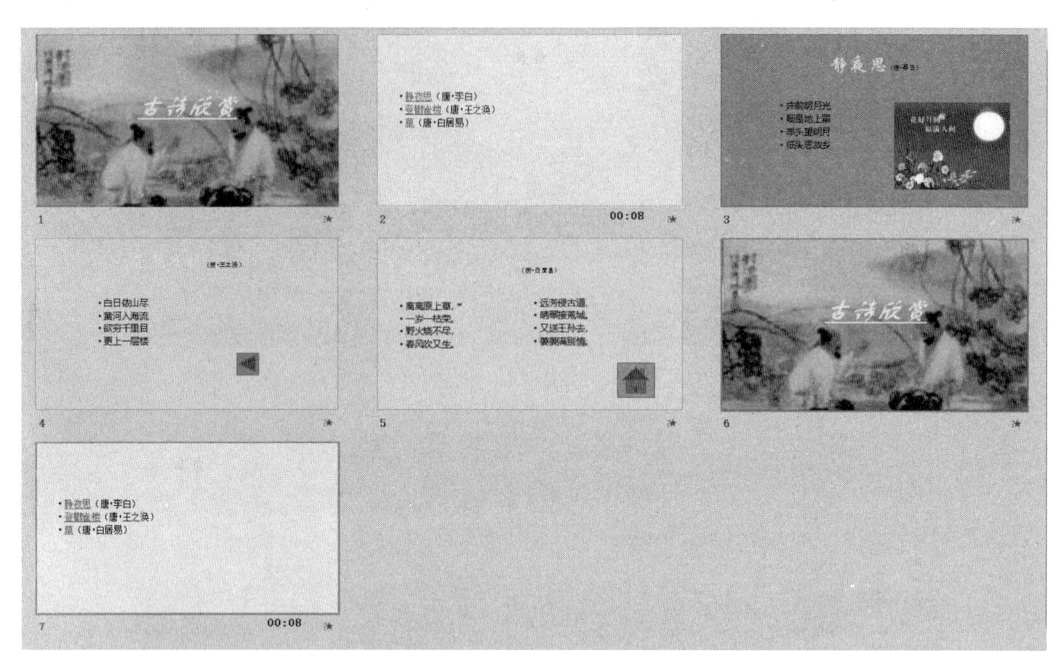

图 5-13　实验 2 复制幻灯片

（3）将第 6 张幻灯片移动到第 3 张，见图 5-14；

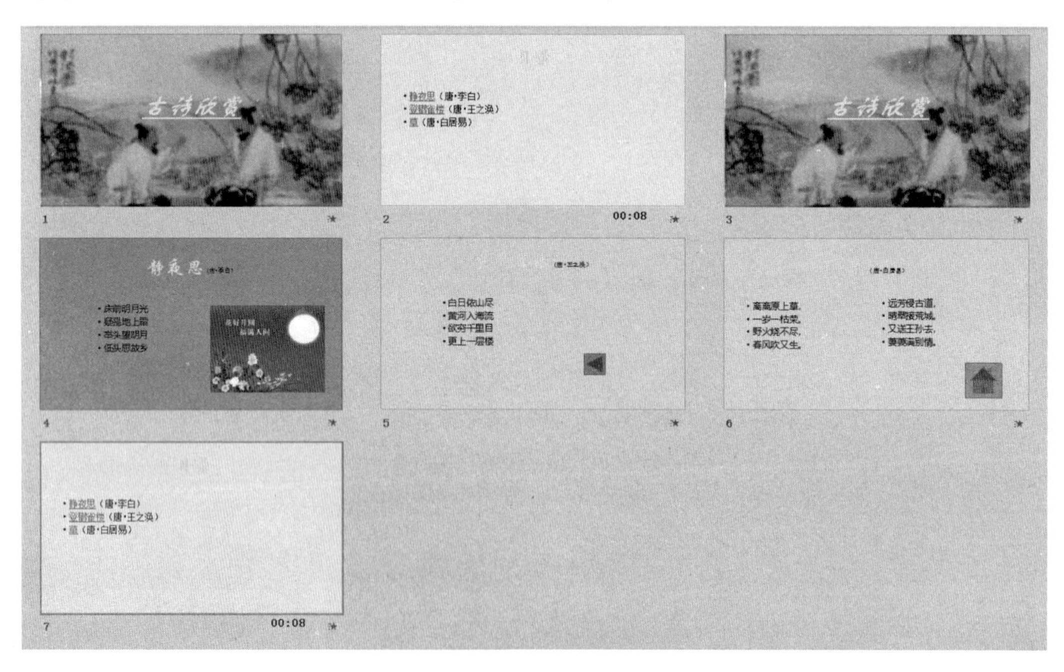

图 5-14　实验 2 移动幻灯片

（4）删除第 3 张及第 7 张幻灯片，见图 5-15。

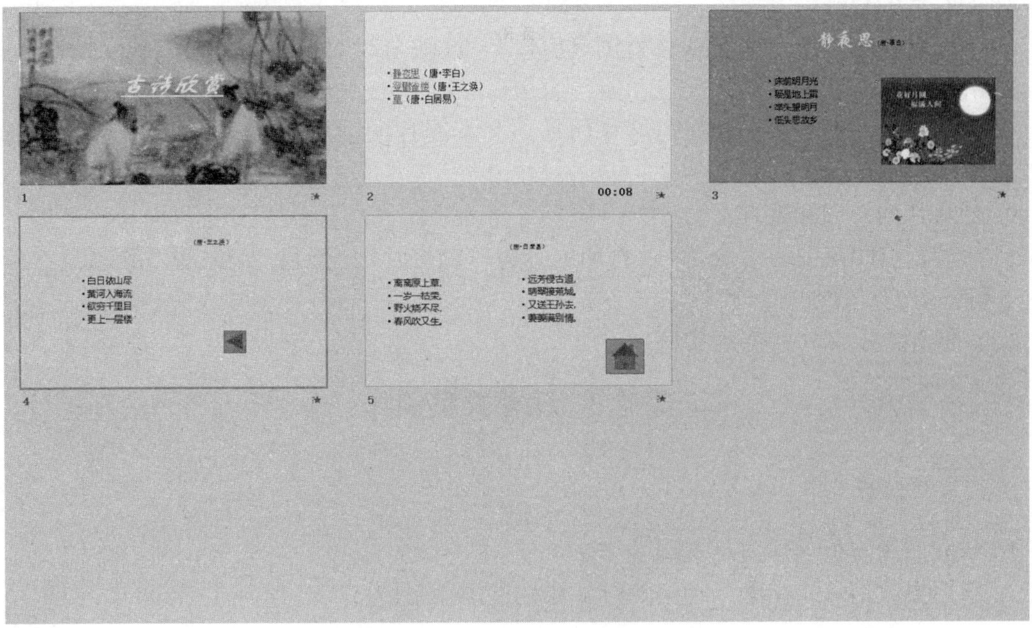

图 5-15　实验 2 删除幻灯片

4. 幻灯片的切换操作

（1）将第 1 张幻灯片的切换方式设为“溶解”，持续时间 00.75，推动的声音，单击鼠标时换片；

（2）将第 2 张幻灯片的切换方式设为“百叶窗”，风铃的声音，每隔 8 秒换片；

（3）将其余幻灯片的切换方式分别设为“摩天轮”“碎片”“窗口”，单击鼠标时换片。

5. 设置幻灯片的动画

（1）将第 1 张幻灯片的标题进入的动画效果设置为“弹跳”，持续时间为 02.00，按字母发送，在上一个动作后自动启动动画效果；

（2）将第 3 张幻灯片的图片进入的动画效果设置为“缩放”，声音为打字机，单击时启动动画效果；

（3）将第 2 张到第 4 张幻灯片的标题的进入动画效果设置为“旋转”，按字母发送，持续时间为 01.75，在上一个动作后启动动画效果；

（4）为所有幻灯片的文本设置动画效果“飞入”，整批发送，持续时间为 02.25，在上一个动作后启动动画效果。

6. 设置超链接，见图 5-9

（1）为第 2 张幻灯片“静夜思”字样设置超链接，链接到第 3 张幻灯片；

（2）为第 2 张幻灯片“登鹳雀楼”字样设置超链接，链接到第 4 张幻灯片；

（3）为第 2 张幻灯片“草”字样设置超链接，链接到第 5 张幻灯片。

7. 设置动作按钮，见图 5-11～图 5-12

（1）在第 4 张幻灯片上添加链接到上一张幻灯片的动作按钮，按钮高度、宽度均为 2.4 厘米，填充颜色为浅橙色；

（2）在第 5 张幻灯片上添加链接到第 1 张幻灯片的动作按钮。

8. 幻灯片的放映

（1）设置放映类型为“观众自行浏览窗口”，放映全部幻灯片，循环放映，按 Esc 键终止，换片方式为“手动”。

（2）放映以上幻灯片，观察幻灯片切换、文本图片的动画效果，操作超链接、动作按钮，进一步理解其功能。

9. 幻灯片的打印和保存

（1）设置打印范围为“全部”、打印内容为“幻灯片”、颜色/灰度为“颜色”、打印份数为 5 份，对幻灯片加框。

（2）保存以上制作的演示文稿。

实验 3　演示文稿制作

一、实验目的

1. 掌握使用模板创建演示文稿的方法。
2. 掌握更改幻灯片主题，理解幻灯片主题的适用范围。

二、实验内容

1. 演示文稿模板操作

（1）新建一个演示文稿文档，选择样本模板“现代型相册”；命名为 hdp3. pptx，保存到 E:\计算机作业文件夹中；

（2）将第 1 张幻灯片中标题“现代型相册”改为“动物集锦”，见图 5-16；

图 5-16　实验 3 第 1 张幻灯片

（3）将第 2 张幻灯片中的图片替换为豹子图片，也可用其他动物图片代替，并针对图片内容添加文字说明，见图 5-17；

图 5-17　实验 3 第 2 张幻灯片

（4）将第 3 张幻灯片中的图片替换为鸟类图片，也可用其他动物图片代替，并针对图片内容添加文字说明，见图 5-18；

图 5-18　实验 3 第 3 张幻灯片

（5）将第 4 张幻灯片中的图片替换为大熊猫图片，也可用其他动物图片代替，并针对图片内容添加文字说明，见图 5-19；

（6）在第 1 张幻灯片中插入声音文件（文件自己选定），设置播放时隐藏图标，播放效果为从头开始，在最后一张幻灯片后停止播放。

图 5-19　实验 3 第 4 张幻灯片

2. 设置幻灯片的主题

（1）设置幻灯片的主题为“波形”。

（2）更改幻灯片的主题，主题风格自定。

3. 保存幻灯片

保存以上制作的演示文稿。

第6章　计算机网络基础及应用

第1部分　理　论　题

一、单选题

1. 计算机网络最突出的优点是（　　）。
   A. 提高可靠性　　B. 提高计算机的存储容量
   C. 运算速度快　　D. 实现资源共享和快速通信
2. 一般而言，Internet 环境中的防火墙建立在（　　）。
   A. 每个子网的内部　　B. 内部子网之间
   C. 内部网络与外部网络的交叉点　　D. 以上3个都不对
3. 根据域名代码规定，表示政府部门网站的域名代码是（　　）。
   A. . net　　B. . com　　C. . gov　　D. . org
4. 在 Internet 上浏览时，浏览器和 WWW 服务器之间传输网页使用的协议是（　　）。
   A. HTTP　　B. IP　　C. FTP　　D. SMTP
5. 有一域名为 bit. edu. cn，根据域名代码的规定，此域名表示（　　）。
   A. 教育机构　　B. 商业组织　　C. 军事部门　　D. 政府机关
6. 能保存网页地址的文件夹是（　　）。
   A. 收件箱　　B. 公文包　　C. 我的文档　　D. 收藏夹
7. 下列各选项中，不属于 Internet 应用的是（　　）。
   A. 新闻组　　B. 远程登录　　C. 网络协议　　D. 搜索引擎
8. 关于电子邮件，下列说法错误的是（　　）。
   A. 必须知道收件人的 E-mail 地址
   B. 发件人必须有自己的 E-mail 账号
   C. 收件人必须有自己的邮政编码
   D. 可以使用 Outlook 管理联系人信息
9. 在 Internet 中，主机的 IP 地址与域名的关系是（　　）。
   A. IP 地址是域名中部分信息的表示
   B. 域名是 IP 地址中部分信息的表示
   C. IP 地址和域名是等价的
   D. IP 地址和域名分别表达不同含义
10. 关于网络协议，下列（　　）选项是正确的。
    A. 是网络用户签订的合同
    B. 协议，简单地说就是为了网络信息传递，共同遵守的约定

C. TCP/IP 协议只能用于 Internet，不能用于局域网

D. 拨号网络对应的协议是 IPX/SPX

11. 下列说法中（　　）是正确的。

A. 网络中的计算机资源主要指服务器、路由器、通信线路与用户计算机

B. 网络中的计算机资源主要指计算机操作系统、数据库与应用软件

C. 网络中的计算机资源主要指计算机硬件、软件、数据

D. 网络中的计算机资源指 Web 服务器、数据库服务器与文件服务器

12. 传输控制协议/网际协议即（　　），属于工业标准协议，是 Internet 采用的主要协议。

A. ASP　　B. TCP/IP　　C. HTTP　　D. FTP

13. Internet 是全球最具影响力的计算机互联网，也是世界范围的重要的（　　）。

A. 信息资源网　　B. 多媒体网络　　C. 办公网络　　D. 销售网络

14. TCP/IP 协议是 Internet 中计算机之间通信所必须共同遵循的一种（　　）。

A. 信息资源　　B. 通信规定　　C. 软件　　D. 硬件

15. 下面（　　）命令用于测试网络是否连通。

A. telnet　　B. nslookup　　C. ping　　D. ftp

16. TCP 协议称为（　　）。

A. 邮件协议　　B. 传输控制协议

C. 超文本传输协议　　D. 会议协议

17. 下列关于网络协议说法正确的是（　　）。

A. 网络使用者之间的口头协定

B. 通信协议是通信双方共同遵守的规则或约定

C. 所有网络都采用相同的通信协议

D. 两台计算机如果不使用同一种语言，则它们之间就不能通信

18. 下面有关搜索引擎的说法，错误的是（　　）。

A. 搜索引擎是网站提供的免费搜索服务

B. 每个网站都有自己的搜索引擎

C. 利用搜索引擎一般都能查到相关主题

D. 搜索引擎对关键字或词进行搜索

19. 下列不属于一般互联网交流形式的是（　　）。

A. QQ　　B. BBS　　C. 博客　　D. Word

20. 在 Internet 的通信协议中，可靠的数据传输是由（　　）来保证的。

A. HTTP 协议　　B. TCP 协议　　C. FTP 协议　　D. SMTP 协议

21. 调制解调器的作用是（　　）。

A. 把数字信号转换为模拟信号

B. 把模拟信号转换为数字信号

C. 模拟信号和数字信号之间相互转换

D. 其他三个选项都不对

22. 下列不属于 Internet 信息服务的是（　　）。

A. 远程登录　B. 文件传输　C. 网上邻居　D. 电子邮件

23. Internet 上使用最广泛的标准通信协议是（　　）。

A. TCP/IP　B. FTP　C. SMTP　D. ARP

24. 缩写 WWW 表示的是（　　），它是 Internet 提供的一项服务。

A. 局域网　B. 广域网　C. 万维网　D. 网上论坛

25. 万维网是 Internet 的一个重要资源，它为全世界 Internet 用户提供了一种获取信息、共享资源的全新途径，它的英文简写是（　　）。

A. WWW　B. FTP　C. E-mail　D. BBS

26. 下列四项内容中，不属于 Internet（因特网）基本功能的是（　　）。

A. 电子邮件　B. 文件传输　C. 远程登录　D. 实时监测控制

27. 在互联网上，用来发送电子邮件的协议是（　　）。

A. HTTP　B. SMTP　C. FTP　D. ASP

28. TCP/IP 参考模型将网络分成 4 层，它们是：物理链路层，网络层，传输层，应用层，请问因特网中路由器主要实现（　　）功能。

A. 物理链路层和网络层　B. 网络层

C. 物理链路层和传输层　D. 物理链路层和应用层

29. 命令 ping 192. 168. 0. 2 的作用是（　　）。

A. 确认本机与 192. 168. 0. 2 机器是否可以连通

B. 登录远程主机 192. 168. 0. 2

C. 可实现从远程主机 192. 168. 0. 2 下载文件

D. 修改机器的 IP 地址为 192. 168. 0. 2

30. 在广域网中，通信子网主要包括（　　）。

A. 传输信号和终端设备　B. 转接设备和传输信道

C. 显示设备和终端设备　D. 以上都不是

31. HTTP 协议采用（　　）方式传送 Web 数据。

A. 自愿接收　B. 被动接收　C. 请求/响应　D. 随机发送

32. Internet 使用（　　）协议，由于该协议的通用性，使得 Internet 的发展非常迅速。

A. HTTP　B. TCP　C. IP　D. TCP/IP

33. 下列说法错误的是（　　）。

A. 电子邮件是 Internet 提供的一项基本的服务

B. 电子邮件具有快速、高效、方便、廉价等特点

C. 通过电子邮件可以向世界上任何一个角落的网上用户发送信息

D. 可以发送的多媒体只有文字和图像

34. 下面是某单位的主页的 Web 地址 URL，其中符合 URL 格式的是（　　）。

A. http//www. jnu. edu. cn　B. http:www. jnu. edu. cn

C. http://www. jnu. edu. cn　D. http:/www. jnu. edu. cn

35. 要能顺利发送和接收电子邮件，下列设备必需的是（　　）。

A. 邮件服务器　B. 打印机服务器

C. Web 服务器　D. 扫描仪

36. HTML 是一种（　　）。

A. 超文本标记语言　　B. 超文本传输协议

C. 域名　　D. 服务器名称

37. TCP/IP 协议的全称是（　　）。

A. 文件传输协议和路由协议　　B. 传输控制协议和网际协议

C. 传输层协议和路由协议　　D. 文件传输协议和网际协议

38. TCP/IP 分层模型从下到上，依次为（　　）。

A. 数据层、网络层、传输层、物理链路层

B. 数据层、传输层、网络层、应用层

C. 数据层、传输层、网络层、物理链路层

D. 物理链路层、网络层、运输层、应用层

39. IP 协议运行于分层模型的（　　）。

A. 网络层　　B. 数据层　　C. 应用层　　D. 物理链路层

40. Internet 用户的电子邮件地址格式必须是（　　）。

A. 用户名@单位网络名　　B. 单位网络名@用户名

C. 邮件服务器域名@用户名　　D. 用户名@邮件服务器域名

41. 搜索引擎是一个为用户提供信息“检索”服务的（　　）。

A. 网站　　B. 协议　　C. 硬件　　D. 以上都不对

42. 在下列选项中，不属于 Internet 功能的是（　　）。

A. 电子邮件　　B. WWW 浏览　　C. 程序编译　　D. 文件传输

43. ICP 是（　　）。

A. 服务提供商　　B. 内容提供商　　C. 骨干网　　D. 校园网

44. ISP 的主要作用是（　　）。

A. 提供邮件服务　　B. 提供语音服务　　C. 提供网络服务　　D. 提供视频服务

45. 网线（双绞线）内部有（　　）根导线。

A. 3　　B. 5　　C. 7　　D. 8

46. 通常所说的“水晶头”是指（　　）。

A. RJ-45 连接器　　B. 交换机接口　　C. 网卡接口　　D. 电话线接口

47. 以下说法正确的是（　　）。

A. TCP/IP 协议是接入 Internet 所必需的

B. 添加 TCP/IP 协议后即可以上网了

C. TCP/IP 是局域网的一种协议

D. TCP/IP 协议在无线局域网中不需要

48. 网关地址指的是（　　）。

A. DNS 服务器地址　　B. 接入 Internet 路由器地址

C. 局域网内相邻 PC 机地址　　D. 子网地址

49. 通过局域网接入 Internet 需要的配置为（　　）。

A. 网卡驱动程序的安装　　B. 网络协议的安装

C. TCP/IP 的设置　　D. 以上都是

50. 目前使用的 Internet 是一个典型的（　　）结构。

A. 客户机-服务器　　B. 服务器-服务器

C. 客户机-客户机　　D. 客户机-数据库

51. 目前实际存在和使用的广域网基本上都是采用（　　）。

A. 流线拓扑结构　　B. 开放型拓扑结构

C. 网状拓扑结构　　D. 直线形拓扑结构

52. 下列说法错误的是（　　）。

A. 不论何种计算机，只有采用同一种协议才可以通信

B. IP 层处于网络的第三层

C. 不论何种计算机，至少采用两种或两种以上的协议才能通信

D. 网上的计算机只要随便采用任意一种通信协议，就可以实现网上通信

53. 有线传输介质常用的有（　　）。

A. 双绞线　　B. 同轴电缆　　C. 光纤　　D. 以上都是

54. OSI 模型中采用了（　　）层次的体系结构。

A. 1　　B. 5　　C. 2　　D. 7

55. 路由器工作在 ISO/OSI 模型的（　　）。

A. 应用层和物理层　　B. 网络层和物理层

C. 数据链路层　　D. 物理层

56. 计算机网络拓扑主要是指（　　）子网的拓扑结构，它对网络性能、系统可靠性与通信费用都有重大影响。

A. 通信　　B. 信号　　C. 安全　　D. 共享

57. （　　）协议是一种可靠的面向连接的协议，主要功能是保证信息无差错地传输到目的主机。

A. FTP　　B. TCP　　C. SMTP　　D. HTTP

58. IPv4 地址是由（　　）数组成。

A. 32 位二进制　　B. 16 位八进制　　C. 16 位十进制　　D. 16 位二进制

59. 下列 IP 地址合法的是（　　）。

A. 0. 0. 0. 0　　B. 202:196:65:35

C. 202,196,65,35　　D. 202. 196. 65. 35

60. IPv6 地址是由（　　）位二进制数组成。

A. 32　　B. 65　　C. 49　　D. 128

61. 下列四项中表示电子邮件的是（　　）。

A. ks@ 183. net　　B. 196. 168. 0. 1

C. www. gov. cn　　D. www. cctv. com

62. 电子邮件地址 stu@ zjschllo. com 中的 zjschllo. com 代表的是（　　）。

A. 用户名　　B. 邮件服务器名称

C. 学校名　　D. 学生姓名

63. （　　）是一种价格低廉、易于连接的有线传输介质。

A. 双绞线　　B. 同轴是电缆　　C. 光纤　　D. 以上都不是

64. IE 浏览器收藏夹的作用是（ ）。

A. 收集感兴趣的页面地址　　B. 记忆感兴趣的页面内容

C. 收集感兴趣的文件内容　　D. 收集感兴趣的文件名

二、填空题

1. 计算机网络是________技术和________技术发展的产物。

2. 计算机网络按地理范围可分为________、________和________，其中________主要用来构造单位的内部网，Internet 属于________网。

3. 一个计算机网络典型系统可由________子网和________子网组成。

4. 通常将网络的传输介质分为________和________两大类。

5. 计算机网络的无线传输介质主要有三种类型：________、________和________。

6. 计算机网络的有线传输介质有________、________、________，其中________速度最快。

7. 局域网的英文缩写是________，广域网的英文缩写是________。

8. 常见的网络互连设备有________、________和________。

9. 常见的网络拓扑结构有总线型、________、________、________、和________。

10. 计算机网络的体系结构中，广泛使用的是开放系统互连参考模型（ISO/OSI），它共有________层，分别是________________________________。

11. WWW 的中文简称是________，我国的顶级域名是________。

12. Internet 用________协议实现各网络之间的互联。

13. DNS 系统负责在通信时，将域名地址转换为________。

14. IPv4 中，IP 地址是一个________位的二进制数，因 IP 地址不够，________将取代现行的 IPv4 协议。

15. 在通信过程中，为了确保通信的正确性与可靠性，通信双方都要遵守的各种约定成为通信控制规程或________。

16. 最常用的网页浏览器是微软公司的________，可以把常用的网址保存在浏览器的________中。

17. 为便于记忆，用字符型的地址即所谓的________地址与 IP 地址对应。

18. 域名中的“edu”代表________机构，“com”代表________机构，“gov 代表________机构。

三、判断题

1. 计算机网络可将硬件资源和软件资源实现共享。( )

2. 计算机网络是计算机技术和通信技术发展的产物。( )

3. 不同计算机之间必须使用相同的网络协议才能进行通信。( )

4. 局域网只能采用有线传输介质。( )

5. 局域网和广域网的主要区别是通信距离。( )

6. 双绞线由 6 根金属线组成，双绞线的 RJ-45 接头也叫水晶头。( )

7. 有了域名后，IP 地址就可以省略了。( )

8. IPv4 地址是由 32 位二进制码组成的。(　　)
9. 网卡不属于网络互连设备的一种。(　　)
10. 发送电子邮件，必须对方也同时在线上网。(　　)
11. 网络按拓扑结构分为总线型、环状、星状、树状、网状等。(　　)
12. 百度是一个搜索引擎网站。(　　)
13. 浏览网页只能使用微软公司的 IE 浏览器。(　　)
14. 浏览器主页是在每次打开浏览器时自动链接的网站。(　　)
15. 连入 Internet 的所有计算机都需要有 IP 地址。(　　)
16. 在一个办公室内相互发送电子邮件，不需要经过邮件服务器。(　　)
17. TCP/IP 协议不是一个协议，而是多组协议的统称。(　　)
18. Internet 常用的服务有网页浏览、电子邮件、文件传输等。(　　)
19. 常见的网络互连设备有网卡、交换机、路由器等。(　　)
20. 在用光纤连接的网络中，光纤内传输的是电信号。(　　)

四、简答题

1. 什么是计算机网络？
2. 什么是网络的拓扑结构？常见的网络拓扑结构有哪些？
3. 网络互连设备有哪些？
4. 网络传输介质有哪几种？
5. 计算机网络的主要功能有哪些？

第 2 部分　参考答案及疑难解析

一、单项选择题

1. D	2. C	3. C	4. A	5. A	6. D	7. C	8. C	9. C	10. B
11. C	12. B	13. A	14. B	15. C	16. B	17. B	18. B	19. D	20. B
21. C	22. C	23. A	24. C	25. A	26. D	27. B	28. B	29. A	30. B
31. C	32. D	33. D	34. C	35. A	36. A	37. B	38. D	39. A	40. D
41. A	42. C	43. B	44. C	45. D	46. A	47. A	48. B	49. D	50. A
51. C	52. C	53. D	54. D	55. B	56. A	57. B	58. A	59. D	60. D
61. A	62. B	63. A	64. A						

二、填空题

1. 计算机，通信　　2. 局域网，城域网，广域网，局域网，广域网
3. 资源，通信　　4. 有线、无线　　5. 无线电，微波，红外线
6. 双绞线，同轴电缆，光纤，光纤　　7. LAN，WAN
8. 网卡（网络适配器），交换机，路由器　　9. 星状，环状，树状，网状
10. 七，物理层、数据链路层、网络层、传输层、会话层、表示层、应用层

11. 万维网，CN 12. TCP/IP 13. IP 地址 14. IPv6 15. 协议
16. IE 浏览器 17. 域名 18. 教育，商业，政府

三、判断题

1. √ 2. √ 3. √ 4. × 5. √ 6. × 7. ×
8. √ 9. × 10. × 11. √ 12. √ 13. × 14. √
15. √ 16. × 17. √ 18. √ 19. √ 20. ×

四、简答题

1. 计算机网络是指通过某种通信介质将不同地理位置的多台具有独立功能的计算机连接起来，并借助网络硬件，按照网络通信协议和网络操作系统来进行数据通信，实现网络上的资源共享和信息交换的系统。

2. 网络的拓扑结构是指网络上各互连设备相互连接的形式。常用的网络拓扑结构有总线型、星状、环状、树状和网状（或混合型）等。

3. 网络互联设备有网络适配器（即网卡）、集线器、交换机、路由器等。

4. 网络传输介质分为有线介质，主要有同轴电缆、双绞线、光纤等；无线介质有无线电、微波、红外线。

5. 计算机网络的主要功能有：资源共享、数据通信、分布式处理等。

第3部分 操 作 题

实验1 IE 浏览器的设置及其使用

一、实验目的

1. 熟悉 IE 浏览器的常用设置。
2. 掌握 IE 浏览器的使用。
3. 掌握免费邮箱的申请，电子邮件的收发。
4. 掌握用搜索引擎查找信息的方法。

二、实验内容

（1）网站浏览及全屏显示：启动 IE 浏览器，在“地址栏”中输入具体网址 http://www.sohu.com，打开相应的网站主页并“全屏”显示；在主页的导航栏中选择自己感兴趣的内容进行浏览即可。

提示：“全屏”显示，可使用 F11 快捷键来回切换。

（2）保存网页内容：将感兴趣的当前页面保存到“E：/”文件夹下。

提示：选择“文件”→“另存为”命令，在打开的对话框中选择保存位置，保存整个网页的文本、图片。

（3）查看网页的源代码：选择“查看”→“源文件”命令，即可查看网页中的 HTML

代码。

（4）添加收藏夹：将自己所在大学的网址（如 http://www. imu. edu. cn）添加到收藏夹。

（5）整理收藏夹：新建“视频网站”收藏夹，将当前收藏夹中所有视频的网站添加到此文件夹中。如将“http://www. youku. com/”添加到“视频网站”收藏夹中，名称为“优酷视频”。

提示：选择“收藏夹”→“整理收藏夹”命令，即可新建收藏夹、对收藏的网页进行分类整理等操作。

（6）设置 IE 浏览器默认主页：将 https://www. baidu. com 设为主页。

提示：选择“工具”→“Internet 选项”命令，在打开的如图 6-1 所示的“Internet”选项对话框中进行设置即可。

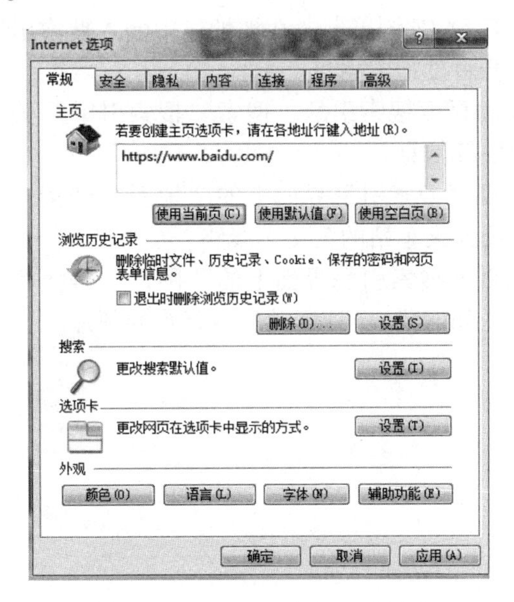

图 6-1　“Internet 选项”对话框

（7）历史记录：将网页保存在历史记录中的天数设置为 7 天。

（8）临时文件夹：将 Internet 临时文件夹使用的磁盘空间大小设为 500 MB。

（9）Internet 安全设置：将 Internet 区域的安全级别设为“高”级。

（10）删除 Internet 临时文件和历史记录。

实验 2　电子邮件的使用

一、实验目的

1. 掌握免费邮箱的申请。
2. 掌握电子邮件的收发。

二、实验内容

（1）在 http://www. 163. com/（网易）上申请一个免费邮箱。

(2) 使用该邮箱给自己（本邮箱或其他邮箱）发送一封带有附件的电子邮件。

(3) 打开接收邮件的邮箱，接收并查看刚才发来的邮件，并查阅附件内容。

实验3 搜索引擎的使用

一、实验目的

1. 了解常用的搜索引擎。
2. 掌握用搜索引擎查找信息的方法。

二、实验内容

(1) 选择搜索引擎：启动IE浏览器，在地址栏中输入搜索引擎地址，如百度（http://www.baidu.com/），将打开百度搜索引擎。

(2) 关键词检索：使用百度搜索引擎，搜索“搜索引擎”关键词，查看搜索引擎的定义、分类、发展、未来展望等信息。

(3) 地图搜索：单击百度搜索引擎界面上的“地图”链接，进入百度地图，搜索自己家所在的位置、搜索从学校到火车站的公交车线路。

(4) 图片搜索：单击百度搜索引擎界面上的“图片”链接，切换到图片搜索引擎。自己选择一个感兴趣的主题（如熊猫），搜索并下载喜欢的图片。

第 7 章　综 合 训 练

第 1 部分　理论题综合训练

理论综合练习 1

一、单项选择题

1. 下列设备中，只能作为输出设备的是（　　）。
   A. 磁盘存储器　　B. 键盘　　C. 鼠标器　　D. 打印机
2. 在微型计算机中，微处理器芯片上集成的是（　　）。
   A. CPU 和控制器　　B. 控制器和存储器
   C. 控制器和运算器　　D. 运算器和 I/O 接口
3. 一个完整的计算机系统应该包括（　　）。
   A. 主机、键盘和显示器　　B. 硬件系统和软件系统
   C. 主机和它的外部设备　　D. 系统软件和应用软件
4. 在计算机中，正在运行的程序存放在（　　）。
   A. 内存　　B. 软盘　　C. 光盘　　D. 优盘（U 盘）
5. 操作系统是一种（　　）。
   A. 系统软件　　B. 系统程序库
   C. 编译程序系统　　D. 应用软件
6. 下列几种存储器中，存取速度最快的是（　　）。
   A. 光盘存储器　　B. 内存储器
   C. 硬盘存储器　　D. 软盘存储器
7. 微型计算机硬件系统中最核心的部件是（　　）。
   A. 硬盘　　B. I/O 设备　　C. 内存储器　　D. CPU
8. 下列叙述中，属于 RAM 特点的是（　　）。
   A. 可随机读写数据，且断电后数据不会丢失
   B. 可随机读写数据，断电后数据将全部丢失
   C. 只能顺序读写数据，断电后数据将部分丢失
   D. 只能顺序读写数据，且断电后数据将全部丢失
9. 在 Windows 中，“计算机” 图标（　　）。
   A. 一定出现在桌面上
   B. 可以设置到桌面上
   C. 可以通过单击将其显示到桌面上

D. 不可能出现在桌面上

10. Windows 中的“剪贴板”是（　　）。

A. 硬盘中的一块区域　　B. 软盘中的一块区域

C. 高速缓存中的一块区域　　D. 内存中的一块区域

11. 文件名使用通配符的作用是（　　）。

A. 减少文件名所占用的磁盘空间

B. 便于一次处理多个文件

C. 便于给一个文件命名

D. 便于保存文件

12. 下面关于 Windows 文件名的叙述，错误的是（　　）。

A. 文件名中允许使用汉字

B. 文件名中允许使用多个圆点分隔符

C. 文件名中允许使用空格

D. 文件名中允许使用竖线“|”

13. 在 Windows 环境下，要在不同的应用程序及其窗口之间进行切换，应按快捷键（　　）。

A. Ctrl+Shift　　B. Alt+Tab　　C. Ctrl+Tab　　D. Alt+Shift

14. 计算机不能正常工作的原因与（　　）无关。

A. 硬件配置达不到要求　　B. 软件中含有错误

C. 使用者操作不当　　D. 周围环境噪声大

15. 第一次保存 Word 文档时，系统将打开（　　）对话框。

A. 保存　　B. 另存为　　C. 新建　　D. 关闭

16. 下列不属于 Word 缩进方式的是（　　）。

A. 尾行缩进　　B. 左缩进　　C. 悬挂缩进　　D. 首行缩进

17. 在 Word 编辑状态下，先打开 d1. docx 文档，再打开 d2. docx 文档，则（　　）。

A. d1. docx 文档窗口遮住了 d2. docx 文档的窗口

B. 打开了 d2. docx 文档的窗口，d1. docx 文档的窗口被关闭

C. 打开了 d2. docx 文档的窗口，遮盖了 d1. docx 文档的窗口

D. 两个窗口并列显示

18. 在 Word 编辑状态下，进行字体设置操作后，按新设置的字体显示的文字（　　）。

A. 插入点所在段落中的文字　　B. 文档中被选中的文字

C. 插入点所在行中的文字　　D. 文档的全部文字

19. 在 Word 文档中有一个占用 3 页篇幅的表格，如需将这个表格的标题行都出现在各页面首行，最优的操作方法是（　　）。

A. 将表格的标题行复制到另外 2 页中

B. 打开表格“属性”对话框，在列属性中进行设置

C. 打开表格“属性”对话框，在行属性中进行设置

D. 利用“重复标题行”功能

20. 在 Word 中，“格式刷”的作用是（　　）。

A. 删除刷过的文本　　B. 选定刷过的文本

C. 填充颜色　　D. 快速进行格式复制

21. 假定单元格 D3 中保存的公式为“=B$3+C$3”，若把它复制到 E4 中，则 E4 中保存的公式为（　　）。

A. =B$3+C$3　　B. =C$3+D$3

C. =B$4+C$4　　D. =C$4+D$4

22. 在 Excel 中，默认情况下，单元格名称使用的是（　　）。

A. 相对引用　　B. 绝对引用

C. 混合应用　　D. 三维相对引用

23. 在 Excel 工作表的单元格中计算一组数据后出现########，这是由于（　　）所致。

A. 单元格显示宽度不够　　B. 计算数据出错

C. 计算机公式出错　　D. 数据格式出错

24. 若在 Excel 的同一单元格中输入的文本有两个段落，则在第一段输完后应使用（　　）键。

A. Enter　　B. Ctrl+Enter

C. Alt+Enter　　D. Shift+Enter

25. 在 Excel 中，当用户希望使标题位于表格中央时，可以使用（　　）。

A. 置中　　B. 合并及居中

C. 分散对齐　　D. 填充

26. 在 Excel 中，前两个相邻的单元格内容分别为 3 和 6，使用填充柄进行填充，则后续序列为（　　）。

A. 9,12,15,18,…　　B. 12,24,48,96,…

C. 9,16,25,36,…　　D. 不能确定

27. 在 PowerPoint 中，可以用拖动方法改变幻灯片的顺序的是（　　）。

A. 幻灯片视图　　B. 备注页视图

C. 幻灯片浏览视图　　D. 幻灯片放映

28. 李老师制作完成了一个带有动画效果的教案，她希望在课堂上可以按照自己讲课的节奏自动播放，最优的操作方法是（　　）。

A. 为每张幻灯片设置特定的切换持续时间，并将演示文稿设为自动播放

B. 将 PowerPoint 教案另存为视频文件

C. 根据讲课节奏，设置幻灯片中每一个对象的动画时间，以及每张幻灯片的自动换片时间

D. 在练习过程中，利用排练计时功能记录适合的幻灯片切换时间，然后播放即可

29. 下面（　　）是正确的电子邮箱名称。

A. LXY. 163. NET　　B. LXY. 163. NET. CON

C. LXY@. 163. NET　　D. LXY@ 163. NET

30. 下列四组数依次为二进制、八进制和十六进制，符合这个要求的是（　　）。

A. 11，78，19　　B. 12，77，10

C. 12，80，10　　D. 11，77，19

31. 在 Word 2010 编辑状态下选择了文档全文，若在“段落”对话框中设置行距为 20 磅的格式，应该选择“行距”列表框中的（　　）。

A. 单倍行距　　B. 1.5 倍行距

C. 固定值　　D. 多倍行距

32. 在 Word 2010 状态下，要将另一文档的内容全部添加在当前文档的当前光标处，应选择的操作是依次单击（　　）。

A. “文件”选项卡和“打开”项

B. “文件”选项卡和“新建”项

C. “插入”选项卡和“对象”命令按钮

D. “插入”选项卡和“超链接”命令按钮

33. 更改当前幻灯片设计模板的方法是（　　）。

A. 选择“设计”选项卡中的各种“幻灯片设计”选项

B. 选择“视图”选项卡中的“幻灯片版式”命令

C. 选择“审阅”选项卡中的“幻灯片设计”命令

D. 选择“切换”选项卡中的“幻灯片版式”命令

34. 网上共享的资源有（　　）。

A. 硬件，软件，数据

B. 软件，数据，信道

C. 通信子网，资源子网，信道

D. 硬件 软件，服务

35. 北京大学和清华大学的网站分别为 www.pku.edu.cn 和 www.tsinghua.edu.cn，以下说法不正确的是（　　）。

A. 它们同属中国教育网

B. 它们都提供 WWW 服务

C. 它们分别属于两个学校的门户网站

D. 它们使用同一个 IP 地址

二、填空题

1. 关机顺序应是先关________，后关________。

2. 在 Windows 7 中，按________键可在中文输入法和英文间切换。

3. 在 Windows 7 中，要把选定的文件剪切到剪贴板中，可以按________快捷键。

4. 在资源管理器中，连续多个文件选定可用________键辅助完成。

5. 在同一磁盘内移动文件，直接________文件即可；在不同磁盘间移动文件，可以先按下________键不松手，再________文件。

6. 按________键，将屏幕当前的信息复制到剪贴板中。

7. 文件名一般分________和________两部分，其中________表示文件类型。

8. 回收站是________中的一块区域，剪贴板是________中的一块区域。

9. CPU 和内存合在一起称为________。

10. 在 Windows 中，若要删除选定的文件，可直接按________键。

11. 在 Excel 中，每个单元格都有其固定地址，如 B10，其中的 B 表示的是________、10 表示的是________。

12. 局域网的英文缩写是________；广域网的英文缩写是________。

三、判断题

1. 主频越高，计算机的运行速度也越快。(　　)
2. 任何程序不需进入内存，直接在硬盘上就可以运行。(　　)
3. 正版 Windows 7 操作系统不需要激活即可使用。(　　)
4. 在 Windows 中，把选中的文件或文件夹直接删除（不放到回收站）可以按 shift+Delete（Del）键。(　　)
5. 删除快捷方式，此快捷方式对应的文件并没有被删除。(　　)
6. 没有装配软件系统的计算机不能做任何工作，没有实际的使用价值。(　　)
7. Windows 的图标是在安装的同时就设置好了的，以后不能进行更改。(　　)
8. 当窗口是最大化状态时，标题栏上才会有“向下还原”按钮。(　　)
9. 在 Windows 中，鼠标的左右键功能可以互换。(　　)
10. 在 Word 的编辑状态，选择了整个表格，执行了“表格”菜单中的“删除行”命令，则整个表格被删除。(　　)
11. Internet 中广泛使用的是 TCP/IP 协议。(　　)
12. 在 Excel 中的工作表中不能插入来自其他文件的图片。(　　)
13. “撤销”操作的快捷键是 Ctrl+Z。(　　)
14. 在 Excel 中，可以选择一定的数据区域建立图表。当该数据区域的数据发生变化时，图表保持不变。(　　)
15. 移动文件夹，该文件夹下的子文件夹位置不变。(　　)

四、简答题

1. 鼠标的主要操作有哪些？简述常用的鼠标操作方法与含义。
2. 写出 Word 2010 设置段落对齐方式的五种名称。
3. 如果自己组装一个台式微型计算机，必须选购的计算机组件有哪些？
4. 列出使用鼠标选定文件或文件夹的方法。
5. 试列出三种复制文件的方法。
6. 简述计算机网络的主要功能。
7. 网络传输介质有哪几种？
8. 网络互联设备有哪几种？
9. 在 Excel 中，写出第 3 行第 5 列单元格的三种单元格引用方式。
10. 将十进制 50.25 转换成二进制，将二进制 101101.01 转换成十进制，要求有计算过程。

理论综合练习 2

一、单项选择题

1. 按使用器件划分计算机发展史，当前使用的微型计算机是（　　）。

A. 集成电路　　B. 晶体管

C. 电子管　　D. 超大规模集成电路

2. 计算机能够直接识别和处理的语言是（　　）。

A. 汇编语言　　B. 自然语言

C. 机器语言　　D. 高级语言

3. 在使用计算机时，如果发现计算机频繁的读写硬盘，可能存在的问题是（　　）。

A. 中央处理器的速度太慢　　B. 硬盘的容量太小

C. 软盘的容量太小　　D. 内存的容量太小

4. 固定在计算机主机箱箱体上的、起到连接计算机各部件的纽带和桥梁作用的是（　　）。

A. CPU　　B. 主板　　C. 外存　　D. 内存

5. RAM 代表的是（　　）。

A. 只读存储器　　B. 高速缓存器

C. 随机存储器　　D. 软盘存储器

6. 将回收站中的文件还原时，被还原的文件将回到（　　）。

A. 桌面上　　B. “我的文档”中

C. 内存中　　D. 被删除的位置

7. 对处于还原状态的 Windows 应用程序窗口，不能实现的操作是（　　）。

A. 最小化　　B. 最大化　　C. 移动　　D. 旋转

8. 删除 Windows 桌面上某个应用程序的快捷方式图标，意味着（　　）。

A. 该应用程序连同其图标一起被删除

B. 只删除了该应用程序，对应的图标被隐藏

C. 只删除了图标，对应的应用程序被保留

D. 该应用程序连同其图标一起被隐藏

9. “PentiumⅡ350”和“PentiumⅢ450”中的“350”和“450”的含义是（　　）。

A. 最大内存容量　　B. 最大运算速度

C. 最大运算精度　　D. CPU 的时钟频率

10. 下面关于显示器的叙述不正确的是（　　）。

A. 显示器的分辨率与微处理器的型号有关

B. 显示器的分辨率与微处理器的型号无关

C. 分辨率是 1024×768，表示一屏的水平方向每行 1024 点，垂直方向每列 768 点

D. 显示卡是驱动、控制计算机显示文本、图形、图像信息的硬件配置

11. 在计算机中，既可作为输入设备，又可作为输出设备的是（　　）。

A. 显示器　　B. 磁盘驱动器

C. 键盘　　D. 图形扫描仪

12. 运算器的主要功能是（　　）。

A. 实现算术运算和逻辑运算

B. 保存各种指令信息供系统其他部件使用

C. 分析指令并进行译码

D. 按主频指标规定发出时钟脉冲

13. 当一个记事本窗口被关闭，该记事本文件将（　　）。

A. 保存在外存中　　B. 保存在内存中

C. 保存在剪贴板中　　D. 既保存在外存又保存在内存中

14. Windows 操作系统中，关于“开始”按钮的说法，不正确的是（　　）。

A. “开始”按钮位于桌面的最左下角

B. 单击“开始”按钮就可以打开 Windows 的“开始”菜单，用户可以在该菜单中选择相应的命令进行操作

C. “开始”菜单中有些命令右侧带有向右的黑箭头，它们表示该菜单项有下一级的子菜单

D. 任务栏中不一定有“开始”按钮

15. 在 Windows 7 中，文件名 MM. txt 和 mm. txt（　　）。

A. 是同一个文件　　B. 文件相同但内容不同

C. 不确定　　D. 是两个文件

16. 在 Windows 7 中可以进行文件和文件夹管理的是（　　）。

A. 资源管理器　　B. 控制面板

C. 磁盘清理　　D. 回收站

17. 对于 Windows 7，说法错误的是（　　）。

A. 能够同时复制多个文件

B. 能够同时删除多个文件

C. 能够同时为多个文件创建快捷方式

D. 能够同时新建多个文件

18. 在 Windows 的回收站中，可以恢复（　　）。

A. 从硬盘中删除的文件或文件夹

B. 从软盘中删除的文件或文件夹

C. 剪切掉的文档

D. 从光盘中删除的文件或文件夹

19. 在 Word 编辑状态下，如要调整段落的左右边界，用（　　）的方法最为直观、快捷。

A. 格式栏　　B. 格式菜单

C. 拖动标尺上的缩进标记　　D. 常用工具栏

20. 在 Word 2010 中，下列关于分栏操作的说法，正确的是（　　）。

A. 设置的各栏宽度和间距与页面宽度无关

B. 可以将指定的段落分成指定宽度的两栏

C. 栏与栏之间不可以设置分隔线

D. 任何视图下均可看到分栏效果

21. 在 Word 2010 中，不用“打开”对话框就能直接打开最近使用过的文档的方法是（ ）。

A. 单击快速工具栏上“打开”按钮

B. 单击“文件”选项卡中的列表文件

C. 选择“文件”选项卡中“打开”命令

D. 快捷键 Ctrl+O

22. 在 Word 中，下列操作不会出现“另存为”对话框的是（ ）。

A. 新建文档第一次保存

B. 打开已有文档修改后保存

C. 建立文档副本，以其他名字保存

D. 将 Word 文档保存成其他文件格式

23. 在 Excel 2010 中，数据源发生变化时，相应的图表（ ）。

A. 自动跟随变化　　B. 需要人为修改

C. 不跟随变化　　D. 不受任何影响

24. 在 Excel 中，各运算符的优先级由高到低的顺序为（ ）。

A. 算术运算符，关系运算符，文本运算符

B. 算术运算符，文本运算符，关系运算符

C. 关系运算符，文本运算符，算术运算符

D. 文本运算符，算术运算符，关系运算符

25. 在单元格内输入=sum(10,30)后回车，单元格显示的结果是（ ）。

A. 20　　B. 10　　C. 30　　D. 40

26. 在 Excel 按递增方式排序时，空格（ ）。

A. 始终排在最后　　B. 总是排在数字的前面

C. 总是排在逻辑值得前面　　D. 总是排在数字的后面

27. PowerPoint 不具有的功能是（ ）。

A. 图文编辑　　B. 设计放映方式

C. 对数据进行分类汇总　　D. 编辑幻灯片的放映次序

28. 映幻灯片过程中，终止放映的快捷键是（ ）。

A. Ctrl 键　　B. Alt 键　　C. Del 键　　D. Esc 键

29. 幻灯片的切换方式是指（ ）。

A. 在编辑幻灯片时切换不同视图

B. 在编辑新幻灯片时的过渡形式

C. 在幻灯片放映时两张幻灯片之间的过渡形式

D. 在编辑新幻灯片时两个文本框间的过渡形式

30. 在 IE 地址栏输入的“http://www. cqu. edu. cn”中，http 代表的是（ ）。

A. 协议　　B. 主机　　C. 地址　　D. 资源

31. 若在一个工作表的 A3 和 B3 单元格中输入了五月和七月，则选择它们并向后拖拽填

充柄经过F3后松开，在F3中显示的内容为（　　）。

A. 三月　　B. 正月　　C. 九月　　D. 十一月

32. 在Excel 2010的页面设置中，不能够设置（　　）。

A. 页面　　B. 每页字数　　C. 页边距　　D. 页眉/页脚

33. 在幻灯片中插入声音元素，幻灯片播放时（　　）。

A. 用鼠标单击声音图标，才能开始播放

B. 只能在有声音图标的幻灯片中播放，不能跨幻灯片连续播放

C. 只能连续播放声音，中途不能停止

4. 可以按需要灵活设置声音元素的播放

34. Internet是全球最具影响力的计算机互联网，也是世界范围的重要（　　）。

A. 信息资源网　　B. 多媒体网络　　C. 办公网络　　D. 销售网络

35. 某企业需要在一个办公室构建适用于20多人的小型办公网络环境，这样的网络环境属于（　　）。

A. 广域网　　B. 城域网　　C. 局域网　　D. 互联网

二、填空题

1. 计算机中的存储器通常分为________和________两大类型。
2. 计算机内部采用的数制是________进制。
3. 在Windows 7中，按________键可在各种输入法间进行切换。
4. 在Windows 7中，要把选定的文件复制到剪贴板中，可以按________快捷键。
5. 在同一磁盘内复制文件，可以先按下________键不松手，再________文件；在不同磁盘间复制文件，直接________文件即可。
6. 开机顺序应是先开________后开________。
7. 按________快捷键，将当前窗口的信息复制剪贴板中。
8. 单元格的引用有相对引用、绝对引用、________，如：B2属于________。
9. Word文件默认扩展名是________；Excel文件默认扩展名是________；PowerPoint文件默认扩展名是________。
10. 要在Excel单元格内输入由数字组成的文本型数据，则应先输入________符号，然后再输入文本的内容。
11. 在Excel中，单元格B2的列相对行绝对的混合引用地址为________。
12. 微型计算机主机的组成部分是________和________。

三、判断题

1. 冯·诺依曼提出的计算机体系结构奠定了现代计算机的结构理论基础。（　　）
2. Windows的“开始”菜单不能进行自定义。（　　）
3. 存储器的容量以字节为单位。（　　）
4. 窗口已是最大化时，也能移动窗口的位置。（　　）
5. Windows文件名不区分字母大小写。（　　）
6. Windows回收站中的文件不占有硬盘空间。（　　）

7. 要移动 Windows 应用程序窗口，可用鼠标拖动窗口中的滚动条。(　　)

8. 在 Word 中能够快速复制文本格式的工具是格式刷。(　　)

9. Excel 默认工作表的名称是 Sheet 。(　　)

10. 在 Excel 中，选取连续单元格必须用 Alt 键配合。(　　)

11. 用户可以对某张幻灯片的背景进行设置而不影响其他幻灯片。(　　)

12. 幻灯片中不能设置页眉页脚。(　　)

13. 在 PowerPoint 中，不能像在 Word、Excel 中插入组织结构图。(　　)

14. 为了能在网络上正确地传送信息，制定了一整套关于传输顺序、格式、内容和方式的约定，称为通信协议。(　　)

15. 网络中的传输介质分为有线传输介质和无线传输介质两类。(　　)

四、简答题

1. 简述计算机系统的组成。

2. 简述微型计算机的主要性能指标。

3. 试列出三种移动文件的方法。

4. 在 Windows 7 中，删除文件的方法有多种，写出其中任意三种。

5. 简述“格式刷”的功能。如果要将同一格式复制到文档中多处，应如何操作？

6. 什么是网络的拓扑结构？计算机网络的拓扑结构有哪几种？

7. 简述在 Excel 中分类汇总的操作步骤。

8. Windows 系统的对话框包括一些常用的元素，如文本输入框。请写出其他的常用元素。

9. 简述 PowerPoint 2010 中“母版”的主要用途。

10. Word 2010 邮件合并应用于批量打印工资条、批量打印各类获奖证书等方面。写出其他五种常用的应用。

第 2 部分　习题答案及疑难解析

理论综合练习 1

一、单项选择题

1. D	2. C	3. B	4. A	5. A	6. B	7. D	8. B	9. B	10. D
11. B	12. D	13. B	14. D	15. B	16. A	17. C	18. B	19. D	20. D

21. B。解析：在一个单元格所保存的公式中，若所含单元格地址的列标或行号采用的是相对地址表示，则在复制（填充）过程中，将随着目的单元格的相应地址变化而同步变化；若所含单元格地址的列标或行号采用的是绝对地址表示，则在复制（填充）过程中，将保持源地址不变，在此题中，D3 中保存的公式，其每个单元格地址的列标是相对的，而行号是绝对的，所以当复制到 E4 单元格后，E4 相对于 D3 的地址变化，反映到复制后的内容时，其列标随之变化，而行号不变，复制后在 E4 中保存的内容为

“=C$3+D$3”。

22. A 23. A 24. C 25. B 26. A 27. C 28. A 29. D 30. D 31. C 32. C 33. A 34. A 35. D

二、填空题

1. 主机，外部设备 2. Ctrl+空格 3. Ctrl+X
4. Shift 5. 拖动，Shift，拖动 6. Print Screen
7. 主文件名，扩展名，扩展名 8. 硬盘，内存
9. 主机 10. Delete 11. 列标、行标
12. LAN WAN

三、判断题

1. √ 2. × 3. × 4. √ 5. √
6. √ 7. × 8. √ 9. √ 10. √
11. √ 12. × 13. √ 14. × 15. ×

四、简答题

1. 鼠标的主要操作及含义如下。

（1）指向：移动光标，将光标移动到一个对象上，如文件名、项目条、图标等。

（2）单击：移动光标至一个对象上，并在其位置上按下鼠标左键并快速放开。一般用于选择一个对象或单击按钮操作。

（3）双击：移动光标至一个对象上，并在其位置上快速连续单击鼠标左键两次，一般用于在屏幕上启动图标对应的窗口或程序。

（4）右击：移动光标至一个对象上，并在其位置上按下鼠标右键并快速放开。一般用于弹出一个快捷菜单（也称右键菜单）

（5）拖动：移动光标至一个对象上，按下鼠标左键不放移动光标至新的位置后松开标左键。拖动可以选择、移动或复制对象，也可以缩放一个窗口。

（6）滚动：转动鼠标的中间滚轮，移动操作对象的上下位置。

2. 在Word中设置段落对齐的方式主要有：左对齐、右对齐、居中对齐、两端对齐、分散对齐。

3. 如果自己组装一个台式微型计算机，必须选购如下计算机组件：

（1）CPU（或者中央处理器或者CPU和CPU风扇）；

（2）内存（或者内存储器或者内存条或者主板和内存）；

（3）硬盘（或者外存储器）；

（4）显示器（或者其他输出设备或者显示器和显卡）；

（5）鼠标和键盘（或者其他输入设备）；

（6）机箱（或者机箱和电源或者机箱和电源、音箱、麦克、摄像头或者主板）。

4. 使用鼠标选定文件或文件夹有方法。

（1）选定一个文件：单击要选定的文件或文件夹。

（2）选定矩形框内的文件或文件夹：在文件夹窗口中，按住鼠标左键拖动，将出现一个虚线框，框住要选定的文件和文件夹，然后释放鼠标按钮。

（3）选定多个连续文件或文件夹：先单击选定第一项，按住 Shift 键，然后单击最后一个要选定的项。

（4）选定多个不连续文件或文件夹：单击选定第一项，按住 Ctrl 键，然后分别单击各个要选定的项。

5. 复制文件的方法有以下几种。

（1）用鼠标右键单击文件夹窗格中需要复制的文件，在弹出的快捷菜单中选择“复制”选项，在要复制到的文件夹窗格中，用鼠标右键单击文件夹窗格中的空白区域，在弹出的快捷菜单中选择“粘贴”

（2）选择需要复制的文件，按 Ctrl+C 快捷键，然后在要复制到的文件夹窗格中，按 Ctrl+V 快捷键。

（3）选择需要复制的文件，用鼠标拖放（不同驱动器之间的复制）或按下 Ctrl 的同时拖动鼠标也可以实现文件的复制。

6. 计算机网络的主要功能有：（1）资源共享，（2）数据通讯，（3）提高计算机的可靠性和可用性，（4）分布式处理。

7. 网络传输介质分为有线介质和无线介质，有线介质有同轴电缆、电话线、双绞线、光纤；无线介质有无线电、微波、红外线。

8. 网络互联设备有网络适配器（即网卡）、集线器、交换机、路由器、中继器、网桥、网关等。

9. 第 3 行第 5 列单元格的单元格引用方式如下：

（1）E3（相对引用）；

（2）$E$3（绝对引用）；

（3）$E3（或 E$3）（混合引用）。

10. 进制转换：

$(50.25)_{10}=(110010.01)_2$

$(101101.01)_2=(45.25)_{10}$

理论综合练习 2

一、单项选择题

1. D　2. C　3. D　4. B　5. C　6. D　7. D　8. C　9. D　10. A
11. B　12. A　13. A　14. D　15. A　16. A　17. D　18. A　19. C　20. B
21. C　22. B　23. A　24. B　25. D　26. A　27. C　28. D　29. C　30. A
31. A

32. B。解析：在 Excel 的页面设置中，能够设置页面、页边距、页眉/页脚等选项，根本不存在设置每页字数的选项。

33. D　34. A　35. C

二、填空题

1. 内存储器，外存储器　　2. 二进制　　3. Ctrl+Shift
4. Ctrl+C　　5. Ctrl，拖动，拖动　　6. 外部设备，主机
7. Alt+Print Screen　　8. 混合引用，相对引用
9. docx，xlsx，pptx　　10. 单引号 ‘
11. B$2　　12. 中央处理器，主存储器

三、判断题

1. ✓　　2. ×　　3. ✓　　4. ×　　5. ✓
6. ×　　7. ×　　8. ✓　　9. ✓　　10. ×
11. ✓　　12. ×　　13. ×　　14. ✓　　15. ✓

四、简答题

1. 计算机系统可分为硬件系统和软件系统。

硬件系统分为：运算器、控制器、存储器（内存储器和外存储器）、输入设备（键盘、鼠标、绘图仪等）、输出设备（显示器、打印机等）。

软件系统分为：系统软件和应用软件。

主机中又有：微处理器、存储器、总线、输入/输出（I/O）接口。

2. 微型计算机的主要性能指标有：

（1）运算速度：通常所说的计算机算速度（平均运算速度），是指每秒钟所能执行的指令条数，一般用“百万条指令/秒”（MIPS）来描述。

（2）主频：微型计算机一般采用主频来描述运算速度，一般说来，主频越高，运算速度就越快。

（3）字长。一般说来，计算机在同一时间内处理的一组二进制数称为一个计算机的“字”，而这组二进制数的位数就是“字长”。在其他指标相同时，字长越大计算机处理数据的速度就越快，精度越高。

（4）内存储器的容量。内存储器，也简称主存，是 CPU 可以直接访问的存储器，需要执行的程序与需要处理的数据就是存放在主存中的。内存储器容量反映了计算机即时存储信息的能力，内存容量越大，系统功能越强大。

（5）存取周期：把信息代码存入存储器，称为“写”，把信息代码从存储器中取出，称为读，存储器进行一次“读”或“写”操作所需要的时间称为存储器的访问时间（或读写时间），而连续启动两次独立的“读”或“写”操作（如连续的两次“读”操作）所需的最短时间，称为存储周期。

（6）I/O 的速度：主机 I/O 的速度，取决于 I/O 总线的设计，这对于慢速设备（如键盘、打印机）关系不大，但对于高速设备则效果十分明显。

（7）性价比：性价比=性能/价格。商品品质好，性价比高。

3. 移动文件有以下方法。

（1）用鼠标右键单击文件夹窗格中需要复制的文件，在弹出的快捷菜单中选择“剪切”

选项，在要移动到的文件夹窗格中，用鼠标右键单击文件夹窗格中的空白区域，在弹出的快捷菜单中选择“粘贴”。

（2）选择需要移动的文件，按 Ctrl+X 快捷键，然后在要移动到的文件夹窗格中，按 Ctrl+V 快捷键。

（3）选择需要移动的文件，用鼠标拖放（同一驱动器之间的移动）或按下 Shift 的同时拖动鼠标也可以实现文件的移动。

4. 在 Windows 中删除文件或文件夹有以下方法。

（1）鼠标指向该文件夹或文件，单击右键，在弹出的快捷菜单中单击“删除”命令。

（2）单击该文件夹或文件，按键盘上的 Delete 键；

（3）选定文件后，选择“文件”菜单中的“删除”命令。

（4）选定文件后，选择“组织”菜单中的“删除”命令

（5）将该文件夹或文件拖到桌面的“回收站”中

5. “格式刷”的功能及使用方法如下。

（1）功能：格式刷的功能主要是复制所需文字或段落的格式，并应用到另一段文字或段落。

（2）操作：① 选定要复制的格式的文本；

② 双击“格式刷”按钮，此时光标变为刷子形状；

③ 分别单击并拖动鼠标选择目标区域；

④ 完成复制后，按键盘上的 Esc 键或再次单击“格式刷”按钮即可取消格式刷。

6. 网络的拓扑结构就是指网络上各互连设备相互连接的形式。

常见的拓扑结构有：总线型拓扑、星状拓扑、环状拓扑、树状拓扑、混合型拓扑

7. 在 Excel 中分类汇总的操作步骤如下：

（1）按指定分类字段进行排序；

（2）单击“数据”菜单中的“分类汇总”命令；

（3）在“分类汇总”对话框中指定分类字段及汇总方式，然后单击“确定”。

8. Windows 系统的对话框包括的常用元素如下：

（1）单选按钮或者单选框或者单选；

（2）复选框或复选；

（3）下拉式列表或者列表框；

（4）选项卡或者标签；

（5）命令按钮或者命令。

9. 在 PowerPoint 2010 中，“母版”的主要用途如下：

（1）可以为幻灯片设置统一的格式；

（2）可以为幻灯片设置统一的动画；

（3）可以为每一张幻灯片添加相同的对象。

10. 邮件合并的应用领域如下：

（1）批量打印信封；

（2）批量打印信件；

（3）批量打印请柬；

（4）批量打印工资条；

（5）批量打印个人简历；

（6）批量打印学生成绩单；

（7）批量打印各类获奖证书；

（8）批量打印准考证、班级课表、明信片、信封等个人报表。

第3部分 操作题综合训练

Word 综合训练 1

春秋时期，吴越两国相邻，经常打仗，有次吴王领兵攻打越国，被越王勾践的大将灵姑浮砍中了右脚，最后伤重而亡。吴王死后，他的儿子夫差继位。三年以后，夫差带兵前去攻打越国，以报杀父之仇。

公元前497年，两国在夫椒交战，吴国大获全胜，越王勾践被迫退居到会稽。吴王派兵追击，把勾践围困在会稽山上，情况非常危急。此时，勾践听从了大夫文种的计策，准备了一些金银财宝和几个美女，派人偷偷地送给吴国太宰，并通过太宰向吴王求情，吴王最后答应了越王勾践的求和。但是吴国的伍子胥认为不能与越国讲和，否则无异于放虎归山，可是吴王不听。

越王勾践投降后，便和妻子一起前往吴国，他们夫妻俩住在夫差父亲墓旁的石屋里，做看守坟墓和养马的事情。夫差每次出游，勾践总是拿着马鞭，恭恭敬敬地跟在后面。后来吴王夫差有病，勾践为了表明他对夫差的忠心，竟亲自去尝夫差大便的味道，以便来判断夫差病愈的日期。夫差病好的日期恰好与勾践预测的相合，夫差认为勾践对他敬爱忠诚，于是就把勾践夫妇放回越国。越王勾践他回国以后，立志要报仇雪恨。为了不忘国耻，他睡觉就卧在柴薪之上，坐卧的地方挂着苦胆，表示不忘国耻，不忘艰苦。经过十年的积聚，越国终于由弱国变成强国，最后打败了吴国，吴王羞愧自杀。

——源于《史记专项王勾践世家》

按照如下要求对以上文字进行编辑。

（1）为全文添加标题，标题文字为“卧薪尝胆”（不包括引号），并设置为隶书，一号，加粗，标题文字“居中”对齐。

（2）在标题下插入艺术字，内容为学号+姓名，设置嵌入型，居右显示。

（3）除标题外的文字设置为楷体，小四，首行缩进两个汉字、两端对齐、行间距为固定值22磅、字间距设置为2磅。

（4）将全文中所有的“越王勾践”（不包括引号），设置为粗体、蓝色。

（5）设置页眉内容为“中国成语故事卧薪尝胆”，字体均设置为黑体、五号、加粗、居中；页脚内容为“第X页共Y页”居中对齐。

（6）将正文中的第一段加外框，并填充黄色底纹。

（7）将正文中的第二段分为两栏，栏间距为3字符，两栏不等宽，左栏宽25字符，加分隔线。

（8）将正文中的第三段设置首字下沉2行。

（9）将正文中的第三段和第四段位置对调。

(10) 在正文第二段和第三段之间插入分页符。

(11) 把页面设置设成"A4"纸，左右页边距均为2厘米。

(12) 插入任意一张建筑类剪贴画图片，选择合适大小（参考高度和宽度值为4厘米），版式为"四周型"。

(13) 插入自选图形"云形标注"和"笑脸"，"笑脸"填充色设置为黄色，形状轮廓设置为红色，"云形标注"填充色设置为天蓝色，并在"云形标注"上添加文本"卧薪尝胆：用来形容人刻苦自励，奋发图强"（不包括引号）。

(14) 在正文后制作如下Word表格：

(15) 操作完成后另存，文件命名为自己的班级+姓名。

Word 综合训练 2

某高校为了使学生更好地进行职场定位和职业准备，提高就业能力，该校学工处将于2013年4月29日（星期五）19:30—21:30在校国际会议中心举办题为"领慧讲堂——大学生人生规划"就业讲座，特别邀请资深媒体人、著名艺术评论家赵蕈先生担任演讲嘉宾。

请根据上述活动的描述，利用Word制作一份宣传海报（宣传海报的参考样式请参考图7-1和图7-2所示样式），要求如下。

图7-1　第1页设计参考样式

图 7-2 第 2 页设计参考样式

（1）调整文档版面，要求页面高度 35 厘米，页面宽度 27 厘米，页边距（上、下）为 5 厘米，页边距（左右）为 3 厘米，并将计算机的墙纸文件夹下的一个图片文件设置为海报背景。

（2）根据图 7-3 所示参考样式，调整海报内容文字的字号、字体和颜色。

图 7-3 最终设计文件参考样式

(3) 根据页面布局需要，调整海报内容中“报告题目”“报告人”“报告日期”“报告时间”“报告地点”信息的段落间距。

(4) 在“报告人”位置后面输入报告人姓名（赵蕈)。

(5) 在“主办：校学工处”位置后另起一页，并设置第 2 页的页面纸张大小为 A4 篇幅，纸张方向设置为“横向”，页边距为普通”页边距定义。

(6) 在新页面的“日程安排”段落下面，复制本次活动的日程安排表（请参考图 7-4 所示“Word—活动日程安排 . xlsx”文件)，要求表格内容引用 Excel 文件中的内容，如若 Excel 文件中的内容发生变化，Word 文档中的日程安排信息随之发生变化。

	A	B	C
1	“领慧讲堂”就业讲座之大学生人生规划 日程安排		
2	时间	主题	报告人
3	18:30—19:00	签到	
4	19:00—19:20	大学生职场定位和职业准备	王老师
5	19:20—21:10	大学生人生规划	特约专家
6	21:10—21:30	现场提问	王老师

图 7-4 Word—活动日程安排

(7) 在新页面的“报名流程”段落下面，利用 SmartArt，制作本次活动的报名流程（学工处报名、确认座席、领取资料、领取门票)。

(8) 设置“报告人介绍”段落下面的文字排版布局为图 7-3 所示的参考样式。

(9) 更换报告人照片，将该照片调整到适当位置，不要遮挡文档中的文字内容。

Word 综合训练 3

文档“北京政府统计工作年报 . docx”是一篇从互联网上获取的文字资料，请打开该文档并按下列要求进行排版及保存操作。

(1) 将文档中的西文空格全部删除。

(2) 将纸张大小设为 16 开，上边距设为 3. 2 厘米，下边距设为 3 厘米，左右页边距均设为 2. 5 厘米。

(3) 利用素材前三行内容为文档制作一个封面页，令其独占一页。

(4) 将标题“(三) 咨询情况”下用蓝色标出的段落部分转换为表格，为表格套用一种表格样式使其更加美观。基于该表格数据，在表格下方插入一个饼图，用于反映各种咨询形式所占比例，要求在饼图中仅显示百分比。

(5) 将文档中以“一、” “二、”……开头的段落设为“标题 1”样式；以“(一)”“(二)”……开头的段落设为“标题 2”样式；以“1、”“2、”…开头的段落设为“标题 3”样式。

(6) 为正文第 3 段中用红色标出的文字“统计局政府网站”添加超链接，链接地址为“http://www. bjstats. gov. cn/”。同时在“统计局政府网站”后添加脚注，内容为“http:/www. bjstats. gov. cn”。

(7) 将除封面页外的所有内容分为两栏显示，但是前述表格及相关图表仍需跨栏居中显示，无须分栏。

(8) 在封面页与正文之间插入目录，目录要求包含标题第1~3级及对应页号。目录单独占用一页且无须分栏。

(9) 除封面页和目录页外，在正文页上添加页眉，内容为文档标题“北京市政府信息公开工作年度报告”和页码，要求正文页码从第1页开始，其中奇数页眉居右显示，页码在标题右侧，偶数页眉居左显示，页码在标题左侧。

(10) 将完成排版的文档先以原Word格式及文件名“北京政府统计工作年报.docx”进行保存，再另行生成一份同名的PDF文档进行保存。

Word综合训练4

为了更好地介绍公司的服务与市场战略，市场部助理小王需要协助制作完成公司战略规划文档，并调整文档的外观与格式。

现在，请按照如下需求，在Word.docx文档中完成制作工作。

(1) 调整文档纸张大小为A4幅面，纸张方向为纵向；并调整上、下页边距为2.5厘米，左、右页边距为3.2厘米。

(2) 将Word.docx文档中的所有红颜色文字段落应用为“标题1，标题样式一”段落样式。

(3) 将Word.docx文档中的所有绿颜色文字段落应用为“标题2，标题样式二”段落样式。

(4) 将文档中出现的全部“软回车”符号（手动换行符）更改为“硬回车”符号（段落标记）。

(5) 修改文档样式库中的“正文”样式，使得文档中所有正文段落首行缩进2个字符。

(6) 为文档添加页眉，并将当前页中样式为“标题1，标题样式一”的文字自动显示在页眉区域中。

(7) 在文档的第4个段落后（标题为“目标”的段落之前）插入一个空段落，并按照如下的数据方式在此空段落中插入一个折线图图表，将图表标题命名为“公司业务指标”。

	销售额	成本	利润
2010年	4.3	2.4	1.9
2011年	6.3	5.1	1.2
2012年	5.9	3.6	2.3
2013年	7.8	3.2	4.6

Excel综合训练1

打开Excel，按图7-5所示的格式输入Sheet1工作表的内容，将其以“评分表.xlsx”为文件名，保存至本机最后一个磁盘的以自己名字命名的文件夹中。

	A	B	C	D	E	F	G	H	I	J
1	2007年度公司员工评分表									
2										
3	编号	姓名	性别	职称	出勤奖分	竞赛奖分	评教得分	特殊贡献奖分	其他	年终总分
4	2007A1001	李强	男	一级	85	80	78	90	76	
5		李忠	男	一级	76	87	63	74	70	
6		刘晓钟	男	二级	88	91	96	93	90	
7		陆健	男	高级	75	84	97	75	70	
8		孙亦浩	男	一级	90	70	95	85	80	
9		王观松	男	高级	72	75	69	80	95	
10		王青海	男	二级	85	88	73	83	68	
11		张皓	男	高级	92	87	74	84	80	
12		李德恩	女	高级	76	67	90	95	65	
13		李迪文	女	二级	72	75	69	63	89	
14		刘长华	女	二级	92	86	74	84	90	
15		吴思远	女	一级	89	67	92	87	92	
16		叶雨梅	女	一级	76	67	78	97	69	
17		张光辉	女	二级	76	85	84	83	86	
18		张捷	女	高级	87	83	90	88	88	
19		张时华	女	一级	97	83	89	88	68	
20		朱靖	女	二级	76	88	84	82	78	

图 7-5　员工评分表

进行以下操作。

1. 表格的设置与编排

（1）按图 7-6 所示样张，用快速输入的方法输入第一列的“编号”，并调整“编号”一列的宽度为 14，其他列均为 7.75。

（2）按图 7-6 所示样张，将单元格区域 A1:J2 并及居中，设置字体为华文楷体、24 磅。

（3）利用公式分别计算出每位员工的“年终总分”，将结果填入相对应的单元格中。

（4）将 Sheet1 工作表中的所有数据复制到 Sheet2、Sheet3 和 Sheet4 工作表中。

2007年度公司员工评分表

编号	姓名	性别	职称	出勤奖分	竞赛奖分	评教得分	殊贡献奖	其他	年终总分
2007A1001	李强	男	一级	85	80	78	90	76	409
2007A1002	李忠	男	一级	76	87	63	74	70	370
2007A1003	刘晓钟	男	二级	88	91	96	93	90	458
2007A1004	陆健	男	高级	75	84	97	75	70	401
2007A1005	孙亦浩	男	一级	90	70	95	85	80	420
2007A1006	王观松	男	高级	72	75	69	80	95	391
2007A1007	王青海	男	二级	85	88	73	83	68	397
2007A1008	张皓	男	高级	92	87	74	84	80	417
2007A1009	李德恩	女	高级	76	67	90	95	65	393
2007A1010	李迪文	女	二级	72	75	69	63	89	368
2007A1011	刘长华	女	二级	92	86	74	84	90	426
2007A1012	吴思远	女	一级	89	67	92	87	92	427
2007A1013	叶雨梅	女	一级	76	67	78	97	69	387
2007A1014	张光辉	女	二级	76	85	84	83	86	414
2007A1015	张捷	女	高级	87	83	90	88	88	436
2007A1016	张时华	女	一级	97	83	89	88	68	425
2007A1017	朱靖	女	二级	76	88	84	82	78	408

图 7-6　基本操作结果样张

（5）按图 7-6 所示样张，将 Sheet1 工作表的标题色设置为海绿色、填充浅黄色底纹，并为标题单元格插入批注“部分员工”。

（6）按图 7-6 所示样张，将单元格区域 A3:J20 的外边框线设置为红色粗实线，内边框设置为黄色的细实线；将单元格区域 A3:J20 的对齐设置为水平居中，设置字体为华文中宋、12 磅、浅青绿色、填充深紫色。

2. 图表的运用

（1）按图 7-7 所示样张，使用 Sheet2 工作表中的数据，在 Sheet2 工作表中创建一个三维簇状图，在下方显示图例。

（2）按 7-7 所示样张，对图表进行修饰：图表标题为“员工评分表”，字体为华文隶书、22 磅，图例区字体设置为楷体-GB2312、12 磅；图表区设置为画布的填充效果，图例区设置为羊皮纸的填充效果。

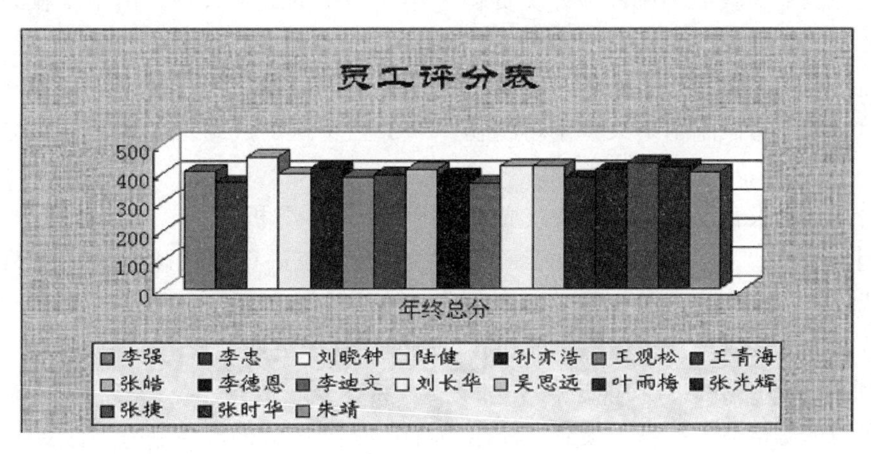

图 7-7　图表样张

3. 数据管理与分析

（1）按图 7-8 所示样张，使用 Sheet3 工作表中的数据，以职称为分类字段，以年终总分为汇总项，进行求平均值的分类汇总。

2007年度公司员工评分表									
编号	姓名	性别	职称	出勤奖	竞赛奖分	评教得分	特殊贡献	其他	年终总分
			一级 平均值						406.3333
			高级 平均值						407.6
			二级 平均值						411.8333
			总计平均值						408.6471

图 7-8　分类汇总样张

（2）按图 7-9 所示样张，使用 Sheet4 工作表中的数据，筛选出各类奖分均大于或等于 75 分的员工。

将以上操作结果进行保存。

2007年度公司员工评分表									
编号	姓名	性别	职称	出勤奖分	竞赛奖分	评教得	特殊贡	其它	年终总分
2007A1001	李强	男	一级	85	80	78	90	76	409
2007A1003	刘晓钟	男	二级	88	91	96	93	90	458
2007A1014	张光辉	女	二级	76	85	84	83	86	414
2007A1015	张捷	女	高级	87	83	90	88	88	436
2007A1017	朱靖	女	二级	76	88	84	82	78	408

图 7-9 筛选结果样张

Excel 综合训练 2

小蒋是一位中学教师，在教务处负责初一年级学生的成绩管理。由于学校地处偏远地区，缺乏必要的教学设施，只有一台配置不太高的 PC 可以使用。他在这台 PC 中安装了 Microsoft Office，决定通过 Excel 来管理学生成绩，以弥补学校缺少数据库管理系统的不足。现在，第一学期期末考试刚刚结束，小蒋将初一年级三个班的成绩均录入了文件名为“学生成绩单 . xlsx”的 Excel 工作簿文档中。

请根据下列要求帮助小蒋老师对该成绩单进行整理和分析。

(1) 对工作表“第一学期期末成绩”中的数据列表进行格式化操作：将第一列“学号”列设为文本，将所有成绩列设为保留两位小数的数值；适当加大行高列宽，改变字体、字号，设置对齐方式，增加适当的边框和底纹以使工作表更加美观。

(2) 利用“条件格式”功能进行下列设置：将语文、数学、英语三科中不低于 110 分的成绩所在的单元格以一种颜色填充，其他四科中高于 95 分的成绩以另一种字体颜色标出，所用颜色深浅以不遮挡数据为宜。

(3) 利用 Sum 和 Average 函数计算每一个学生的总分及平均成绩。

(4) 学号的第 3、4 位代表学生所在的班级，例如：“120105”代表 12 级 1 班 5 号。请通过函数提取每个学生所在的班级并按下列对应关系填写在“班级”列中：

学号的第 3、4 位所对应班级

01 1 班

02 2 班

03 3 班

(5) 复制工作表“第一学期期末成绩”，将副本放置到原表之后；改变该副本表标签的颜色，并重新命名，新表名需包含“分类汇总”字样。

(6) 通过分类汇总功能求出每个班各科的平均成绩，并将每组结果分页显示。

(7) 以分类汇总结果为基础，创建一个簇状柱形图，对每个班各科平均成绩进行比较，并将该图表放置在一个名为“柱状分析图”新工作表中。

操作结果样张如图 7-10～图 7-12 所示。

学号	姓名	班级	语文	数学	英语	生物	地理	历史	政治	总分	平均分
120305	包宏伟	3班	91.50	89.00	94.00	92.00	91.00	86.00	86.00	629.50	89.93
120203	陈万地	2班	93.00	99.00	92.00	86.00	86.00	73.00	92.00	621.00	88.71
120104	杜学江	1班	102.00	116.00	113.00	78.00	88.00	86.00	73.00	656.00	93.71
120301	符合	3班	99.00	98.00	101.00	95.00	91.00	95.00	78.00	657.00	93.86
120306	吉祥	3班	101.00	94.00	99.00	90.00	87.00	95.00	93.00	659.00	94.14
120206	李北大	2班	100.50	103.00	104.00	88.00	89.00	78.00	90.00	652.50	93.21
120302	李娜娜	3班	78.00	95.00	94.00	82.00	90.00	93.00	84.00	616.00	88.00
120204	刘康锋	2班	95.50	92.00	96.00	84.00	95.00	91.00	92.00	645.50	92.21
120201	刘鹏举	2班	93.50	107.00	96.00	100.00	93.00	92.00	93.00	674.50	96.36
120304	倪冬声	3班	95.00	97.00	102.00	93.00	95.00	92.00	88.00	662.00	94.57
120103	齐飞扬	1班	95.00	85.00	99.00	98.00	92.00	92.00	88.00	649.00	92.71
120105	苏解放	1班	88.00	98.00	101.00	89.00	73.00	95.00	91.00	635.00	90.71
120202	孙玉敏	2班	86.00	107.00	89.00	88.00	92.00	88.00	89.00	639.00	91.29
120205	王清华	2班	103.50	105.00	105.00	93.00	93.00	90.00	86.00	675.50	96.50
120102	谢如康	1班	110.00	95.00	98.00	99.00	93.00	93.00	92.00	680.00	97.14
120303	闫朝霞	3班	84.00	100.00	97.00	87.00	78.00	89.00	93.00	628.00	89.71
120101	曾令煊	1班	97.50	106.00	108.00	98.00	99.00	99.00	96.00	703.50	100.50
120106	张桂花	1班	90.00	111.00	116.00	72.00	95.00	93.00	95.00	672.00	96.00

图7-10 基本操作结果样张

学号	姓名	班级	语文	数学	英语	生物	地理	历史	政治	总分	平均分
120104	杜学江	1班	102.00	116.00	113.00	78.00	88.00	86.00	73.00	656.00	93.71
120103	齐飞扬	1班	95.00	85.00	99.00	98.00	92.00	92.00	88.00	649.00	92.71
120105	苏解放	1班	88.00	98.00	101.00	89.00	73.00	95.00	91.00	635.00	90.71
120102	谢如康	1班	110.00	95.00	98.00	99.00	93.00	93.00	92.00	680.00	97.14
120101	曾令煊	1班	97.50	106.00	108.00	98.00	99.00	99.00	96.00	703.50	100.50
120106	张桂花	1班	90.00	111.00	116.00	72.00	95.00	93.00	95.00	672.00	96.00
		1班 平均值	97.08	101.83	105.83	89.00	90.00	93.00	89.17		
120203	陈万地	2班	93.00	99.00	92.00	86.00	86.00	73.00	92.00	621.00	88.71
120206	李北大	2班	100.50	103.00	104.00	88.00	89.00	78.00	90.00	652.50	93.21
120204	刘康锋	2班	95.50	92.00	96.00	84.00	95.00	91.00	92.00	645.50	92.21
120201	刘鹏举	2班	93.50	107.00	96.00	100.00	93.00	92.00	93.00	674.50	96.36
120202	孙玉敏	2班	86.00	107.00	89.00	88.00	92.00	88.00	89.00	639.00	91.29
120205	王清华	2班	103.50	105.00	105.00	93.00	93.00	90.00	86.00	675.50	96.50
		2班 平均值	95.33	102.17	97.00	89.83	91.33	85.33	90.33		
120305	包宏伟	3班	91.50	89.00	94.00	92.00	91.00	86.00	86.00	629.50	89.93
120301	符合	3班	99.00	98.00	101.00	95.00	91.00	95.00	78.00	657.00	93.86
120306	吉祥	3班	101.00	94.00	99.00	90.00	87.00	95.00	93.00	659.00	94.14
120302	李娜娜	3班	78.00	95.00	94.00	82.00	90.00	93.00	84.00	616.00	88.00
120304	倪冬声	3班	95.00	97.00	102.00	93.00	95.00	92.00	88.00	662.00	94.57
120303	闫朝霞	3班	84.00	100.00	97.00	87.00	78.00	89.00	93.00	628.00	89.71
		3班 平均值	91.42	95.50	97.83	89.83	88.67	91.67	87.00		
		总计平均值	94.61	99.83	100.22	89.56	90.00	90.00	88.83		

图7-11 分类汇总结果样张

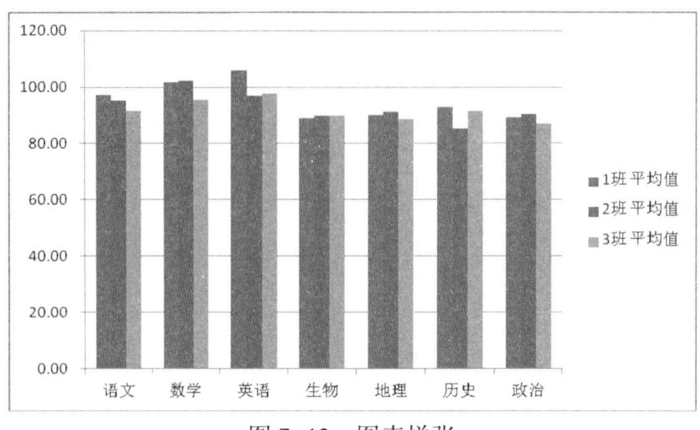

图 7-12 图表样张

Excel 综合训练 3

期末考试结束后，初三（14）班的班主任助理王老师需要对本班学生的各科考试成绩进行统计分析，并为每个学生制作一份成绩通知单下发给家长。按照下列要求完成该班的成绩统计工作并按原文件名进行保存。

（1）新建一个工作簿，包含语文、数学、英语、物理、化学、品德、历史和期末总成绩8个工作表，内容参见图7-14~图7-21。在最左侧插入一个空白工作表，重命名为“初三学生档案”，并将该工作表标签颜色设为“紫色（标准色）”。

（2）将以制表符分隔的文本文件“学生档案.txt”（格式如图7-22所示）自A1单元格开始导入到工作表“初三学生档案”中，注意不得改变原始数据的排列顺序。将第1列数据从左到右依次分成“学号”和“姓名”两列显示。最后创建一个名为“档案”，包含数据区域A1:G56和包含标题的表，同时删除外部链接。

（3）在工作表“初三学生档案”中，利用公式及函数依次输入每个学生的性别（“男”或“女”）、出生日期（××××年××月××日）和年龄。其中：身份证号的倒数第2位用于判断性别，奇数为男性，偶数为女性；身份证号的第7~14位代表出生年月日；年龄需要按周岁计算，满1年才计1岁。最后适当调整工作表的行高和列宽、对齐方式等，以方便阅读。

（4）参考工作表“初三学生档案”，在工作表“语文”中输入与学号对应的“姓名”；按照平时、期中、期末成绩各占30%、30%、40%的比例计算每个学生的“学期成绩”并填入相应单元格中；按成绩由高到低的顺序，统计每个学生的“学期成绩”排名，并按“第n名”的形式填入“班级名次”列中；按照下列条件填写“期末总评”：

语文、数学的学期成绩	其他科目的学期成绩	期末总评
≥102	≥90	优秀
≥84	≥75	良好
≥72	≥60	及格
<72	<60	不合格

（5）将工作表“语文”的格式全部应用到其他科目工作表中，包括行高（各行行高均为22默认单位）和列宽（各列列宽均为14默认单位）。并按上述（4）中的要求依次输入或统计其他科目的“姓名”“学期成绩”“班级名次”“期末总评”。

(6) 分别将各科的“学期成绩”引入到工作表“期末总成绩”的相应列中，在工作表“期末总成绩”中依次引入姓名、计算各科的平均分、每个学生的总分，并按成绩由高到底的顺序统计每个学生的总分排名，并以“1、2、3…”的形式标识名次，最后将所有成绩的数字格式设为数值、保留两位小数。

(7) 在工作表“期末总成绩”中分别用红色（标准色）和加粗格式标出各科第一名成绩。同时将前 10 名的总分成绩用浅蓝色填充。

(8) 调整工作表“期末总成绩”的页面布局以便打印：纸张方向为横向，缩减打印输出使得所有列只占一个页面宽（但不得缩小列宽），水平居中打印在纸上。

各工作表操作结果如图 7-13～图 7-22 所示。

学号	姓名	身份证号码	性别	出生日期	年龄	籍贯
C121417	马小军	110101200001051054	男	2000年01月05日	19	湖北
C121301	曾令铨	110102199812191513	男	1998年12月19日	20	北京
C121201	张国强	110102199903292713	男	1999年03月29日	20	北京
C121424	孙令煊	110102199904271532	男	1999年04月27日	19	北京
C121404	江晓勇	110102199905240451	男	1999年05月24日	19	山西
C121001	吴小飞	110102199905281913	男	1999年05月28日	19	北京
C121422	姚南	110103199903040920	女	1999年03月04日	20	北京
C121425	杜学江	110103199903270623	女	1999年03月27日	20	北京
C121401	宋子丹	110103199904290936	男	1999年04月29日	19	北京
C121439	吕文伟	110103199908171548	女	1999年08月17日	19	湖南
C120802	符坚	110104199810261737	男	1998年10月26日	20	山西
C121411	张杰	110104199903051216	男	1999年03月05日	20	北京
C120901	谢如雪	110105199807142140	女	1998年07月14日	20	北京
C121440	方天宇	110105199810054517	男	1998年10月05日	20	河北
C121413	莫一明	110105199810212519	男	1998年10月21日	20	北京
C121423	徐霞客	110105199811111135	男	1998年11月11日	20	北京

图 7-13 初三学生档案工作表

学号	姓名	平时成绩	期中成绩	期末成绩	学期成绩	班级名次	期末总评
C121401	宋子丹	97.00	96.00	102.00	98.70	第 13 名	良好
C121402	郑菁华	99.00	94.00	101.00	98.30	第 14 名	良好
C121403	张雄杰	98.00	82.00	91.00	90.40	第 28 名	良好
C121404	江晓勇	87.00	81.00	90.00	86.40	第 33 名	良好
C121405	齐小娟	103.00	98.00	96.00	98.70	第 11 名	良好
C121406	孙如红	96.00	86.00	91.00	91.00	第 26 名	良好
C121407	甄士隐	109.00	112.00	104.00	107.90	第 1 名	优秀
C121408	周梦飞	81.00	71.00	88.00	80.80	第 42 名	及格
C121409	杜春兰	103.00	108.00	106.00	105.70	第 2 名	优秀
C121410	苏国强	95.00	85.00	89.00	89.60	第 30 名	良好
C121411	张杰	90.00	94.00	93.00	92.40	第 23 名	良好
C121412	吉莉莉	83.00	96.00	99.00	93.30	第 21 名	良好
C121413	莫一明	101.00	100.00	96.00	98.70	第 11 名	良好
C121414	郭晶晶	77.00	87.00	93.00	86.40	第 33 名	良好
C121415	侯登科	95.00	88.00	98.00	94.10	第 20 名	良好
C121416	宋子文	98.00	118.00	101.00	105.20	第 3 名	优秀

图 7-14 语文工作表

学号	姓名	平时成绩	期中成绩	期末成绩	学期成绩	班级名次	期末总评
C121401	宋子丹	85.00	88.00	90.00	87.90	第 36 名	良好
C121402	郑菁华	116.00	102.00	117.00	112.20	第 3 名	优秀
C121403	张雄杰	113.00	99.00	100.00	103.60	第 17 名	优秀
C121404	江晓勇	99.00	89.00	96.00	94.80	第 28 名	良好
C121405	齐小娟	100.00	112.00	113.00	108.80	第 8 名	优秀
C121406	孙如红	113.00	105.00	99.00	105.00	第 14 名	优秀
C121407	甄士隐	79.00	102.00	104.00	95.90	第 24 名	良好
C121408	周梦飞	96.00	92.00	89.00	92.00	第 29 名	良好
C121409	杜春兰	75.00	85.00	83.00	81.20	第 42 名	及格
C121410	苏国强	83.00	76.00	81.00	80.10	第 43 名	及格
C121411	张杰	107.00	106.00	101.00	104.30	第 16 名	优秀
C121412	吉莉莉	74.00	86.00	88.00	83.20	第 40 名	及格
C121413	莫一明	90.00	91.00	94.00	91.90	第 30 名	良好
C121414	郭晶晶	112.00	116.00	107.00	111.20	第 5 名	优秀
C121415	侯登科	94.00	90.00	91.00	91.60	第 32 名	良好
C121416	宋子文	90.00	81.00	96.00	89.70	第 34 名	良好

图 7-15　数学工作表

学号	姓名	平时成绩	期中成绩	期末成绩	学期成绩	班级名次	期末总评
C121401	宋子丹	82.00	89.00	83.00	84.50	第 40 名	良好
C121402	郑菁华	89.00	95.00	82.00	88.00	第 35 名	良好
C121403	张雄杰	92.00	99.00	95.00	95.30	第 10 名	优秀
C121404	江晓勇	97.00	92.00	95.00	94.70	第 11 名	优秀
C121405	齐小娟	85.00	88.00	90.00	87.90	第 36 名	良好
C121406	孙如红	96.00	92.00	94.00	94.00	第 17 名	优秀
C121407	甄士隐	93.00	94.00	87.00	90.90	第 28 名	优秀
C121408	周梦飞	96.00	98.00	95.00	96.20	第 8 名	优秀
C121409	杜春兰	92.00	95.00	96.00	94.50	第 12 名	优秀
C121410	苏国强	78.00	75.00	80.00	77.90	第 44 名	良好
C121411	张杰	91.00	91.00	93.00	91.80	第 23 名	优秀
C121412	吉莉莉	96.00	97.00	89.00	93.50	第 20 名	优秀
C121413	莫一明	88.00	92.00	93.00	91.20	第 27 名	优秀
C121414	郭晶晶	92.00	96.00	94.00	94.00	第 17 名	优秀
C121415	侯登科	100.00	97.00	99.00	98.70	第 1 名	优秀
C121416	宋子文	92.00	93.00	96.00	93.90	第 19 名	优秀

图 7-16　英语工作表

学号	姓名	平时成绩	期中成绩	期末成绩	学期成绩	班级名次	期末总评
C121401	宋子丹	89.00	97.00	95.00	93.80	第 12 名	优秀
C121402	郑菁华	100.00	94.00	96.00	96.60	第 6 名	优秀
C121403	张雄杰	98.00	88.00	95.00	93.80	第 12 名	优秀
C121404	江晓勇	93.00	92.00	95.00	93.50	第 14 名	优秀
C121405	齐小娟	95.00	94.00	100.00	96.70	第 4 名	优秀
C121406	孙如红	80.00	77.00	72.00	75.90	第 42 名	良好
C121407	甄士隐	97.00	91.00	98.00	95.60	第 8 名	优秀
C121408	周梦飞	74.00	66.00	79.00	73.60	第 44 名	及格
C121409	杜春兰	92.00	100.00	98.00	96.80	第 3 名	优秀
C121410	苏国强	80.00	79.00	73.00	76.90	第 38 名	良好
C121411	张杰	90.00	97.00	95.00	94.10	第 11 名	优秀
C121412	吉莉莉	74.00	79.00	81.00	78.30	第 37 名	良好
C121413	莫一明	71.00	89.00	77.00	78.80	第 35 名	良好
C121414	郭晶晶	87.00	94.00	96.00	92.70	第 17 名	优秀
C121415	侯登科	81.00	82.00	93.00	86.10	第 29 名	良好
C121416	宋子文	83.00	89.00	81.00	84.00	第 31 名	良好

图 7-17 物理工作表

学号	姓名	平时成绩	期中成绩	期末成绩	学期成绩	班级名次	期末总评
C121401	宋子丹	69.00	81.00	78.00	76.20	第 22 名	良好
C121402	郑菁华	83.00	87.00	69.00	78.60	第 17 名	良好
C121403	张雄杰	69.00	68.00	78.00	72.30	第 30 名	及格
C121404	江晓勇	68.00	95.00	89.00	84.50	第 8 名	良好
C121405	齐小娟	82.00	52.00	89.00	75.80	第 23 名	良好
C121406	孙如红	91.00	98.00	53.00	77.90	第 20 名	良好
C121407	甄士隐	97.00	83.00	89.00	89.60	第 3 名	良好
C121408	周梦飞	80.00	83.00	50.00	68.90	第 33 名	及格
C121409	杜春兰	74.00	61.00	58.00	63.70	第 39 名	及格
C121410	苏国强	73.00	66.00	97.00	80.50	第 14 名	良好
C121411	张杰	72.00	91.00	66.00	75.30	第 24 名	良好
C121412	吉莉莉	68.00	72.00	64.00	67.60	第 36 名	及格
C121413	莫一明	81.00	79.00	84.00	81.60	第 11 名	良好
C121414	郭晶晶	68.00	56.00	61.00	61.60	第 43 名	及格
C121415	侯登科	73.00	86.00	80.00	79.70	第 16 名	良好
C121416	宋子文	51.00	55.00	76.00	62.20	第 42 名	及格

图 7-18 化学工作表

学号	姓名	平时成绩	期中成绩	期末成绩	学期成绩	班级名次	期末总评
C121401	宋子丹	97.00	83.00	90.00	90.00	第 20 名	优秀
C121402	郑菁华	95.00	89.00	87.00	90.00	第 20 名	优秀
C121403	张雄杰	92.00	90.00	100.00	94.60	第 6 名	优秀
C121404	江晓勇	87.00	93.00	99.00	93.60	第 13 名	优秀
C121405	齐小娟	77.00	87.00	72.00	78.00	第 38 名	良好
C121406	孙如红	91.00	100.00	92.00	94.10	第 8 名	优秀
C121407	甄士隐	88.00	91.00	92.00	90.50	第 19 名	优秀
C121408	周梦飞	75.00	74.00	85.00	78.70	第 37 名	良好
C121409	杜春兰	80.00	82.00	72.00	77.40	第 39 名	良好
C121410	苏国强	71.00	77.00	78.00	75.60	第 43 名	良好
C121411	张杰	88.00	87.00	92.00	89.30	第 22 名	良好
C121412	吉莉莉	77.00	83.00	73.00	77.20	第 40 名	良好
C121413	莫一明	98.00	90.00	94.00	94.00	第 9 名	优秀
C121414	郭晶晶	88.00	83.00	77.00	82.10	第 32 名	良好
C121415	侯登科	76.00	82.00	74.00	77.00	第 41 名	良好
C121416	宋子文	98.00	92.00	90.00	93.00	第 14 名	优秀

图 7-19　品德工作表

学号	姓名	平时成绩	期中成绩	期末成绩	学期成绩	班级名次	期末总评
C121401	宋子丹	83.00	84.00	67.00	76.90	第 32 名	良好
C121402	郑菁华	100.00	96.00	86.00	93.20	第 6 名	优秀
C121403	张雄杰	84.00	62.00	76.00	74.20	第 35 名	及格
C121404	江晓勇	74.00	88.00	95.00	86.60	第 21 名	良好
C121405	齐小娟	92.00	89.00	85.00	88.30	第 19 名	良好
C121406	孙如红	95.00	85.00	86.00	88.40	第 18 名	良好
C121407	甄士隐	89.00	79.00	85.00	84.40	第 25 名	良好
C121408	周梦飞	94.00	92.00	93.00	93.00	第 8 名	优秀
C121409	杜春兰	67.00	79.00	58.00	67.00	第 42 名	及格
C121410	苏国强	64.00	77.00	62.00	67.10	第 41 名	及格
C121411	张杰	96.00	92.00	94.00	94.00	第 4 名	优秀
C121412	吉莉莉	77.00	83.00	79.00	79.60	第 31 名	良好
C121413	莫一明	87.00	92.00	88.00	88.90	第 17 名	良好
C121414	郭晶晶	85.00	90.00	93.00	89.70	第 14 名	良好
C121415	侯登科	72.00	68.00	66.00	68.40	第 38 名	及格
C121416	宋子文	87.00	92.00	89.00	89.30	第 15 名	良好

图 7-20　历史工作表

初三（14）班第一学期期末成绩表										
学号	姓名	语文	数学	英语	物理	化学	品德	历史	总分	总分排名
C121401	宋子丹	98.70	87.90	84.50	93.80	76.20	90.00	76.90	608.00	31
C121402	郑菁华	98.30	112.20	88.00	96.60	78.60	90.00	93.20	656.90	3
C121403	张雄杰	90.40	103.60	95.30	93.80	72.30	94.60	74.20	624.20	16
C121404	江晓勇	86.40	94.80	94.70	93.50	84.50	93.60	86.60	634.10	10
C121405	齐小娟	98.70	108.80	87.90	96.70	75.80	78.00	88.30	634.20	9
C121406	孙如红	91.00	105.00	94.00	75.90	77.90	94.10	88.40	626.30	13
C121407	甄士隐	107.90	95.90	90.90	95.60	89.60	90.50	84.40	654.80	4
C121408	周梦飞	80.80	92.00	96.20	73.60	68.90	78.70	93.00	583.20	41
C121409	杜春兰	105.70	81.20	94.50	96.80	63.70	77.40	67.00	586.30	40
C121410	苏国强	89.60	80.10	77.90	76.90	80.50	75.60	67.10	547.70	43
C121411	张杰	92.40	104.30	91.80	94.10	75.30	89.30	94.00	641.20	8
C121412	吉莉莉	93.30	83.20	93.50	78.30	67.60	77.20	79.60	572.70	42
C121413	莫一明	98.70	91.90	91.20	78.80	81.60	94.00	88.90	625.10	14
C121414	郭晶晶	86.40	111.20	94.00	92.70	61.60	82.10	89.70	617.70	23
C121415	侯登科	94.10	91.60	98.70	86.10	79.70	77.00	68.40	595.60	37
C121416	宋子文	105.20	89.70	93.90	84.00	62.20	93.00	89.30	617.30	24

图 7-21　期末总成绩工作表

学生档案.txt - 记事本

文件(F)　编辑(E)　格式(O)　查看(V)　帮助(H)

```
学号姓名 身份证号码          性别      出生日期 年龄        籍贯
C121417马小军     110101200001051054                                    湖北
C121301曾令铨     110102199812191513                                    北京
C121201张国强     110102199903292713                                    北京
C121424孙令煊     110102199904271532                                    北京
C121404江晓勇     110102199905240451                                    山西
C121001吴小飞     110102199905281913                                    北京
C121422姚南       110103199903040920                                    北京
C121425杜学江     110103199903270623                                    北京
C121401宋子丹     110103199904290936                                    北京
C121439吕文伟     110103199908171548                                    湖南
C120802符坚       110104199810261737                                    山西
C121411张杰       110104199903051216                                    北京
C120901谢如雪     110105199807142140                                    北京
C121440方天宇     110105199810054517                                    河北
C121413莫一明     110105199810212519                                    北京
C121423徐霞客     110105199811111135                                    北京
C121432孙玉敏     110105199906036123                                    山东
C121101徐鹏飞     110106199903293913                                    陕西
C121403张雄杰     110106199905133052                                    北京
C121437康秋林     110106199905174819                                    河北
C121420陈家洛     110106199907250970                                    吉林
```

图 7-22　学生档案 . txt

Excel 综合训练 4

李东阳是某家用电器企业的战略规划人员，正在参与制订本年度的生产与营销计划。为此，他需要对上一年度不同产品的销售情况进行汇总和分析，从中提炼出有价值的信息。根据下列要求，帮助李东阳运用已有的原始数据完成上述分析工作。

（1）打开 Excel，在工作表“Sheet1”中，从 B3 单元格开始，导入“数据源 . txt”（该文件包含图 7-23 所示工作表中的日期、类型、数量三项内容）中的数据，并将工作表名称修改为“销售记录”。

（2）在“销售记录”工作表的 A3 单元格中输入文字“序号”，从 A4 单元格开始，为每笔销售记录插入“001、002、003…”格式序号；将 B 列（日期）中数据的数字格式修改为只包含月和日的格式（3/14）；在 E3 和 F3 单元格中，分别输入文字“价格”和“金额”；对标题行区域 A3:F3 应用单元格的上框线和下框线，对数据区域的最后一行 A891:F891 应用单元格的下框线；其他单元格无边框线；不显示工作表的网格线。

（3）在“销售记录”工作表的 A1 单元格中输入文字“2012 年销售数据”，并使其显示在 A1:F1 单元格区域的正中间（注意：不要合并上述单元格区域）；将“标题”单元格样式的字体修改为“微软雅黑”，并应用于 A1 单元格中的文字内容；隐藏第 2 行。

（4）在“销售记录”工作表的 E4:E891 中，应用函数输入 C 列（类型）所对应的产品价格，价格信息可以在“价格表”工作表中进行查询；然后将填入的产品价格设为货币格式，并保留零位小数。

（5）在“销售记录”工作表的 F4:F891 中，计算每笔订单记录的金额，并应用货币格式，保留零位小数，计算规则为：金额 = 价格 * 数量 *（1-折扣百分比），折扣百分比由订单中的订货数量和产品类型决定，可以在“折扣表”工作表中进行查询，例如某个订单中产品 A 的订货量为 1510，则折扣百分比为 2%（提示：为了便于计算，可对“折扣表”工作表中表格的结构进行调整）。

（6）将“销售记录”工作表的 A3:F891 中所有记录居中对齐，并将发生在周六或周日的销售记录的单元格的填充颜色为黄色。

（7）在名为“销售量汇总”的新工作表中自 A3 单元格开始创建数据透视表，按照月份和季度对“销售记录”工作表中的三种产品的销售数量进行汇总；在数据透视表右侧创建数据透视图，图表类型为“带数据标记的折线图”，并为“产品 B”系列添加线性趋势线。显示“公式”和“R2 值”，将“销售量汇总”工作表移动到“销售记录”工作表的右侧。

（8）在“销售量汇总”工作表右侧创建一个新的工作表，名称为“大额订单”；在这个工作表中使用高级筛选功能，筛选出“销售记录”工作表中产品 A 数量在 1500 以上、产品 B 数量在 1900 以上，以及产品 C 数量在 1500 以上的记录（请将条件区域放置在 1~4 行，筛选结果放置在从 A6 单元格开始的区域）。

操作结果样张如图 7-23~图 7-27 所示。

	A	B	C	D	E	F
1	2012年销售数据					
3	序号	日期	类型	数量	价格	金额
4	001	1/1	产品A	1481	¥3,200	¥4,691,808
5	002	1/1	产品B	882	¥2,800	¥2,469,600
6	003	1/1	产品C	1575	¥2,100	¥3,175,200
7	004	1/2	产品B	900	¥2,800	¥2,520,000
8	005	1/2	产品C	1532	¥2,100	¥3,088,512
9	006	1/3	产品A	1561	¥3,200	¥4,895,296
10	007	1/3	产品C	1551	¥2,100	¥3,126,816
11	008	1/4	产品A	1282	¥3,200	¥4,061,376
12	009	1/4	产品B	812	¥2,800	¥2,273,600
13	010	1/4	产品C	1518	¥2,100	¥3,060,288
14	011	1/5	产品B	880	¥2,800	¥2,464,000
15	012	1/6	产品A	1516	¥3,200	¥4,754,176
16	013	1/6	产品C	1564	¥2,100	¥3,153,024
17	014	1/7	产品A	1530	¥3,200	¥4,798,080
18	015	1/7	产品B	840	¥2,800	¥2,352,000
19	016	1/7	产品C	1515	¥2,100	¥3,054,240
20	017	1/8	产品A	1248	¥3,200	¥3,953,664
21	018	1/8	产品B	993	¥2,800	¥2,780,400
22	019	1/8	产品C	1530	¥2,100	¥3,084,480

图 7-23　销售记录工作表

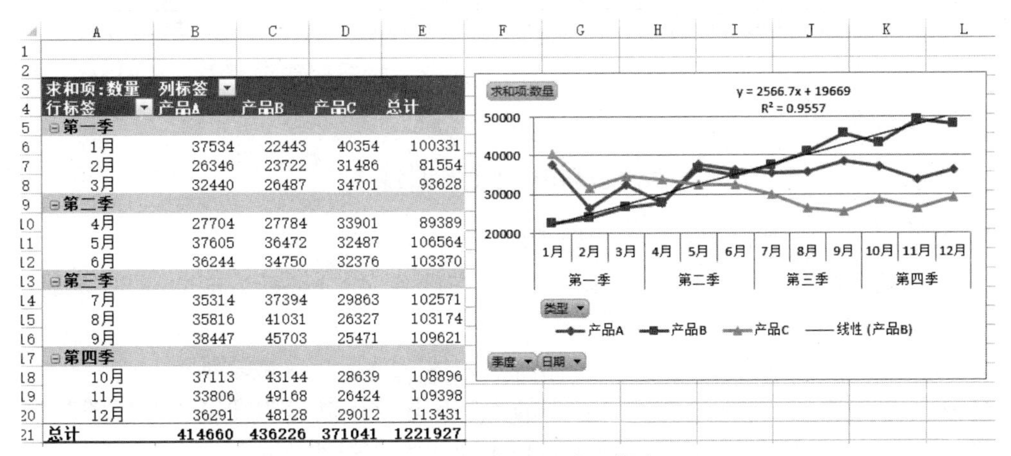

求和项:数量	列标签			
行标签	产品A	产品B	产品C	总计
⊟第一季				
1月	37534	22443	40354	100331
2月	26346	23722	31486	81554
3月	32440	26487	34701	93628
⊟第二季				
4月	27704	27784	33901	89389
5月	37605	36472	32487	106564
6月	36244	34750	32376	103370
⊟第三季				
7月	35314	37394	29863	102571
8月	35816	41031	26327	103174
9月	38447	45703	25471	109621
⊟第四季				
10月	37113	43144	28639	108896
11月	33806	49168	26424	109398
12月	36291	48128	29012	113431
总计	414660	436226	371041	1221927

图 7-24　销售量汇总工作表

	A	B	C	D	E	F
1	类型	数量				
2	产品A	>1550				
3	产品B	>1900				
4	产品C	>1500				
5						
6	序号	日期	类型	数量	价格	金额
7	003	1/1	产品C	1575	¥2,100	¥3,175,200
8	005	1/2	产品C	1532	¥2,100	¥3,088,512
9	006	1/3	产品A	1561	¥3,200	¥4,895,296
10	007	1/3	产品C	1551	¥2,100	¥3,126,816
11	010	1/4	产品C	1518	¥2,100	¥3,060,288
12	013	1/6	产品C	1564	¥2,100	¥3,153,024
13	016	1/7	产品C	1515	¥2,100	¥3,054,240
14	019	1/8	产品C	1530	¥2,100	¥3,084,480
15	021	1/9	产品C	1589	¥2,100	¥3,203,424
16	024	1/10	产品C	1595	¥2,100	¥3,215,520
17	025	1/11	产品A	1579	¥3,200	¥4,951,744
18	027	1/11	产品C	1531	¥2,100	¥3,086,496
19	029	1/12	产品C	1513	¥2,100	¥3,050,208
20	030	1/13	产品A	1565	¥3,200	¥4,907,840
21	032	1/13	产品C	1501	¥2,100	¥3,026,016
22	035	1/14	产品C	1539	¥2,100	¥3,102,624
23	041	1/17	产品C	1537	¥2,100	¥3,098,592

图 7-25　大额订单工作表

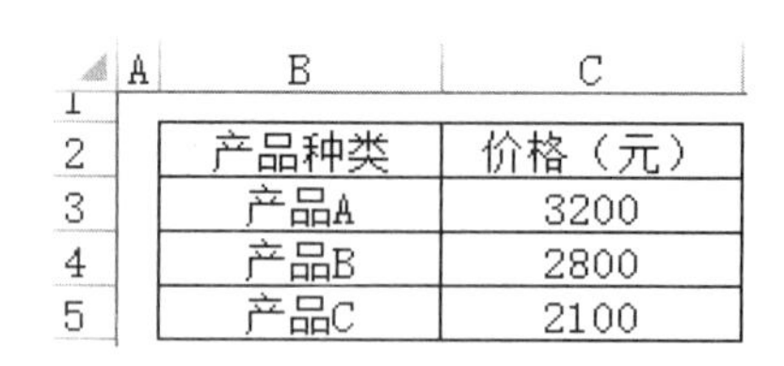

产品种类	价格（元）
产品A	3200
产品B	2800
产品C	2100

图 7-26 价格表

数量等级	产品A	产品B	产品C
1-999	0%	0%	0%
1000-1499	1%	2%	3%
1500-1999	2%	3%	4%
2000及以上	3%	4%	5%

数量等级	1-999	1000-1499	1500-1999	2000及以上
产品A	0%	1%	2%	3%
产品B	0%	2%	3%	4%
产品C	0%	3%	4%	5%

图 7-27 折扣表

PowerPoint 综合训练 1

按照如下需求，在 PowerPoint 中完成制作工作。

(1) 选择某个样本模板创建一个演示文件，文件名为“PowerPoint. pptx”，之后所有的操作均在“PowerPoint. pptx”文件中进行。

(2) 将演示文稿中的所有中文文字字体由“宋体”替换为“微软雅黑”。

(3) 为了布局美观，将第 2 张幻灯片中的内容区域文字转换为“基本维恩图”SmartArt 布局，更改 SmartArt 的颜色，并设置该 SmartArt 样式为“强烈效果”。

(4) 为上述 SmartArt 图形设置由幻灯片中心进行“缩放”的进入动画效果，并要求自上一动画开始之后自动、逐个展示 SmartArt 中的 3 点产品特性文字。

(5) 为演示文稿中的所有幻灯片设置不同的切换效果。

(6) 选择一个音频文件作为该演示稿的背景音乐，并要求在幻灯片放映时即开始播放，至演示结束后停止。

(7) 为演示文稿最后一页幻灯片右下角的图形添加指向网址 www. microsoft. com 的超链接。

(8) 为演示文稿创建 3 个节，其中“开始”节中包含第 1 张幻灯片，“更多信息”节中包含最后 1 张幻灯片，其余幻灯片均包含在“产品特性”节中。

(9) 为了实现幻灯片可以在展台自动放放映，设置每张幻灯片的自动放映时间为 10 秒。

(10) 操作完成后，保存演示文稿文档。

相关样张如图 7-28～图 7-33 所示。

图 7-28　样张 1

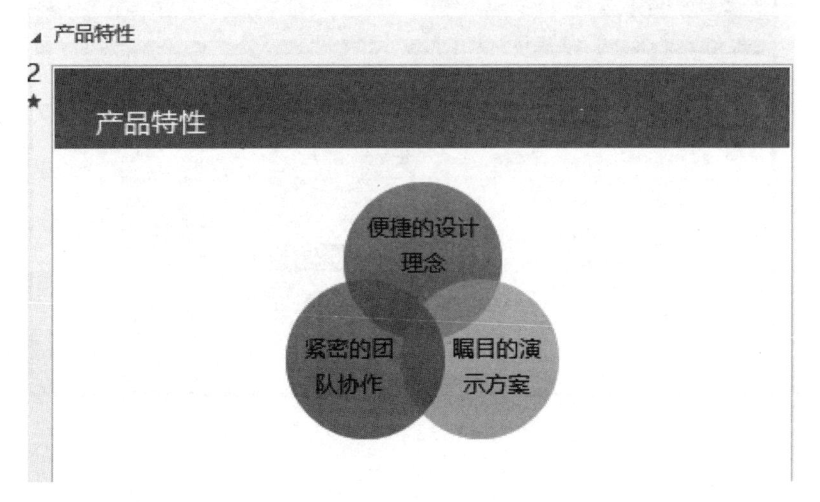

图 7-29　样张 2

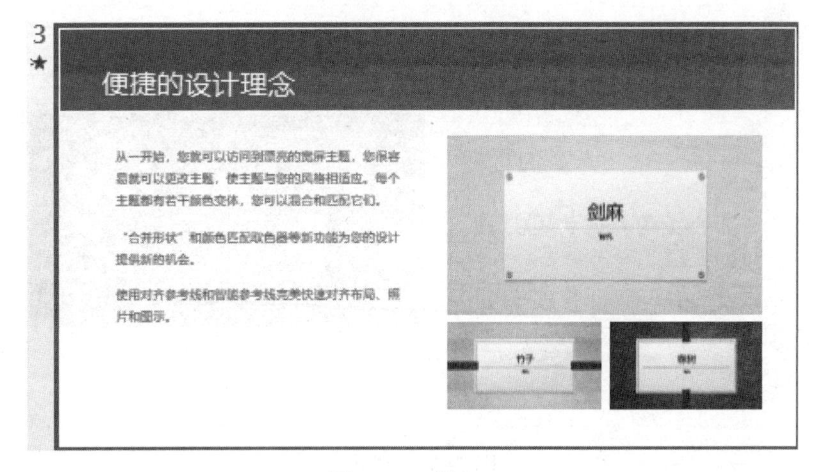

图 7-30　样张 3

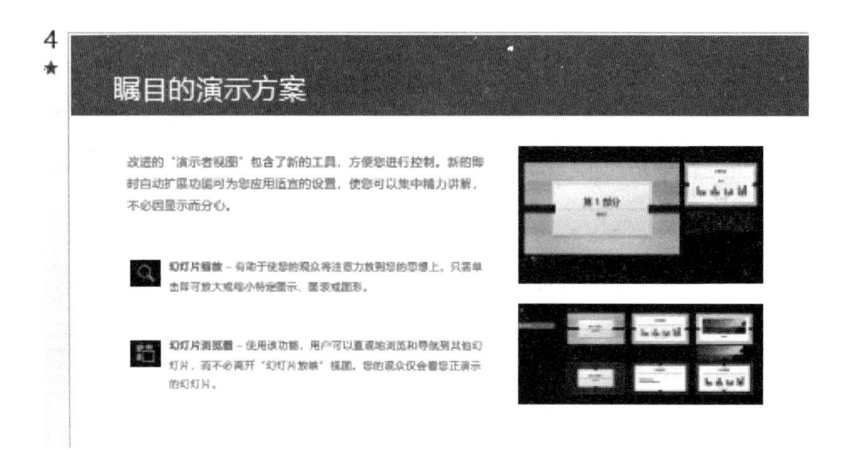

图 7-31　样张 4

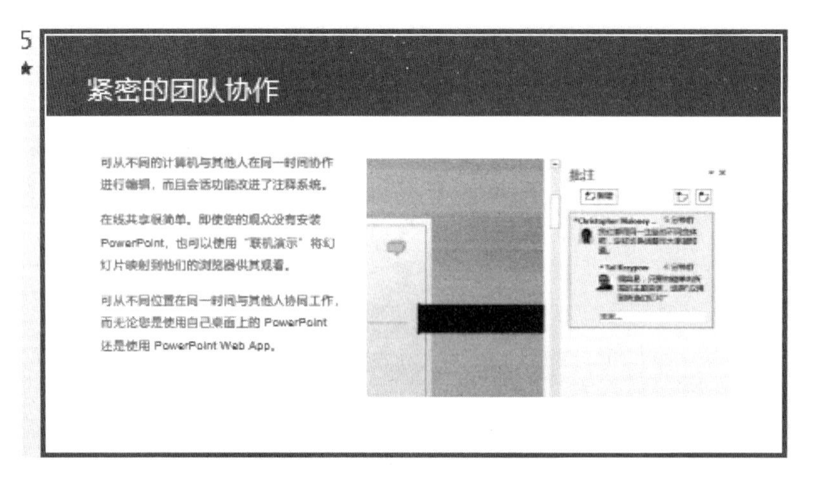

图 7-32　样张 5

图 7-33　样张 6

PowerPoint 综合训练 2

北京市节能环保低碳创业大赛组委会委托李老师制作有关赛事宣传的演示文稿，用于展台自动播放。按照下列要求帮助李老师组织材料完成演示文稿的整合制作，制作完成的文档共包含 12 张幻灯片。

（1）创建包含如下内容及格式的 Word 文档“PPT 素材 . docx”。

第 1 张

北京市节能环保低碳创业大赛（第二季）

征集工作正式启动

首页备注内容：为整合创新创业要素，通过促进节能环保低碳科技创新和成果转化，搭建为节能环保低碳中小企业服务的平台，宣传创新创业人物，树立创新创业品牌，引导更广泛的社会资源支持创新创业，促进节能环保低碳中小企业创新发展，北京市发展和改革委员会举办“北京市节能环保低碳创业大赛”，现面向社会征集大赛项目。

图 7-34　样张 1

第 2 张

一、大赛时间

2016 年 3 月～6 月

图 7-35　样张 2

第 3 张

二、大赛主题

创业成就梦想

图 7-36　样张 3

第 4 张

三、组织机构

主办单位：北京市发展和改革委员会

承办单位：北京节能环保中心

图 7-37　样张 4

第 5 张

四、参赛条件

图 7-38 样张 5

第 6 张

（一）初创企业组参赛资格

具有高成长性和投资价值的节能环保低碳中小企业；

成立时间不超过 5 年（2011 年 5 月 1 日以后注册）；

年度营业收入不超过 3000 万元人民币；

拥有合法的知识产权，无知识产权纠纷；

经营规范，社会信誉良好，无不良记录。

图 7-39 样张 6

第 7 张

（二）成长企业组参赛资格

具有高成长性和投资价值的节能环保低碳中小企业；

年度营业收入原则上在 3000 万元人民币以上，但不超过 15000 万元人民币；

拥有合法的知识产权，无知识产权纠纷；

经营规范，社会信誉良好，无不良记录。

图 7-40 样张 7

第 8 张

（三）创业团队组参赛资格

具有创新创业精神的创业团队（如海外留学回国创业人员、进入创业实施阶段的优秀科技团队、大学生创业团队等）；

拥有合法的知识产权，无知识产权纠纷；

核心团队成员不少于 3 人。

图 7-41 样张 8

第 9 张

五、大赛流程

1. 在线报名

4 月 30 日前，通过大赛官方网站 dasai.enerbeijing.com 报名。

2. 初赛阶段

5 月 10 日前，专家对进入初赛的参赛项目进行评分，初创企业组、成长企业组和创业团队组各选出 10 名进入复赛，共 30 名。

3. 孵化培训

进入复赛的参赛项目入驻孵化基地，免费接受创投导师辅导以及创业机构的一站式孵化服务。

图 7-42　样张 9

第 10 张

五、大赛流程

4. 复赛阶段

5 月 30 日前，按照现场答辩、专家评审的方式，初创企业组、成长企业组和创业团队组分别确定 5 名进入决赛，共 15 名。

5. 决赛颁奖

在 2016 年节能宣传周期间组织现场决赛，采取项目现场展示、评委打分的方式进行决赛，并通过网络媒体进行直播，最终确定出获奖项目并现场颁奖。

图 7-43　样张 10

第 11 张

六、奖励政策

大赛按照初创企业组、成长企业组和创业团队组分别设立一、二、三等奖各 1 名，共 9 名，分别获得由知名投资机构提供的 2 万元、1.5 万元和 1 万元现金奖励，并由主办单位颁发奖杯和证书。

图 7-44　样张 11

第 12 张

七、支持政策

进入大赛复赛项目获得以下政策支持：

符合节能环保低碳政策支持要求的，纳入市发展改革委备选项目库，给予优先支持。

符合中小企业创业投资引导基金要求的，优先推荐给大赛投资基金和创业投资机构进行支持。

大赛合作商业银行给予企业授信支持。

提供专场推介，邀请投资机构等进行项目对接和免费培训。

图 7-45 样张 12

第 13 张

联 系 人：

竺东明 /左存英/闫卫新/王江辉

联系电话（传真）：

64435265/64435328/52052616/52052680

图 7-46 样张 13

（2）根据 1 所描述的 Word 文档“PPT 素材 . docx”创建初始包含 13 张幻灯片、名为“PPT. pptx”的演示文稿（文件存放位置自选），其对应关系如下表所列。令新生成的演示文稿“PPT. pptx”不包含有原素材中的任何格式。

Word 文本颜色	对应 PPT 内容
红色	标题
蓝色	第一级文本
绿色	第二级文本
黑色	备注文本

（3）创建一个名为“环境保护”的幻灯片母版，对该幻灯片母版进行下列设计。

① 仅保留“标题幻灯片”“标题和内容”“节标题”“空白”“标题和竖排文字”“标题和文本”6 个默认版式。

② 在最下面增加一个名为“标题和 SmartArt 图形”的新版式，并在标题框下添加 SmartArt 占位符。

③ 设置幻灯片中所有中文字体为“微软雅黑”西文字体为“Calibri”。

④ 将所有幻灯片中一级文本的颜色设为标准蓝色、项目符号替换为任一图片。

⑤ 选择任一图片作为“标题幻灯片”版式的背景、透明度 65%。

⑥ 设置除标题幻灯片外其他版式的背景为渐变填充“雨后初晴”；插入任一图片”，设置该图片背景色透明，并令其对齐幻灯片的右侧和下部，不要遮挡其他内容。

⑦ 为演示文稿“PPT. pptx”应用新建的设计主题“环境保护”。

（4）为第1张幻灯片应用“标题幻灯片”版式。为其中的标题和副标题分别指定动画效果，其顺序为：单击时标题在5秒内自左上角飞入、同时副标题以相同的速度自右下角飞入，4秒钟后标题与副标题同时自动在3秒内沿原方向飞出。将素材中的黑色文本作为标题幻灯片的备注内容，在备注文字下方添加任意图片、并适当调整其大小。

（5）将第3张幻灯片中的文本转换为字号60磅、字符间距加宽至20磅的“填充-红色，强调文字颜色2，暖色粗糙棱台”样式的艺术字，文本效果转换为“朝鲜鼓”，且位于幻灯片的正中间。

（6）将第5张幻灯片的版式设为“节标题”；在其中的文本框中创建目录，内容分别为6、7、8张幻灯片的标题，并令其分别链接到相应的幻灯片。

（7）将第9、10两张幻灯片合并为一张，并应用版式“标题和SmartArt图形”；将合并后的文本转换为“垂直块列表”布局的SmartArt图形，适当调整其颜色和样式，并为其添加任一动画效果。

（8）将第10张幻灯片的版式设为“标题和竖排文字”，并令文本在文本框中左对齐。为最后一张幻灯片应用“空白”版式，将其中包含联系方式的文本框左右居中，并为其中的文本设置动画效果，令其按第二级文本段落逐字弹跳式进入幻灯片。

（9）将第5~8张幻灯片组织为一节，节名为“参赛条件”，为该节应用设计主题“暗香扑面”。为演示文稿不同的节应用不同的切换方式，所有幻灯片均每隔5秒自动换片。

（10）设置演示文稿由观众自行浏览且自动循环播放。

PowerPoint综合训练3

按照题目要求完成下面的操作。

校摄影社团在今年的摄影比赛结束后，希望可以借助PowerPoint将优秀作品在社团活动中进行展示。这些优秀的摄影作品（或自选12张图片）以Photo(1).jpg~Photo(12).jpg命名。

现在，请按照如下需求，在PowerPoint中完成制作工作。

（1）利用PowerPoint应用程序创建一个相册，并包含Photo(1).jpg~Photo(12).jpg共12幅摄影作品。在每张幻灯片中包含4张图片，并将每幅图片设置为“居中矩形阴影”相框形状。

（2）设置相册主题为考试文件夹中的“相册主题.pptx”样式。

（3）为相册中每张幻灯片设置不同的切换效果。

（4）在标题幻灯片后插入一张新的幻灯片，将该幻灯片设置为“标题和内容”版式。在该幻灯片的标题位置输入“摄影社团优秀作品赏析”；并在该幻灯片的内容文本框中输入3行文字，分别为“湖光春色”“冰消雪融”“田园风光”。

（5）将“湖光春色”“冰消雪融”“田园风光”3行文字转换为样式为“蛇形图片题注列表”的SmartArt对象，并将Photo(1).jpg、Photo(6).jpg和Photo(9).jpg定义为该SmartArt对象的显示图片。

（6）为SmartArt对象添加自左至右的“擦除”进入动画效果，并要求在幻灯片放映时该SmartArt对象元素可以逐个显示。

（7）在SmartArt对象元素中添加幻灯片跳转链接，使得单击“湖光春色”标注形状可跳转至第3张幻灯片，单击“冰消雪融”标注形状可跳转至第4张幻灯片，单击“田园风光”标注形状可跳转至第 5 张幻灯片。

（8）选择一个声音文件作为该相册的背景音乐，并在幻灯片放映时即开始播放。

（9）将该相册保存为“PowerPoint. pptx”文件。

操作结果样张如图 7-47~图 7-51 所示。

图 7-47 幻灯片 1

图 7-48 幻灯片 2

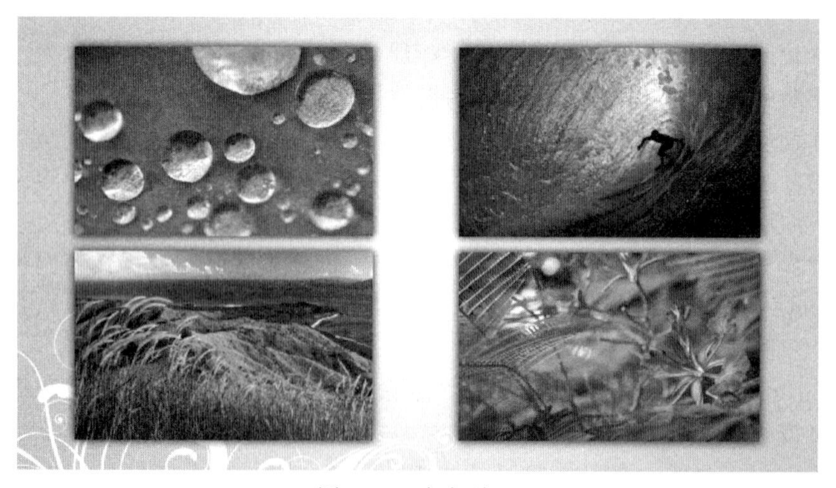

图 7-49 幻灯片 3

图 7-50　幻灯片 4

图 7-51　幻灯片 5

PowerPoint 综合训练 4

某会计网校的刘老师正在准备有关《小企业会计准则》的培训课件，她的助手已搜集并整理了一份该准则的相关资料存放在 Word 文档"《小企业会计准则》培训素材 . docx"中。按下列要求帮助刘老师完成 PPT 课件的整合制作。

（1）在 PowerPoint 中创建一个名为"小企业会计准则培训 . pptx"的新演示文稿，该演示文稿需要包含 Word 文档"《小企业会计准则》培训素材 . docx"中的所有内容，每 1 张幻灯片对应 Word 文档中的 1 页，其中 Word 文档中应用了"标题 1""标题 2""标题 3"样式的文本内容分别对应演示文稿中的每页幻灯片的标题文字、第一级文本内容、第二级文本内容。

（2）将第 1 张幻灯片的版式设为"标题幻灯片"，在该幻灯片的右下角插入任意一幅剪贴画，依次为标题、副标题和新插入的图片，设置不同的动画效果，并且指定动画出现顺序为图片、标题、副标题。

(3) 取消第 2 张幻灯片中文本内容前的项目符号，并将最后两行落款和日期右对齐。将第 3 张幻灯片中用绿色标出的文本内容转换为“垂直框列表”类的 SmartArt 图形，并分别将每个列表框链接到对应的幻灯片。将第 9 张幻灯片的版式设为“两栏内容”，并在右侧的内容框中插入对应素材文档第 9 页中的图形。将第 14 张幻灯片最后一段文字向右缩进两个级别，并链接到文件“小企业准则适用行业范围 . docx”

(4) 将第 15 张幻灯片自“(二) 定性标准”开始拆分为标题同为“二、统一中小企业划分范畴”的两张幻灯片、并参考原素材文档中的第 15 页内容将前 1 张幻灯片中的红色文字转换为一个表格。

(5) 将素材文档第 16 页中的图片插入到对应幻灯片中，并适当调整图片大小。将最后一张幻灯片的版式设为“标题和内容”，将图片 pic1. gif 插入内容框中并适当调整其大小。将倒数第二张幻灯片的版式设为“内容与标题”，在幻灯片右侧的内容框中插入 SmartArt 不定向循环图，并为其设置一个逐项出现的动画效果。

(6) 将演示文稿按下列要求分为 5 节，并为每节应用不同的设计主题和幻灯片切换方式。

节名	包含的幻灯片
小企业准则简介	1~3
准则的颁布意义	4~8
准则的制定过程	9
准则的主要内容	10~18
准则的贯彻实施	19~20

Word 文档“《小企业会计准则》培训素材 . docx”的格式及内容如下。

第1页

《小企业会计准则》基本精神及主要内容解析

2012年7月

第2页

关于印发《小企业会计准则》的通知

为了规范小企业会计确认、计量和报告行为，促进小企业可持续发展，发挥小企业在国民经济和社会发展中的重要作用，根据《中华人民共和国会计法》及其他有关法律和法规，我部制定了《小企业会计准则》，现予印发，自2013年1月1日起在小企业范围内施行，鼓励小企业提前执行。我部于2004年4月27日发布的《小企业会计制度》（财会[2004]2号）同时废止。

执行中有何问题，请及时反馈我部。

附件：小企业会计准则

财政部

二O一一年十月十八日

Word 综合训练 3 参考解析

1. 略。

2. 本小题主要考核查找替换操作和页面格式设置。

在“开始”选项卡中单击“编辑”组中的“替换”按钮，打开“查找和替换”对话框，在“替换”选项卡中设置查找内容为西文空格，在“替换为”文本框中不要输入任何内容，直接单击“全部替换”按钮即可删除所有西文空格，然后关闭对话框。

在“页面布局”选项卡中单击“页面设置”组中的对话框启动器，打开“页面设置”对话框，在“纸张”选项卡中“纸张大小”下拉框中选择“16 开”，在“页边距”选项卡中设置页边距的具体数值。

3. 本小题主要考核封面制作。

在“插入”选项卡中单击“页”分组中的“封面”按钮，在弹出的样式表中选择“运动型”样式，在封面的适当位置插入素材的前三行内容。

4. 本小题主要考核文字转换为表格以及图表的插入。

（1）选中标题“（三）咨询情况”下用蓝色标出的段落部分，单击“插入”选项卡下“表格”分组中的“表格”按钮，选择“文本转换成表格”，在弹出的对话框中的“文字分隔位置”栏选择“空格”，即可生成 5 行 3 列的表格。

（2）选中整个表格，在“设计”选项卡下的“表格样式”分组中选择一种表格样式。

（3）将光标定位在表格下方，然后单击“插入”选项卡下“插图”分组中的“图表”按钮，在弹出的“插入图表”对话框中选中饼图后，单击“确定”按钮，将会弹出一个 Excel 窗口。在 Excel 窗口中拖动数据区域为 A1:B4，清除默认的数据，最后根据 Word 文档中的表格填充数据区域。

（4）关闭 Excel 窗口，然后单击“布局”选项卡下的“标签”分组中“数据标签”按钮，选择“其他数据标签选项”命令，弹出“设置数据标签格式”对话框，在标签选项中去除“值”和“引导线”复选框前面的选中标记，并勾选“百分比”复选框。

5. 本小题主要考核样式的设置。

选中文档中以“一、”“二、”……开头的段落，在“开始”选项卡的“样式”分组中设置样式为“标题 1”样式，使用同样的方法将以“（一）”“（二）”……开头的段落设为“标题 2”样式；以“1、”“2、”…开头的段落设为“标题 3”样式。

6. 本小题主要考核超链接的使用和脚注的添加。

（1）选中正文第 2 段中用红色标出的文字“统计局队政府网站”，然后单击“插入”选项卡下“链接”分组中的“超链接”按钮，弹出“插入超链接”对话框。

（2）在对话框中的“地址”文本框中输入网址 http://www.bjstats.gov.cn/，单击“确定”按钮关闭对话框。

（3）选中文字“统计局队政府网站”，单击“引用”选项卡下“脚注”分组中的“插入脚注”按钮，会自动跳转到脚注栏，在脚注栏输入文字 http://www.bj stats.gov.cn

7. 本小题主要考核文本分栏设置。

选中除封面页外的所有内容（不包括表格和图表，可以分多次设置），单击“页面布局”选项卡下“页面设置”分组中的“分栏”按钮，在弹出的菜单中选择“两栏”。

8. 本小题主要考核目录的插入。

将光标定位于封面页与正文之间，单击“插入”选项卡下的“页”分组中的“空白页”按钮插入一个空白页，然后单击新插入的空白页的文字输入位置，再单击“引用”选项卡下的“目录”分组中的“插入目录”按钮，在弹出的对话框中，“设置级别”选择 3 级，“格式”选择为相应的格式或默认格式，即可插入目录；也可以选择“自动目录”中的一个样式自动生成目录。

9. 本小题主要考核页眉页脚和页码设置。

(1) 首先将光标定位在正文区第一段，然后单击“插入”选项卡下的“页眉和页脚”分组中的“页眉”按钮，在弹出的菜单中选择“编辑页眉”。

(2) 单击“设计”选项卡下“导航”分组中的“链接到前一条页眉”按钮，取消该按钮的选中状态，在页眉输入区输入文字“北京市政府信息公开工作年度报告”，去掉“选项”分组中的“首页不同”复选框的选中状态，并勾选“奇偶页不同”复选框。

(3) 单击页眉区文字的最后，然后单击“插入”选项卡“页眉和页脚”分组下的“页码”按钮，在弹出的菜单中选择“当前位置”中的“普通数字”，然后在“开始”选项卡下的“段落”分组中单击“文本右对齐”按钮设置对齐方式。

(4) 使用同样的方式输入并设置偶数页页眉，注意插入页码时要在文字之前插入，而且对齐方式为“文本左对齐”。

(5) 若表格和图表后面的页码重新从 1 开始显示，则可以选中页码，单击“设计”选项卡“页眉和页脚”分组下的“页码”按钮，在弹出的菜单中选择“设置页码格式”按钮，在弹出的对话框中设置页码编号为“续前节”即可。

10. 解析本小题主要考核 Word 输出成为 PDF 文档。

首先保存文档，然后单击“文件”选项卡左侧的“保存并发送”按钮，在中间选择“创建 PDF/XPS 文档”，然后在右侧单击“创建 PDF/XPS”按钮，再指定位置和指定文件名进行保存即可。或者单击“另存为”按钮，在弹出的“另存为”对话框中的“保存类型”中选择类型为“PDF(*. PDF)”，最后单击“保存”按钮即可。

Word 综合训练 4 参考解析

1. 本小题主要考核页面格式设置。

在“页面布局”选项卡中单击“页面设置”组中的对话框启动器，打开“页面设置”对话框，在“纸张”选项卡中“纸张大小”下拉框中选择“A4”，在“页边距”选项卡中设置上、下页边距为 2.5 厘米，左、右页边距为 3.2 厘米，在纸张方向中选中“纵向”。

2. 本小题主要考核样式的应用。

按 Ctrl+H 快捷键，然后将光标定位在“查找内容”输入框中，单击“格式”按钮中的“字体”命令，在弹出的“字体”对话框中单击“字体”选项卡，设置字体颜色为“红色”。

将光标定位在“替换为”输入框中，单击“格式”，按钮中的“样式”命令；在弹出的对话框中选中“标题 1，标题样式一”，然后单击“全部替换”按钮即完成了所有设置。

3. 本小题主要考核样式的应用。

同上题，设置文档中所有绿颜色文字为“标题 2，标题样式二”段落样式。

4. 本小题主要考核查找替换操作。

单击“开始”选项卡中“页面设置编辑”分组中的“替换”按钮，打开“查找和替换”对话框，单击“替换”选项卡中“更多”按钮。将光标定位在“查找内容”文本框中，单击“特殊格式”按钮，在弹出的菜单中选择“手动换行符”命令，将光标定位在“替换为”文本框中，单击“特殊格式”，在弹出的菜单中选择“段落标记”。单击“全部替换”按钮即可完成要求，然后关闭对话框。

5. 本小题主要考核样式库的修改。

(1) 单击“开始”选项卡下“样式”分组右下角的分组启动器按钮，此时会弹出“样式”对话框。在“样式”对话框中，单击“正文”右侧的下拉按钮，然后在弹出的菜单中选择“修改”命令，

(2) 在弹出的“修改样式”对话框中单击“格式”按钮，在弹出的菜单中选择“段落”命令，打开“段落”对话框，在对话框中将特殊格式设置为首行缩进 2 字符，然后依次单击“确定”按钮分别关闭两个对话框。

6. 本小题主要考核页眉中“域”的设置。

(1) 单击“插入”选项卡下“页眉和页脚”分组中的“页眉”按钮，然后在弹出的菜单中选择“编辑页眉”命令，进入页眉编辑状态。

(2) 在“设计”选项卡下单击“插入”分组中的“文档部件”按钮，在弹出的菜单中选择“域”命令，打开“域”对话框。

(3) 在对话框左侧的“域名”栏选择“StyleRef”然后在“样式名”栏中选择“标题 1，标题样式一”。

(4) 单击“确定”按钮关闭对话框。双击文档中页眉之外的位置，返回到编辑状态。

7. 本小题主要考核图表的插入

(1) 将光标定位到文档的第 4 个段落后（标题为“目标”的段落之前），按 Enter 键插

入一个空段落。

（2）单击“插入”选项卡下“插图”分组中的“图表”按钮，在弹出的“插入图表”对话框中选中折线图，然后单击“确定”按钮，将会弹出一个 Excel 窗口。

（3）选中图表标题，将图表标题改为“公司业务指标”。关闭 Excel 窗口，保存并关闭 Word 窗口。

Excel 综合训练 2 参考解析

1. 本小题主要考核 Excel 中设置数字格式、行高列宽、字体字号、对齐方式，以及添加边框和底纹的基本操作。

（1）设置数字格式。选中“学号”列，单击“开始”选项卡“数字”分组对话框启动器，打开“设置单元格格式”对话框，在“数字”选项卡“分类”列表中选择“文本”即可选中 D2:L19 单元格，单击“开始”选项卡“数字”组的对话框启动器，打开“设置单元格格式”对话框，在“数字”选项卡“分类”列表中选择“数值”，在“小数位数”中选择“2”。

（2）加大行高列宽、字体字号、对齐方式。注意行高和列宽要大于默认的行高和列宽值，对齐方式要设置为其他类型的对齐方式，设置字体、字号，要不同于默认的字体，大于默认的字号。

单击“开始”选项卡中“单元格”分组中的“格下式”按钮，在弹出的下拉列表中单击“行高”命令，同理设置列宽。

单击“开始”选项卡中“单元格”分组中的“格式”按钮，在弹出的下拉列表中单击“设置单元格格式”命令。在弹出的“设置单元格格式”对话框中单击“对齐”选项卡，设置对齐方式，单击“字体”选项卡，设置字体和字号。

（3）添加边框和底纹。选中 A1:L19 单元格，在“开始”选项卡“字体”组中，单击“边框”按钮右侧的下拉按钮，在展开的列表中选择“所有框线”，单击“填充颜色”按钮右侧的下拉按钮，在展开的列表中选择一种颜色即可。

2. 本小题主要考核 Excel 中使用条件格式的操作。

（1）选择 D、E、F 列的数据区域，在“开始”选项卡“样式”组中，单击“条件格式”按钮右侧的下拉按钮，在展开的列表中选择“突出显示单元格规则”中的“其他规则”，则会弹出“新建格式规则”对话框。

（2）在“新建格式规则”对话框中，在“选择规则类型”中保持默认选择“只为包含以下内容的单元格设置格式”；在“编辑规则说明”下方的 3 个框中分别选择“单元格值”“大于或等于”“110”。

（3）单击“格式”按钮，打开“设置单元格格式”对话框，在“填充”选项卡中选择一种填充颜色。

（4）选择 G、H、I、J 四列的数据区域，同理设置条件为“单元格值”“大于”“95”，注意选择另一种填充颜色。

3. 本小题主要考核求和函数 SUM、求平均值函数 AVERAGE 的应用。

（1）在 K2 单元格中输入公式“=SUM(D2:J2)”，在 L2 单元格中输入公式“=AVERAGE(D2:J2)”。

（2）选中 K2:L2 单元格区域，使用智能填充的方法复制公式到此两列的其他单元格中。

4. 本小题主要考核 MID 函数的应用。

在 C2 单元格中输入公式“=MID(A2,4,1)&"班"”。

MID 函数的主要功能：从一个文本字符串的指定位置开始，截取指定数目的字符。其使用格式为：

MID(text,start_num,num_chars)

例如“=MID(A2,4,1)”表示A2单元格中有一个字串“120305”，从该字符串第4个字符开始数，截取1个字符，这个字符就是“3”。

“&”为连接运算符，可以将两个文本字符串连接在一起。Excel中还有一个CONCATENATE函数，其功能也是连接字符串，本公式可以表示为“=CONCATENATE(MID(A2,4,1),"班")”。

5. 本小题主要考核工作表复制、修改标签颜色、重命名的几项操作。

右键单击“第一学期期末成绩”工作表标签，在弹出的快捷菜单中可以进行以下操作。

在“第一学期期末成绩”工作表名称上单击鼠标右键，然后在弹出的菜单中选择“移动或复制”命令，在弹出的“移动或复制工作表”对话框中选中“建立副本”复选框，然后单击“确定”按钮。

重命名后，在工作表名称上单击鼠标右键，然后在弹出的菜单中选择“工作表标签颜色”中的任意一种颜色。

6. 本小题主要考核分类汇总操作。

（1）数据排序。在“分类汇总”工作表中选中数据区域，在“数据”选项卡的“排序和筛选”组中“单击“排序”按钮，弹出“排序”对话框。

在弹出的对话框中，选择“主要关键字”为“班级”字段，单击“确定”按钮，完成数据的排序。

（2）数据分类汇总。在“数据”选项卡中，单击“分级显示”组的“分类汇总”按钮，打开“分类汇总”对话框。在“分类字段”下拉框中选择“班级”；在“汇总方式”下拉框中选择“平均值”；在“选定汇总项”列表框中勾选“语文”“数学”“英语”“生物”“地理”“历史”“政治”复选框；勾选“每组数据分页”复选框。

7. 本小题主要考核新建图表操作。

（1）选中工作表中A1:L22的数据区域，然后在“数据”选项卡的“分级显示”组中单击“隐藏明细数据”按钮，此时，表格中只显示汇总后的数据条目。

（2）在选中数据的状态下，在“插入”选项卡的“图表”组中单击“柱形图”按钮，在其下拉列表中选择“簇状柱形图”图表样式。

（3）选中新生成的图表，在图表工具“设计”选项卡“位置”组中单击“移动图表”按钮，打开“移动图表”对话框，勾选新工作表单选框，在右侧的文本框中输入“柱状分析图”，单击“确定”按钮即可。

Excel 综合训练 3 参考解析

1. 本题主要考核工作表的基本操作。

(1) 打开 Excel_素材 . xlsx 文件，右击“语文”工作表标签，在弹出的快捷菜单中选择“插入”命令，在打开的“插入”对话框中选择“工作表”选项，单击“确定”按钮。

(2) 双击新插入的工作表标签，将其重命名为“初三学生档案”。右击该工作表标签，在弹出的快捷菜单中选择“工作表标签颜色”，在弹出的级联菜单中选择标准色中的“紫色”。

2. 本题主要考核外部数据的导入。

(1) 切换到“初三学生档案”工作表，选中 A1 单元格，单击“数据”选项卡下“获取外部数据”组中的“自文本”按钮，弹出“导入文本文件”对话框，在该对话框中选择事先建立好的“学生档案 . txt”选项，然后单击“导入”按钮。

(2) 在弹出的对话框中选择“分隔符号”单选按钮，将“文件原始格式”设置为“54936：简体中文(GB2312)”，单击“下一步”按钮，只勾选“分隔符”列表中的“Tab 键”复选项。然后单击“下一步”按钮，选中“身份证号码”列，然后单击“文本”单选按钮，单击“完成”按钮，将会出现“导入数据”对话框，在“现有工作表”里输入“= $A $1”，单击“确定”按钮完成对文本文件数据的导入。

(3) 删除外部连接。在“数据”选项卡“连接”工具组中，单击“连接”按钮，在打开的“工作簿连接”对话框中，选中“学生档案”，单击“删除”按钮。在提示框中单击“确定”，单击“关闭”按钮关闭“工作连接”对话框。

(4) 选中 B 列单元格，单击鼠标右键，在弹出的快捷菜单中选择“插入”选项。然后选中 A1 单元格，将光标置于“学号”和“名字”之间，按 3 次空格键，然后选中 A 列单元格，单击“数据工具”组中的“分列”按钮，在弹出的对话框中选择“固定宽度”单选按钮，单击“下一步”按钮，在“文本分列向导-第 2 步，共 3 步”界面“数据预览”单击数据线段，出现黑色竖线，拖动竖线到“学号”和“姓名”之间，单击“下一步”按钮，单击“下一步”按钮，保持默认设置，单击“完成”按钮。

(5) 选中 A1:G56 单元格，单击“开始”选项卡下“样式”组中的“套用表格格式”下拉按钮，在弹出的下拉列表中选择一种样式。

(6) 在弹出的对话框中勾选“表包含标题”复选框，单击“确定”按钮，然后再在弹出的对话框中选择“是”按钮。在“设计”选项卡下“属性”组中将“表名称”设置为“档案”。

3. 本题主要考核公式及函数的使用。

(1) 选中 D2 单元格，在该单元格内输入函数“=IF(MOD(MID(C2,17,1),2)=1,"男","女")”，按 Enter 键完成操作，利用自动的填充功能对其他单元格进行填充。

(2) 选中 E2 单元格，在该单元格内输入公式“=MID(C2,7,4)&"年"&MID(C2,11,2)&"月"&MID(C2,13,2)& "日"”，按 Enter 键完成操作，利用自动填充功能对剩余的单元格进行填充。

(3) 选中 F2 单元格，在该单元格内输入公式“=INT((TODAY()-E2)/365)”，按 Enter 键完成操作，或输入公式“=DATEDIF(E2,TODAY(),"y")”利用自动填充功能对剩余的单元格进行填充。

(4) 选中 A1:G56 区域，单击“开始”选项卡下“对齐方式”组中的“居中”按钮。适当调整表格的行高和列宽（大于10磅）。

4. 本题主要考核公式及函数的使用。

(1) 切换到“语文”工作表中，选择 B2 单元格，在该单元格内输入函数“=VLOOKUP(A2,初三学生档案!$A$2:$B$56,2,0)”，按 Enter 键完成操作，利用填充功能对其他单元格进行填充。

(2) 选择 F2 单元格，在该单元格中输入公式“=(C2 * 30%)+(D2 * 30%)+(E2 * 40%)”(根据运算优先级顺序也可不加小括号)，按 Enter 键确认操作。

(3) 选择 G2 单元格，在该单元格内输入函数“="第"&RANK(F2,$F $2:$F $45)&"名"”，然后利用填充功能对其他单元格进行填充。

(4) 选择 H2 单元格，在该单元格中输入公式“=IF(F2>=102,"优秀",IF(F2>=84,"良好",IF(F2>=72,"及格",IF(F2>72,"及格","不及格"))))”，按 Enter 键完成操作，然后利用自动填充对其他单元格进行填充。

5. 本题主要考核公式及函数（IF 函数）的使用。

(1) 选择“语文”工作表中 A1:H45 单元格区域，按 Ctrl+C 键进行复制，单击“数学”工作表标签切换到“数学”工作表中，选择 A1:H45 区域，单击鼠标右键，在弹出的快捷菜单中选择“粘贴选项”下的“格式”按钮。

(2) 继续选择“数学”工作表中的 A1:H45 区域，单击“开始”选项卡下“单元格”组中的“格式”下拉按钮，在弹出的下拉列表中选择“行高”选项，在弹出的对话框中将“行高”设置为22，单击“确定”按钮。单击“格式”下拉按钮，在弹出的下拉列表中选择“列宽”选项，在弹出的对话框中将“列宽”设置为14，单击“确定”按钮。

(3) 使用同样的方法为其他科目的工作表设置相同的格式，包括行高和列宽。

(4) 将“语文”工作表中的公式粘贴到数学科目工作表中的对应的单元格内，然后利用自动填充功能对单元格进行填充。

(5) 在“英语”工作表中的 H2 单元格中输入公式“=IF(F2>=90,"优秀",IF(F2>=75,"良好",IF(F2>=60,"及格",IF(F2>60,"及格","不及格"))))”，按 Enter 键完成操作，然后利用自动填充对其他单元格进行填充。

(6) 将“英语”工作表 H2 单元格中的公式粘贴到“物理”“化学”“品德”“历史”工作表中的 H2 单元格中，然后利用自动填充功能对其他单元格进行填充。

6. 本题主要考核公式及函数（VLOOKUP、SUM、AVERAGE 函数）的使用。

(1) 进入到“期末总成绩”工作表中，选择 B3 单元格，在该单元格内输入公式“=VLOOKUP(A3，初三学生档案!$A$2:$B$56,2,0)”，按 Enter 键完成“姓名”的引用，然后拖动 B3 的填充柄至 B46 完成其他姓名的填充。

(2) 选择 C3 单元格，在该单元格内输入公式“=VLOOKUP(A3,语文!$A$2:$F$45,6,0)”，按 Enter 键完成操作，然后拖动 C3 的填充柄至 C46 完成其他语文的填充。

(3) 选择 D3 单元格，在该单元格内输入公式“=VLOOKUP(A3,数学!$A$2:$F$45,6,0)”，按 Enter 键完成操作，然后拖动 D3 的填充柄至 D46 完成其他数学的填充。

(4) 使用相同的方法为其他科目填充平均分。选择 J3 单元格，在该单元格内输入公式“=SUM(C3:I3)”，按 Enter 键，然后利用自动填充功能将其填充至 J46 单元格。

（5）选择 A3:K46 单元格，单击“开始”选项卡“编辑”组中“排序和筛选”下拉按钮，在弹出的下拉列表中选择“自定义排序”选项，弹出“排序”对话框，在该对话框中将“主要关键字”设置为“总分”，将“排序依据”设置为“数值”，将“次序”设置为“降序”，单击“确定”按钮。

（6）在 K3 单元格内输入数字 1，然后按住 Ctrl 键，利用自动填充功能将其填充至 K46 单元格。

（7）选择 C47 单元格，在该单元格内输入公式“=AVERAGE(C3:C46)”，按 Enter 键完成操作，利用自动填充功能进行将其填充至 J47 单元格。

（8）选择 C3:J47 单元格，在选择的单元格内单击鼠标右键，在弹出的快捷菜单中选择“设置单元格格式”选项。在弹出的对话框中选择“数字”选项卡，将“分类”设置为“数值”，将“小数位数”设置为 2，单击“确定”按钮。

7. 本题主要考核条件格式的设置。

（1）选择 C3:C46 单元格，单击“开始”选项卡下“样式”组中的“条件格式”按钮，在弹出的下拉列表中选择“新建规则”选项，在弹出的对话框中将“选择规则类型”设置为“仅对排名靠前或靠后的数值设置格式”，然后将“编辑规则说明”设置为“前”“1”。

（2）单击“格式”按钮，在弹出的对话框中将“字形”设置为加粗，将“颜色”设置为标准色中的“红色”，单击两次“确定”按钮。按同样的操作方式为其他六科分别用红色和加粗标出各科第一名成绩。

（3）选择 J3:J12 单元格，单击鼠标右键，在弹出的快捷菜单中选择“设置单元格格式”选项，在弹出的对话框中切换至“填充”选项卡，然后单击“浅蓝”颜色块，单击“确定”按钮。

8. 本题主要考核工作表的打印设置。

（1）在“页面边距”选项卡下“页面设置”组中单击对话框启动器按钮，在弹出的对话框中切换至“页边距”选项卡，勾选“居中方式”选项组中的“水平”复选框。

（2）切换至“页面”选项卡，将“方向”设置为横向。选择“缩放”选项组下的“调整为”单选按钮，将其设置为 1 页宽 1 页高，单击“确定”按钮。

Excel 综合训练4参考解析

1. 本题主要考核外部数据的导入操作。

(1) 在 Sheet1 工作表，选中 B3 单元格。单击“数据”选项卡“获取外部数据”工具组的“自文本”按钮，在弹出的“导入文本文件”对话框中选择“数据源.txt”文件，单击“导入”按钮。

(2) 在弹出的“导入文本向导”对话框的第1步中保持默认设置，单击“下一步”按钮。在第2步中选择“分隔符号”为“Tab 键”。

(3) 双击“Sheet1”工作表的标签，将之改名为“销售记录”。

2. 本题主要考核数据格式及框线的设置。

(1) 选中 A3 单元格，输入文字“序号”，再在 A4 单元格中入“001”（注意开头的单引号），然后双击 A4 单元格的填充柄自动填充序号。

(2) 选中 B4:B891 单元格区域，在选区上右击鼠标，从快捷菜单中选择“设置单元格格式”。在打开的“设置单元格格式”对话框中切换到“数字”标签页，在“分类”下选择“日期”，然后在右边“类型”中选择“3/14”的格式。

(3) 选中 E3 单元格，输入文字“价格”；选中 F3 单元格，输入文字“金额”。

(4) ① 选中 A3:F3 单元格区域，单击“开始”选项卡“字体”工具组的“框线”按钮的向下箭头，从下拉菜单中选择“上框线”再次单击该按钮，从下拉菜单中选择“下框线”。

② 选中 A891:F891 单元格区域，单击“开始”选项卡“字体”工具组的“框线”按钮的向下箭头，从下拉菜单中选择“下框线”。

③ 单击“视图”选项卡“显示”工具组的“网格线”，去掉前面的对勾标记，使工作表不显示网格线。

3. 本题主要考核样式的应用。

(1) 在“销售记录”工作表的 A1 单元格中输入文字“2012 年销售数据”。然后选中 A1:F1 单元格区域，在选区上右击鼠标，从快捷菜单中选择“设置单元格格式”命令。在打开的“设置单元格格式”对话框中，切换到“对齐”标签页，在“水平对齐”下拉列表中选“跨列居中”，单击“确定”按钮（注意：不要合并上述单元格区域）。

(2) 单击“开始”选项卡“样式”工具组的“单元格样式”按钮，从下拉列表中右击“标题”样式，从快捷菜单中选择“修改”。在弹出的“样式”对话框中，单击“格式”按钮。在弹出的“设置单元格格式”对话框中，切换到“字体”标签页，选择“字体”为“微软雅黑”，单击“确定”按钮。选中 A1 单元格，单击“开始”选项卡“样式”工具组的“单元格样式”按钮，从下拉列表中选择“标题”样式，将该样式应用于 A1 单元格中的文字内容。

(3) 选中第2行，在选区上右击鼠标，从快捷菜单中选择“隐藏”。

4. 本题主要考核公式和函数（VLOOKUP 函数）的使用。

(1) 在 E4 单元格中输入或通过对话框构造公式“=VLOOKUP(C4,价格表!$B$3:$C$5,2,0)”，确认输入后，双击 E4 单元格的填充柄完成本列内容的填充。

(2) 选中 E4:E891 单元格区域，在选区上右击鼠标，从快捷菜单中选择“设置单元格格式”。在弹出的“设置单元格格式”对话框中，在“分类”下选择“货币”，将“小数位数”设置为0，单击“确定”按钮。

5. 本题主要考核数据的转置、公式和函数的使用。

（1）首先调整“折扣表”工作表的结构以便操作。切换到“折扣表”工作表，选中B2:E6单元格区，按Ctrl+C键复制。然后选中一个单元格，单击“开始”选项卡“剪贴板”工具组“粘贴”按钮的向下箭头，从下拉列表中单击“转置”图标，将数据转置复制一份。

（2）在“销售记录”工作表的F4单元格中输入或通过对话框构造公式“=E4 * D4(1-VLOOKUP(C4,折扣表!$B$10:$F$12,IF(D4<1000,2,IF(D4<1500,3,IF(D4<2000,4,5))),0))”，公式的结构是“=E4 * D4 * (1-(VLOOKUP)”，其中VLOOKUP的3个参数又通过嵌套的IF函数求得（根据不同件2、3、4或5）。双击F4的填充柄自动填充该列下面的单元格。

6. 本题主要考核自定义筛选的使用。

（1）选中A3:F891单元格区域，单击“开始”选项卡“对方式”工具组的“垂直居中”按钮、“居中”按钮，将这些单元格内容都垂直居中、水平居中对齐。

（2）题目求将日期内周六或周日的记录的一行都填充为黄色，而不是仅把日期的一个单元格填充为黄色，因此不能使用条件格式功能。可临时将“日期”列数据格式改为“周X”的格式，用筛选功能筛选出周六成周日的行，对选出的行手工设置填充色，然后再取消筛选，并还原“日期”列据格式为“3/14”

① 选中B4:B91单元格区域，在选区上右击鼠标，从快捷菜单中选择“设置单元格格式”。在打开的“设置单元格格式”对话框中切换到“数字”标签页，在“分类”下选择“日明”，然后在右边“类型”中选择“周三”的格式，单击“确定”按钮。

② 选中数据区的任意一个单元格，单击“数据”选项卡“排序和筛选”工具组的“筛选”按钮，使按钮为高亮状态。然后单击“日期”列标题右侧的下箭头按钮，从下拉菜单中选择“日期筛选”中的“自定义筛选”，在打开的“自定义自动筛选方式”对话框中，设置第1行为“等于”“周六”，选中中间的条件为“或”，设置第2行为“等于”“周日”，单击“确定”按钮。

③ 选中工作表中所有筛选出的数据记录行，单击“开始”选项卡“字体”工具组的“填充颜色”按钮，从下拉列表中选择标准色中的“黄色”。

④ 单击“数据”选项卡“排序和筛选”工具组的“筛选”按钮，数据表中的全部数据完全显示。

5选中B4:B891单元格区域，在选区上右击鼠标，从快捷菜单中选择“设置单元格格式”。在打开的“设置单元格格式”对话框中切换到“数字”标签页，在“分类”下选择“日期”，然后在右边“类型”中选择“3/14”的格式，单击“确定”按钮。

7. 本题主要考核数据透视表的创建。

（1）右击“价格表”工作表标签，从快捷菜单中选择“插入”，在弹出的对话框中选择“工作表”，单击“确定”按钮，在“价格表”工作表左侧插入一张新工作表。双击新插入的工作表标签，将之重命名为“销售量汇总”。

（2）切换到“销售记录”工作表，选中数据区任意一个单元格。单击“插入”选项卡“表格”工具组“数据透视表”按钮，从下拉菜单中选择“数据透视表”。在弹出的对话框中，在“选择放置数据适视表的位置”中，选择“现有工作表”，再在“位置”中通过折叠对话框选择或输入“销售量汇总!$A$3”，单击“确定”按钮。

（3）按“据透视表和数据透视图.png”示例所示，在“销售量汇总”工作表右侧的“数据透视表字段列表”任务格中，拖动“日期”字段到“行标签”区域，拖动“类型”字段到“列标签”区域，拖动“数量”字段到“数值”区域。然后右击A5单元格，从快捷菜单中选择创建组”。在弹出的“分组”对话框中选择“月”和“季度”，单击“确定”按钮。

（4）数据透视图的创建。① 选中数据透视表的任意一个单元格，单击“插入”选项卡“图表”工具组右下角的对话框开启按钮，在打开的“插入图表”对话框中选择“折线图”中的“带数据标记的折线图”，单击“确定”按钮。

② 按“数据透视表和数据透视图.png”示例所示，选中图表，在“数据透视图工具—布局”选项卡“标签”工具组中，单击“图例”按钮，从下拉列表中选择“在底部显示图例”。

③ 在“数据透视工具—布局”选项卡“当前所选内容”工具组的下拉列表中，选择“垂直（值）轴”以选中垂直坐标轴，再单击该工具组“设置所选内容格式”按钮。在打开的“设置坐标轴格式”对话框中，左侧选择“坐标轴选项”，右侧设置“最小值”为“固定”“20000”，“最大值”为“固定”“50000”，“主要刻度单位”为“固定”“10000”，单击“关闭”按钮。

④ 调整图表大小和位置，使其位于数据透视表的右侧。

（5）在“数据适视图工具—布局”选项卡“分析”工具组中单击“趋势线”按钮，从下拉菜单中选择“其他趋势线选项”。在弹出的对话框中选择“产品B”，单击“确定”按钮。在弹出的“设置趋势线格式”对话框中，选择“趋势线选项”，再在右侧设置为“线性”，勾选“显示公式”“显示R平方值”单击“关闭”按钮。参照示例，适当拖动图表中的公式和R平方值到表中的合适位置。

8. 本题主要考核高级筛选的使用。

（1）右击“价格表”工作表标签，从快捷菜单中选择“插入”，在弹出的对话框中选择“工作表”，单击“确定”按钮，在“价格表”工作表左侧再插入一张新工作表。双击新插入的工作表标签，将之重命名为“大额订单”。

（2）在“大额定单”工作表的A1、B1单元格中分输入“类型”“数量”。在A2、B2单元格中分别输入“产品A”“>1550”。在A3、B3单元格中分别输入“产品B”“>1900”。在A4、B4单元格中分别输入“产品C”“>1500”。

（3）选中“大额订单”工作表的A6单元格，单击“数据”选项卡“排序和筛选”工具组的“高级”按钮，在打开的“高级筛选”对话框中，选择“将筛选结果复制到其他位置”，单击“列表区域”文本框右侧的“折叠对话框”按钮，然后选择“销售记录”工作表的“销售记录!$A$3:$F$891”单元格区域，单击“折叠对话框”按钮还原对话框。

单击“条件区域”文本框右侧的“折叠对话框”按钮，然后选择“大额订单”工作表的“大额订单!$A$1:$B$4”单元格区域，单击“折叠对话框”按钮还原对话框。

单击“条件区域”文本框右侧的“折叠对话框”按钮，然后选择“大额订单”工作表的“大额订单!$A$6”单元格，单击“折叠对话框”按钮还原对话框。单击“确定”按钮。

最后保存文档。

演示文稿综合训练 1 参考解析

1. 素材的内容可参考 PowerPoint 新建演示文稿命令中的“欢迎使用 PowerPoint”模板和主题。

2. 本小题主要考核字体的替换。

方法一：在演示文稿的左边切换“大纲”视图，选中“大纲”中所有文字，在“开始”选项卡下“字体”分组中单击“字体”对话框启动器，在弹出的“字体”对话框中，将中文字体设置为“微软雅黑”，然后单击“确定”按钮。

方法二：修改字体也可使用替换字体功能。单击“开始”选项卡“编辑”工具组的“替换”按钮的右侧向下箭头，从下拉菜单中选择“替换字体”。在弹出的对话框中，设置“替换”下拉列表为“宋体”，“替换为”下拉列表为“微软雅黑”，单击“替换”按钮。

方法三：在“视图”选项卡“母版视图”工具组中，单击“幻灯片母版”按钮，进入灯片母版视图。选中第一张幻灯片母版，分别选中右侧占符中的文字，在“开始”选项卡“字体”工具组中分别将每个占位符中的文字字体都改为“微软雅黑”。单击“幻灯片母版”选项卡“关闭”工具组的“关闭母版视图”按钮，返回到普通视图。

3. 本小题主要考核 SmartArt 图形的设计。

(1) 选中第 2 张幻灯片，选中内容区域文字，在“开始”选项卡下“段落”分组中单击“转换为 SmartArt”下拉按钮，在下拉列表选项中选择“其他 SmartArt”，打开“选择 SmartArt 图形”对话框，在“关系”列表中选择“基本维恩图”，单击“确定”按钮。

(2) 选中 SmartArt 图形，在“SmartArt 工具—设计”选项卡下“快速样式”中选择“强烈效果”。

4. 本小题主要考核动画效果的设置。

选中 SmartArt 图形，在“动画”选项卡下“动画”分组中单击“其他”按钮，在下拉列表选项中选择“更多进入效果”，打开“更多进入效果”列表框，在列表里面选择“缩放”进入效果，单击“确定”按钮，在“效果选项”选择“对象中心”“逐个”效果。

5. 本小题主要考核幻灯片切换效果的设置。

选中第 1 张幻灯片，在“切换”选项卡下“切换到此幻灯片”分组中选择任意一种切换方式即可。同理，设置其他幻灯片的切换方式，要求每一张的切换效果不同。

6. 本小题主要考核音频的设置。

(1) 选中第一张幻灯片，在“插入”选项卡下“媒体”分组中单击“音频”下拉按钮，在下拉列表选项中选择“文件中的音频”，打开“插入音频”对话框，选择一个声音文件，单击“插入”按钮。

(2) 选中音频小喇叭图标，在“音频工具—播放”选项卡下“音频选项”分组中设置“开始”为“跨幻灯片播放”，勾选“循环播放，直到停止”。

7. 本小题主要考核超级链接的创建。

选中最后一页幻灯片右下角的图形，在“插入”选项卡下“链接”分组中单击“超链接”按钮，打开“编辑超链接”对话框，在“链接到”中选择“现有文件或网页”，在“地址”栏中输入网址“www. microsoft. com”，单击“确定”按钮。

8. 本小题主要考核节的插入。

（1）在幻灯片缩略图窗格中，将插入点定位到第1张和第2张幻灯片之间，单击鼠标右键，在弹出的快捷菜单中选择“新增节”，然后在第1张幻灯片的前面的“默认节”上单击鼠标右键，在弹出的快捷菜单中选择“重命名节”，在弹出的对话框中键入“开始”，单击“重命名”按钮。同样方法将第2张幻灯片上方的“无标题节”重命名为“产品特性”

（2）同样方法在第5张、第6张幻灯片之间“新增节”，将节重命名为“更多信息”。

9. 本小题主要考核放映方式的设置

方法一：

（1）单击“幻灯片放映”选项卡“设置幻灯片映”按钮，在弹出的“设置放方式”对话框的“放映类型”中选择“在展台浏览（全屏幕）”单选框，单击“确定”按钮。

（2）在“普通视图”的幻灯片缩略图窗格中，或在“幻灯片浏览”视图中，按Ctrl+A键选中所有幻灯片，然后在“切换”选项卡“计时”工具组中，勾选“设置自动换片时间”，在右侧文本框中输入“00:10.00”。注意不要单击“全部应用”按钮，否则所有幻灯片的切换方式也会因此而改变为同一种，还要再分别修改所有幻灯片的切换方式为不同的方式。

最后保存文档。

方法二：

（1）在“幻灯片放映”选项卡下“设置”分组中单击“设置幻灯片放映”按钮，打开“设置放映方式”对话框，在“放映类型”中选择“在展台浏览”，“换片方式”为“如果存在排练时间，则使用它”，单击“确定”按钮。

（2）在“幻灯片放映”选项卡下“设置”分组 中单击“排练计时”按钮，这时演示文稿进入录制的状态，在左上角的录制窗口控制每一张幻灯片的录制时间，10秒钟则单击鼠标进入下一张幻灯片的录制。待所有幻灯片都录制完成后，按Esc键结束录制，在弹出的窗口单击“是”。

（3）在“幻灯片放映”选项卡下“开始放映幻灯片”分组中单击“从头开始”按钮，查看录制效果。保存演示文稿并退出。

PowerPoint 综合训练 2 参考解析

2. 本小题主要考核外部数据的导入和幻灯片的拆分。

根据题目要求，按照所要创建演示文稿的标题和各级文本，先将 Word 文档“PPT 素材 . docx”中的对应内容应用各级标题样式，然后再根据大纲创建演示文稿比较方便。

（1）编辑 Word 文档中的标题样式。

① 用 Word 2010 打开 Word 文档“PPT 素材 . docx”，选中第一段红色文字段落，单击“开始”选项卡中“编辑”工具组的“选择”按钮，从下拉菜单中选择“选定所有格式类似的文本”同时选中文档中的所有红色文字段落。然后单击“样式”工具组的“标题 1”，使这些文字都被应用“标题 1”样式。

② 同样方法，将文档中所有蓝色文字段落应用“标题 2”样式，所有绿色文字段落应用“标题 3”样式。

③ 单击 Word 窗口“快速访问工具栏”的“保存”按钮，保存此 Word 文档。然后关闭 Word 窗口。

（2）启动 PowerPoint 2010，则自动新建了一个演示文稿。单击“开始”选项卡中“幻灯片”工具组的“新建幻灯片”按钮的下半部分，从下拉列表中选择“幻灯片（从大纲）”命令。在弹出的对话框中，选择相应文件夹下的“PPT 素材 . docx”，单击“打开”按钮。则 12 张幻灯片自动创建完成。

（3）删除第 1 张自动新建的空白幻灯片。

（4）打开“PPT 素材 . docx”，在第 1 张幻灯片的“单击此处添加备注”窗格中，复制、粘贴“PPT 素材 . docx”中的第 1 张幻灯片的备注文字内容“为整合创新创业要素，……现面向社会征集大赛项目。”

（5）选中第 12 张幻灯片（标题为“七、支持政策”），由于原“PPT 素材 . docx”没有第 13 张幻灯片的标题，这里需要将第 12 张幻灯片分解为 2 张幻灯片，使“联系人”及以后的内容位于第 13 张幻灯片中。方法是：单击左侧窗格上方的“大纲”，使左侧窗格进入大纲视图；将插入点定位到大纲视图的第 12 张幻灯片中的“联系人”文字之前，按 Enter 键在此之前新增一段；将插入点定位到此新段落上，按 Shift+Tab 键降低一个列表级别，使空段落成为幻灯片标题级别，则第 13 张幻灯片出现，“联系人”及以后的内容被移动到第 13 张幻灯片中；单击左侧窗格上方的“幻灯片”，使左侧窗格进入幻灯片缩略图视图。

（6）保存演示文稿，在弹出的对话框中选择文件保存的位置，输入文件名为“PPT. pptx”（其中 . pptx 可省略）。

3. 本小题主要考核母版的创建及主题的应用。

（1）① 单击“视图”选项卡“母版视图”工具组的“幻灯片母版”按钮，进入幻灯片母版视图。在“幻灯片母版”选项卡的“编辑母版”工具组中，单击“插入幻灯片母版”按钮，则新建了一个幻灯片母版。再单击该工具组的“重命名”按钮，在打开的对话框中输入母版名称“环境保护”，单击“重命名”按钮。

② 在母版视图下左侧缩略图的窗格中，找到此母版下方的“两栏内容”版式后右击，从快捷菜单中选择“删除版式”。

③ 同样方法，删除“比较”版式、“仅标题”版式、“内容与标题”版式、“图片与标题”版式、“垂直排列标题与文本”版式等不用的版式，使仅保留“标题幻灯片”“标题和内容”“节标题”“空白”“标题和竖排文字”版式。

④ 在缩略图窗格中找到“office 主题”母版下的“标题和文本”版式，将它拖动到第2张大幻灯片的下方，使该版式成为“环境保护”母版下的版式。

（2）① 选中“环境保护”母版下的最后一个版式，单击“幻灯片母版”选项卡中“编辑母版”工具组的“插入版式”按钮，使在“环境保护”母版下新建一个版式，且新版式位于最后一个位置。右击新版式，从快捷菜单中选择“重命名版式”，将版式名称改为“标题和 SmartArt 图形”。

② 选中新版式，单击“幻灯片母版”选项卡中“母版版式”工具组的“插入占位符”按钮的下半部分，从下拉菜单中选择“SmartArt”。拖动鼠标，在右侧编辑区下方空白处绘制一个矩形，作为 SmartArt 图形的占位符范围。

（3）选中“环境保护”母版（即左侧窗格中第2张较大的幻灯片）。

① 在右侧编辑区中，选中“单击此处编辑母版标题样式”的占位符文字。打开“字体”对话框，设置“西文字体”为“Calibri”，“中文字体”为“微软雅黑”，单击“确定”按钮。

② 同样方法，选中下方内容占位符的所有占位文字，设置“西文字体”为“Calibri”，“中文字体”为“微软雅黑”。

（4）在右侧编辑区，选中一级文本“单击此处编辑母版文本样式”。

① 单击“开始”选项卡中“字体”工具组的字体颜色按钮右侧的向下箭头，从下拉列表中选择标准色中的“蓝色”。

② 单击“段落”工具组的“项目符号”按钮的右侧向下箭头，从下拉列表中选择“项目符号和编号”，弹出的“项目符号和编号”对话框，切换到“项目符号”选项卡，单击“图片”按钮。在弹出的“图片项目符号”对话框中，单击“导入”按钮。在弹出的浏览文件对话框中，选择任意图片（或指定的图片文件），单击“添加”按钮。回到“图片项目符号”对话框，单击“确定”按钮。

（5）在左侧缩略图中选中“环境保护”母版（第2张大幻灯片）中的“标题幻灯片”版式。单击“幻灯片母版”选项卡中“背景”工具组的“背景样式”按钮，从下拉列表中选择“设置背景格式”。在弹出的“设置背景格式”对话框中，左侧选择“填充”，右侧选择“图片或纹理填充”。再单击“文件”按钮，从弹出的对话框中选择任意图片（或指定图片），单击“插入”按钮。回到“设置背景格式”对话框，再设置“透明度”为“65%”。单击“关闭”按钮。

（6）① 在左侧缩略图中选中“环境保护”母版。单击“幻灯片母版”选项卡中“背景”工具组的“背景样式”按钮，从下拉列表中选择“设置背景格式”。在弹出的“设置背景格式”对话框中，左侧选择“填充”，右侧选择“渐变填充”。再在下方“预设颜色”下拉框中选择“雨后初晴”，单击“关闭”按钮关闭“设置背景格式”对话框。

② 在“插入”选项卡的“图像”工具组中单击“图片”按钮，从弹出的对话框中选择任意图片（或指定图片）单击“插入”按钮。

③ 选中所插入的图片，在“图片工具-格式”选项卡的“调整”工具组中，单击“颜

色”按钮，从下拉列表中选择“设置透明色”。当鼠标指针变为“画笔”形状时，在图片四周任意白色背景位置单击，即设置了该图片背景色为透明。

④ 选中图片，在“图片工具-格式”选项卡的“排列”工具组中，单击“对齐”按钮，从下拉菜单中选择“右对齐”。再单击“对齐”按钮，从下拉菜单中选择“底端对齐”。这样图片位置将对齐幻灯片的右侧和下部。

⑤ 右击所插入的图片，从快捷菜单中选择“置于底层”中的“置于底层”命令，这样图片就不会遮挡其他内容。

⑥ 在左侧缩略图中选中“环境保护”母版中的“标题幻灯片”版式。在“幻灯片母版”选项卡的“背景”工具组中勾选“隐藏背景图形”复选框。使标题幻灯片不显示图片。

(7) 单击“幻灯片母版”选项卡中“关闭”工具组的“关闭母版视图”按钮，退回到普通视图。单击“设计”选项卡“主题”工具组的“环境保护”主题，为演示文稿“PPT. pptx”应用新建的设计主题“环境保护”。然后刷新应用母版：在左侧缩略图窗格中按 Ctr1+A 键选中所有幻灯片，右击幻灯片，从快捷菜单中选择“重设幻灯片”命令。

4. 本小题题主要考核动画效果的设置。

(1) 选中第 1 张幻灯片，单击“开始”选项卡中“幻灯片”工具组的“版式”按钮，从下拉列表中选择“标题幻灯片”。

(2) ① 添加进入动画效果：选中其中的标题，在“动画”选项卡“动画”工具组中单击“飞入”，使标题被应用“飞入”动画效果；再单击“效果选页”按钮，从下拉菜单中选择“自左上部”；选中副标题，在“动画”工具组中单击“飞入”，使副标题被应用“飞入”动画效果；再单击“效果选项”按钮，从下拉菜单中选择“自右下部”；

② 添加“退出”动画效果：选中标题，在“高级动画”工具组中单击“添加动画”按钮，从下拉列表中选择“退出”中的“飞出”，使标题应用第 2 个动画效果“飞出”；再单击“效果选项”按钮，从下拉菜单中选择“到左上部”；选中副标题，在“高级动画”工具组中单击“添加动画”按钮，从下拉列表中选择“退出”中的“飞出”，使副标题被应用了第 2 个动画效果“飞出”；再单击“效果选项”按钮，从下拉菜单中选择“到右下部”。

③ 单击“高级动画”工具组的“动画窗格”按钮，打开“动画窗格”任务窗格。在任务窗格中右击第 1 个动画“标题 1：北京…”，从快捷菜单中选择“效果选项”命令。在弹出的对话框中切换到“计时”选项卡，在“期间”中选择“非常慢（5 秒)”，单击“确定”按钮。在任务窗格中右击第 2 个动画“征集工作…”，从快捷菜单中选择“效果选项”命令。在弹出的对话框中切换到“计时”选项卡，在“开始”下拉框中选择“与上一动画同时”，在“期间”中选择与标题动画相同的“非常慢（5 秒)”，单击“确定”按钮。

④ 在任务窗格中右击第 3 个动画“标题 1：北京…”（退出动画)，从快捷菜单中选择“效果选项”命令。在弹出的对话框中切换到“计时”选项卡，在“开始”下拉框中选择“上一动画之后”，在“延迟”框中设置为“4 秒”，在“期间”中选择“慢速（3 秒)”，单击“确定”按钮。在任务窗格中右击第 4 个动画“征集工作…”（退出动画)，从快捷菜单中选择“效果选项”命令。在弹出的对话框中切换到“计时”选项卡，在“开始”下拉框中选择“与上一动画同时”，在“延迟”框中设置为“4 秒”，在“期间”中选择与标题退出动画相同的“慢速（3 秒)”，单击“确定”按钮。

(3) 本张幻灯片的备注文字之前已粘贴完成，现在备注文字下方添加图片。单击“视图”选项卡中“演示文稿视图”工具组的“备注页”按钮，切换到“备注页”视图。将插入点定位到备注文字之后，单击“插入”选项卡中“图像”工具组的“图片”按钮，然后在弹出的对话框中选择任意图片（或指定图片）单击“插入”按钮。适当调整图片大小，并使之位于文字之后即可。再切换回普通视图（注意在“普通视图”下方的备注窗格内是不能看到图片的）。

5. 本小题主要考核艺术字的插入及设置。

（1）切换到第3张幻灯片，选中其中的文本“创业成就梦想”，单击“插入”选项卡中“文本”工具组的“艺术字”按钮，从下拉列表中选择“填充-红色，强调文字颜色2，暖色粗糙棱台”样式（倒数第2行第3个）。删除原幻灯片中的文本“创业成就梦想”。

（2）选中艺术字，在“开始”选项卡的“字体”工具组中设置“字号”为“60”磅。再单击“字体”工具组的“字符间距”按钮，从下拉菜单中选择“其他间距”命令。在打开的“字体”对话框中，设置“间距”为“加宽”，“度量值”为“20”。

（3）选中艺术字，在“绘图工具-格式”选项卡的“艺术字样式”工具组中，单击“文本效果”按钮，从下拉列表中选择“转换”中的“朝鲜鼓”（倒数第4行第2个）。

（4）选中艺术字，在“绘图工具-格式”选项卡的“排列”工具组中，单击“对齐”按钮，从下拉菜单中选择“左右居中”。再单击“对齐”按钮，从下拉菜单中选择“上下居中”。这样艺术字将位于幻灯片的正中间。

6. 本小题主要考核超链接的创建。

（1）选中第5张幻灯片，单击“开始”选项卡中“幻灯片”工具组的“版式”按钮，从下拉列表中选择“节标题”。

（2）在“单击此处添加文本”的文本框占位符中，分别复制、粘贴第6、7、8张幻灯片的标题。然后选中粘贴过来的第1个标题文本“（一）初创企业组参赛资格”，单击“插入”选项卡中“链接”工具组的“超链接”按钮，在弹出的对话框中，左边选择“本文档中的位置”，右边选择第6张幻灯片，单击确定按钮。同样方法，为粘贴过来的另外两个标题文本插入超链接，分别接到第7、8张幻灯片。

7. 本小题主要考核幻灯片的合并及SmartArt图形的创建。

（1）单击左侧窗格顶部的“大纲”，将左侧窗格切换为“大纲视图”。在“大纲视图”中，删除第10张幻灯片的标题“五、大赛流程”，这样第9、10两张幻灯片就合并为一张。单击左侧窗格顶部的“幻灯片”，将左侧窗格切换回“幻灯片缩略图视图”。

（2）选中第9张幻灯片，单击“开始”选项卡中“幻灯片”工具组的“版式”按钮，从下拉列表中选择“标题和SmartArt图形”。

（3）选中第9张幻灯片中的内容文本，单击“开始”选项卡中“段落”工具组的“转换SmartArt”按钮，从下拉列表中选择“其他SmartArt图形”。在弹出的对话框中，选择“列表”中的“垂直块列表”，单击“确定”按钮。

（4）适当调整SmartArt图形的颜色和样式，例如单击“SmartArt工具-设计”选项卡中“SmartArt工具组”的“更改颜色”按钮，从下拉列表中选择“彩色-强调文字颜色”。再从快速样式列表中任选一种样式，如“优雅”。

（5）选中SmartArt图形，单击“动画”选项卡中“动画”工具组的任意动画效果，例如“随机线条”。

8. 本小题主要考核版式、文本效果的设置。

（1）选中第10张幻灯片，单击“开始”选项卡中“幻灯片”工具组的“版式”按钮，从下拉列表中选择“标题和竖排文字”。

（2）选中文本框中的文字，单击“开始”选项卡中“段落”工具组的“文字方向”按钮，从下拉菜单中选中“其他选项”。在弹出的“设置文本效果格式”对话框中，左侧选择“文本框”，右侧设置“水平对齐方式”为“左对齐”，单击“关闭”按钮。

（3）选中最后一张幻灯片，单击“开始”选项卡中“幻灯片”工具组的“版式”按钮，从下拉列表中选择“空白”。

（4）选中文本框，单击“绘图工具-格式”选项卡中“排列”工具组的“对齐”按钮，从下拉菜单中选择“横向分布”，将文本框左右居中。

（5）选中文本框，在“动画”选项卡的“动画”工具组中单击“弹跳”。然后右击“动画窗格”任务窗格中的该文本框的动画条目（如条目被展开，应同时选中所有段落对应的条目），从快捷菜单中选择“效果选项”命令。在弹出的对话框中，切换到“正文文本动画”选项卡，设置“组合文本”为“按第二级段落”。再切换到“效果”选项卡，设置“动画文本”为“按字母”，单击“确定”按钮。

9. 本小题主要考核节的创建、幻灯片切换方式的设置。

（1）在左侧幻灯片缩略图窗格中，右击第4、5张幻灯片的分界处，从快捷菜单中选择“新增节”。右击第5张幻灯片上方的“无标题节”，从快捷菜单中选择“重命名节”，在弹出的对话框中输入节名为“参赛条件”。右击第8、9张幻灯片的分界处，从快捷菜单中选择“新增节”。

（2）在左侧幻灯片缩略图窗格中，单击节名称“参赛条件”选中该节的所有幻灯片。再单击“设计”选项卡中“主题”工具组的“暗香扑面”，使本节幻灯片应用该主题。

（3）单击第1张幻灯片前面的节标题“默认节”，选中第1节的所有幻灯片。然后在“切换”选项卡“切换到此幻灯片”工具组中任选一种切换方式，如“覆盖”。同样方法，分别单击另外2节的节标题选中其中的所有幻灯片，为一节内的所有幻灯片任选一种切换方式（各节的切换方式要不同），如“棋盘”、“涟漪”。

（4）在左侧幻灯片缩略图中按Ctrl+A键选中所有幻灯片，在“切换”选项卡的“计时”工具组中，勾选“设置自动换片时间”并在其后的文本框中输入“00:05.00”。

10. 本小题主要考核幻灯片放映方式的设置。

单击“幻灯片放映”选项卡中“设置”工具组的“设置幻灯片放映”按钮，在打开的“设置放映方式”工具组中，设置“放映类型”为“观众自行浏览（窗口）”，勾选“循环放映，按Esc键终止”。单击“确定”按钮。

PowerPoint 综合训练 3 参考解析

1. 本小题主要考核在演示文稿中建立相册。

(1) 打开 PowerPoint 应用程序，默认建立一个空白的演示文稿。单击“插入”选项卡下“图像”分组中的“相册”按钮，会打开“相册”对话框。在对话框中单击“文件/磁盘”按钮，在弹出的对话框中选择 Photo (1) jpg~Photo (12) jpg 共 12 张图片，单击“插入”按钮。

(2) 在“相册”对话框中设置“图片版式”为“4 张图片”，设置“相框形状”为“居中矩形阴影”。单击“创建”按钮即可创建新相册。

2. 本小题主要考核演示文稿主题设置。

(1) 单击“设计”选项卡下“主题”分组中主题选择区右侧的“其他”按钮，在弹出的菜单中选择“浏览主题”命令，打开“选择主题或主题文档”对话框。

(2) 在“文件类型”下拉框中选择“演示文稿和放映”(*.ppt; *.pps; *.pptx; *.pptm; *.ppsx; *.ppsm)，然后选择“相册主题.pptx”，单击“应用”按钮关闭对话框。

3. 本小题主要考核设置动画切换设置。

单击第 1 张幻灯片，使其成为当前幻灯片。在“切换”选项卡下“切换到此幻灯片”分组中，单击一种切换方式即可完成设置。同理为其他幻灯片设置不同的切换方式。

4. 本小题主要考核设置新建幻灯片。

单击第 1 张幻灯片，使其成为当前幻灯片。单击“开始”选项卡下“幻灯片”分组中“新建幻灯片”旁边的下拉按钮，在弹出的版式列表中选择“标题和内容”，在标题栏输入文字“摄影社团优秀作品赏析”，在内容文本框中输入 3 行文字，分别为“湖光春色”“冰消雪融”“田园风光”。

5. 本小题主要考核 SmartArt 图形设计。

(1) 首先选中幻灯片中的 3 行文字，单击“开始”选项卡下“段落”分组中的“转换为 SmartArt 图形”按钮，会弹出“选择 SmartArt 图形”对话框。在对话框中选择图片图中的“蛇形图片题注列表”，单击“确定”按钮

(2) 单击 SmartArt 图形里面的图片图标，会弹出“插入图片”对话框。依次将指定的图片定义为该 SmartArt 对象的显示图片。

6. 本小题主要考核动画设计。

选中 SmartArt 对象，单击“动画”选项卡下的“动画”分组中的“擦除”效果，然后单击“效果选项”，在弹出的菜单中依次选择方向“自左侧”，序列“逐个”。

7. 本小题主要考核幻灯片超链接的插入。

(1) 切换到第 2 张幻灯片，选中“湖光春色”标注形状（注意不是选择文字），在“插入”选项卡“链接”分组中单击“超链接”按钮，打开“插入超链接”对话框。

(2) 在对话框最左侧列表中选择“本文档中的位置”，在“请选择文档中的位置”选择框中选择“3. 幻灯片 3”，单击“确定”按钮即可插入超链接。

(3) 使用上述方法为“冰消雪融”标注形状超链接到第 4 张幻灯片，“田园风光”标注形状超链接到第 5 张幻灯片。

8. 本小题主要考核背景音乐的设置操作。

（1）切换到第1张幻灯片，单击“插入”选项卡下“媒体”分组中的“音频”按钮，在弹出的“插入音频”对话框中选择一个声音文件，单击“插入”按钮将音频插入幻灯片。

（2）选中音频（显示为喇叭图标），单击“播放”选项卡，在“音频选项”分组中设置开始方式为“自动”，勾选“循环播放，直到停止”和“放映时隐藏”两个复选框即可。

PowerPoint 综合训练4参考解析

1. 本题主要考核外部文件的导入。

（1）启动 PowerPoint，自动新建了一个演示文稿。删除系统自动建的第1张幻灯片。

（2）单击“开始”选项卡“换灯片”工具组的“新建幻灯片”按钮的向下箭头，从下拉菜单中选择“幻灯片从大纲)”命令。然后选择素材“《小企业会计准则》培训教材.docx”，单击“打开”按钮。则按照素材文件中的大纲自动创建了所有幻灯片。

（3）单击“文件”菜单的“保存”或“另存为”命令，在弹出的“另存为”对话框中，选择考生文件夹，输入文件名为“PPT. pptx”，单击“保存”按钮。

2. 本题主要考核幻灯片版式的设置、剪贴画的插入、动画的设置。

（1）选中第1张出灯片，单击“开始”选项卡“幻灯片”工具组的“版式”按钮，在下拉列表中选择“标题幻灯片”。

（2）单击“插入”选项卡“图像”工具组的“剪贴画”按钮，在“剪贴画”任务窗格中，输入任意搜索文字，如“房屋”（也可不输入任何搜索文字，表示搜索所有剪贴画），单击“搜索”按钮，然后单击任意一张剪贴画，例如第一张，将它插入到幻灯片中。适当调整剪贴画的位置和大小，将剪贴画拖放到幻灯片右下角。

（3）选择标题文本框，在“动画”选项卡“动画”工具组中选任意一种动画效果，例如“淡出”。同样方法为副标题文本框和图片也分别设置不同的任意动画效果，如“浮入”“随机条”。

（4）单击“高级动画”工具组中的“动画窗格”按钮，打开“动画窗格”，在该窗格中选择“Picture xx”将其拖动至窗格的顶端第1项，再将标题调整为第2项，将副标题调整为第3项。

3. 本题主要考核文本转换为 SmartArt 图形的操作、超级链接的创建。

（1）选中第2张幻灯片中的文本内容，在“开始”选项卡“段落”工具组中单击“项目符号”右侧的下拉按钮，在下拉列表中选择“无”选项。然后选择最后的两行文字和日期（不包含“附件”行），单击“开始”选项卡“段落”工具组的“文本右对齐”按钮。

（2）选中第3张幻灯片中绿色标出的文本内容，单击鼠标右键，从快捷菜单中选择“转为 SmartArt”级联菜单中的“其他 SmartArt 图形”。在弹出的对话框中选择“列表”中的“垂直框列表”，单击“确定”按钮。

（3）单击 SmartArt 图形中“小企业会计准则的颁布意义”文字的文本框的边框，选中该文本框。在文本边框上单击鼠标右键，从快捷菜单中选择“超链接”（注意如果已经设置了超链接，则菜单项不同，应选择“编辑超链接”）。在弹出的“插入超链接”对话框中选择“本文档中的位置”，再在右侧选择“4. 小企业会计准的颁布意义”幻灯片，单击“确定”按钮。使用同样方法将 SmartArt 图形中的其他3个文本框也链接到对应的幻灯片。

（4）选择第9张幻灯片，单击“开始”选项卡“幻灯片”工具组的“版式”按钮，从下拉列表中选择“两栏内容”，再将“《小企业会计准则》培训素材.docx”第9页中的图形复制、粘贴到本幻灯片中，并将右侧的文本框删除，适当调整图片的位置。

（5）在第14张幻灯片中，将插入点定位到“小企业会计准则与原制度适用行业范围比较”文字之前，按 Tab 键两次或单击两次“开始”选项卡“段落”工具组的“提高列表级别”按钮，选中该行文字，单击鼠标右键，从快捷菜单中选择“超链接”，在弹出的“插入超链接”对话框中，选择“现有文件或网页”，在右侧找到并选择考生文件夹中的“小企业准则适用行业范国.docx”文件，单击“确定”。

4. 本题主要考核幻灯片的拆分。

（1）单击普通视图左侧窗格上方的“大纲”，将左侧窗格切换至大纲视图。在大纲视图中将插入点定位到第15张幻灯片的“100人及以下”之后，按Enter键新增一段。然后将插入点定位到新段落中，单击“开始”选项卡“段落”工具组的“降低列表级别”按钮或按Shift+Tab键一次，将新段落降低一级，新段落成为幻灯片标题的层次，则新建了1张幻灯片，第15张幻灯片在此处被拆分。然后将1张幻灯片的标题复制到拆分后的新幻灯片中(应在右侧幻灯片内容编辑窗口中输入或粘贴标题，不要直接在“大纲”视图中直接粘贴标题内容。)

（2）删除第15张幻灯灯片中的红色文字，然后单击Word文档“《小企业会计准则》培训教材.docx”的第15页的表格左上角十字选中表格，再将表格复制和粘贴到幻灯片的表格中。可适当美化表格、调整表格大小、位置、字体、字号等。

5. 本题主要考核图片的插入、幻灯片版式的设置、SmartArt图形的插入、动画效果的设置。

（1）选中素材文件“《小企业会计准则》培训教材.doc”中第16页中的图片，按Ctrl+C键复制。切换到演示文稿，选中第17张幻灯片，按Ctrl+V键粘贴，适当调整图片大小和位置。

（2）选中最后一张幻灯片，单击“开始”选项卡“幻灯片”工具组的“版式”按钮，从下拉菜单中选择“标题和内容”，单击“插入”选项卡“图像”工具组的“图片”按钮，然后选择任意一张图片，将图片插入到幻灯片中。

（3）选择倒数第二张幻灯片，单击“开始”选项卡“幻灯片”工具组的“版式”按钮，从下拉菜单中选择“内容与标题”。

（4）单击幻灯片右侧占位符中的“插入SmartArt图形”图标，在弹出的对话框中选择“循环”中的“不定向循环”，单击“确定”按钮。选择最左侧的形状，单击“SmartArt工具—设计”选项卡“创建图形”工具组的“添加形状”按钮，从下拉菜单中选择“在前面添加形状”，在SmartArt图形中添加一个形状使共有6个形状。然后参考素材文档第18页中的文字，分别输入文字到对应的形状中。

（5）选中倒数第二张幻灯片的SmartArt图形，在“动画”选项卡“动画”工具组中选择任意一种动画，如“绽放”，然后单击该工具组“效果选项”按钮，从下拉菜单中选择“逐个”。

6. 本题主要考核节的创建、主题的应用、切换方式的设置。

（1）在普通视图中，单击左侧窗格的“幻灯片”标签，切换到幻灯片缩略图视图。将“横向”插入点定位在第3张与第4张幻灯片之间，单击鼠标右键，从快捷菜单中选择“新增节”。右击“默认节”标题，从快捷菜单中选择“重命名节”，将名称改为“小企业准则简介”。同样方法将“无标题节”名称改为“准则的颁布意义”。

（2）同样方法在第8张与第9幻灯片之间、第9张与第10张幻灯片之间、第18张与第19张幻灯片之间“新增节”，并按题目要求重命名后3节的标题。

（3）单击“小企业准则简介”节标题，选中此节下的所有幻灯片，在“设计”选项卡“主题”工具组中选择一种“非 Office 主题”的任意主题，例如“角度”。使用同样方法为后面 4 节也设置任意主题，但主题应每节不同，例如可分别设置为“龙腾四海”“波形”“沉稳”“角度”主题。

（4）在普通视图的左侧幻灯片缩略图窗格中，单击节名称选中“小企业准则简介”一节，然后在“切换”选项卡“切换到此幻灯片”工具组中选择一种幻灯片切换方式，如“切出”。用同样方法为其余 4 节也设置不同的切换方式，如分别为“推进”“擦除”“随机线条”“形状”。